高等职业教育土建专业系列教材

建筑工程质量控制

主　编　王先恕
副主编　朱　昊　万春华　何立志
　　　　黄代森　叶金娥　蔡明俐
参　编　余　龙　董　波

南京大学出版社

内容提要

本书按我国最新颁布的规范、标准以及法规等编写，主要介绍建筑施工质量控制方面的知识，其内容涵盖七个部分，主要包括：建筑工程质量控制概述、建筑工程施工的质量控制、建筑工程施工质量控制实施要点、建筑工程施工质量验收、建筑工程施工质量问题和质量事故的处理、建筑工程质量控制的统计分析方法、质量管理体系。在编写过程中考虑到高职高专学生的教学要求及特点，力求教材结构合理、层次分明、循序渐进，突出了"必需、够用"和"零距离上岗"的特色。

本书主要作为高职高专工程监理专业的教材，也可作为建筑工程专业的教材，以及监理人员和建筑施工技术人员的参考书。

图书在版编目（CIP）数据

建筑工程质量控制 / 王先恕主编. —南京：南京
大学出版社，2015.2（2021.1 重印）
ISBN 978 - 7 - 305 - 14759 - 3

Ⅰ. ①建… Ⅱ. ①王… Ⅲ. ①建筑工程－工程质量－
质量控制－高等职业教育－教材 Ⅳ. ①TU712

中国版本图书馆 CIP 数据核字（2015）第 029958 号

出版发行 南京大学出版社
社　　址 南京市汉口路 22 号　　　邮　　编 210093
出 版 人 金鑫荣
书　　名 **建筑工程质量控制**
主　　编 王先恕
责任编辑 蒋佳红　蔡文彬　　　编辑热线　025 - 83597482

照　　排 南京开卷文化传媒有限公司
印　　刷 广东虎彩云印刷有限公司
开　　本 787×1092　1/16　印张 17.5　字数 426 千
版　　次 2021 年 1 月第 1 版第 2 次印刷
ISBN　978 - 7 - 305 - 14759 - 3
定　　价 45.00 元

网　　址：http://www.njupco.com
官方微博：http://weibo.com/njupco
官方微信号：njupress
销售咨询热线：(025)83594756

前　言

随着我国建筑业蓬勃发展，城市化进程的加快，建筑领域的科技进步，市场竞争的日趋激烈，急需大批建筑人才。建筑工程质量不仅关系到工程的适用性和建设项目的投资效果，而且关系到人民群众生命财产安全。因此，保证施工质量是从事项目管理人员和监理人员的中心任务之一。

本书依据最新工程质量相关法规、标准规范和建筑工程质量控制基本理论，着重阐述建筑工程质量控制的具体工作内容、程序和方法以及施工验收标准。全书在编写过程中考虑到高职高专的教学要求和特点，力求教材内容充实、精炼，突出重点并能理论联系实际，可操作性强，文字通俗易懂，便于教学。本书既可作为高职高专土建类有关专业的教材，也可作为从事质量管理相关人员的参考书。

本书由滁州职业技术学院王先恕担任主编，由滁州职业技术学院朱昊、威海职业学院万春华、湖南工程职业技术学院何立志、江西建设职业技术学院黄代森、平顶山工业职业技术学院叶金娥、武汉交通职业学院蔡明俐担任副主编；滁州职业技术学院余龙、董波参与了编写。具体编写分工如下：第一章由余龙、董波负责编写，第二章由王先恕、蔡明俐负责编写，第三章由叶金娥负责编写，第四章、第七章由万春华负责编写，第五章由黄代森、何立志负责编写，第六章由朱昊负责编写。全书由王先恕负责统稿审定。

本书在编写过程中参阅了大量文献资料，谨向文献作者深表谢意。

由于编写水平有限，书中疏漏、错误难免，敬请读者批评指正。

编者

目　录

第一章　建筑工程质量控制概述

第一节　质量和建设工程质量

一、质量

我国国家标准 GB/T1900—2008 对质量的定义是：一组固有特性满足要求的程度。

"质量"可使用形容词如差、好或优秀来修饰。

质量不仅指产品，质量也可以是某项活动或过程的工作质量，还可以是质量管理体系运行的质量。

质量的关注点是一组固有特性，而不是赋予的特性。对产品来说，例如水泥的化学成分、细度、凝结时间、强度是固有特性，而价格和交货期是赋予特性；对过程来说，固有特性是过程将输入转化为输出的能力；对质量管理体系来说，固有特性是实现质量方针和质量目标的能力。

要求包括明示的、隐含的和必须履行的需求或期望。

"明示要求"，一般是指在合同环境中，用户明确提出的需要或要求，通常是通过合同、标准、规范、图纸、技术文件等所作出的明文规定，由供方保证实现。

"隐含要求"，一般是指非合同环境中，用户明确提出或未提出明确要求，而由生产企业通过市场调研进行识别或探明的需要或要求。这是用户或社会对产品服务的"期望"，也就是人们公认的，不言而喻的那些"需要"。如住宅的平面布置要方便生活，要能满足人们最起码的居住功能就属于隐含的要求。

特性也可是定性的或定量的。特性有各种类别，如物理的（机械、力学性能等特性）、感观的（嗅觉、触觉、视觉、听觉等特性）、时间的（可靠性、准时性、可用性等）、人体工效的（生理的或有人生安全的特性），以及功能的（房屋采光、通风、隔热、隔声等）特性。

建设工程质量简称工程质量。工程质量是指工程满足业主需要的、符合国家法律、法规、技术规范标准、设计文件及合同规定的特性综合。

建设工程作为一种特殊的产品，除具有一般产品共有的质量特性，如性能、寿命、可靠性、安全性、观赏性等满足社会需要的使用价值及其属性外，还具有特定的内涵。

建设工程质量的特性主要表现在以下六个方面：

1. 适用性

即功能，是指工程满足使用目的的各种性能。包括理化性能，如尺寸、规格、保温、隔热、隔声等物理性能，耐酸、耐碱、耐腐蚀、防水、防风化、防尘等化学性能；结构性能，指地基基础牢固程度，结构的强度、刚度和稳定性；使用性能，如民用住宅工程要能使居住者安居，工业厂房要能满足生产活动需要,道路、桥梁、铁路、航道要能通达便捷,建设工程的组成部件、配件、水、暖、电、卫器具、设备也要能满足其使用功能;外观性能,指建筑物的造型、布置、室内装饰效果、色彩等美观大方、协调等。

2. 耐久性

即寿命,是指工程在规定的条件下,满足规定功能要求使用的年限,也就是工程竣工后的合理使用寿命周期。由于建筑物本身结构类型不同、质量要求不同、施工方法不同、使用性能不同,目前国家对建设工程的合理使用寿命周期还缺乏统一的规定,仅少数技术标准中提出了明确要求。如民用建筑主体结构耐用年限分为四级(15~30年,30~50年,50~100年,100年以上)。

3. 安全性

是指工程建成后在使用过程中保证结构安全、保证人身和环境免受危害的程度。建设工程产品的结构安全度、抗震、耐火及防火能力,人民防空的抗辐射、抗核污染、抗爆炸波等能力,是否能达到特定的要求,都是安全性的重要标志。工程交付使用之后,必须保证人身财产、工程整体都能免遭工程结构破坏及外来危害的伤害。工程组成部件,如阳台栏杆、楼梯扶手、电器产品漏电保护、电梯及各类设备等,也要保证使用者的安全。

4. 可靠性

是指工程在规定的时间和规定的条件下完成规定功能的能力。工程不仅要求在交工验收时要达到规定的指标,而且在一定的使用时期内要保持应有的正常功能。如工程上的防洪与抗震能力、防水隔热、恒温恒湿措施。

5. 经济性

是指工程从规划、勘察、设计、施工到整个产品使用寿命周期内的成本和消耗的费用。工程经济性具体表现为设计成本、施工成本、使用成本三者之和。包括从征地、拆迁、勘察、设计、采购(材料、设备)、施工、配套设施等建设全过程的总投资和工程使用阶段的能耗、水耗、维护、保养乃至改建更新的使用维修费用。通过分析比较,判断工程是否符合经济要求。

6. 与环境的协调性

是指工程与其周围生态环境协调,与所在地区经济环境协调以及与周围已建工程相协调,以适应可持续发展的要求。

上述六个方面的质量特性彼此之间是相互依存的,总体而言,适用、耐久、安全、可靠、经济、与环境适应性,都是必须达到的基本要求,缺一不可。但是对于不同门类不同专业的工程,如工业建筑、民用建筑、公共建筑、住宅建筑、道路建筑,可根据所处的特定地域环境条件、技术经济条件的差异,有不同的侧重点。

二、工程质量形成过程与影响因素分析

(一)工程建设各阶段对质量形成的作用与影响

工程建设的不同阶段,对工程项目质量的形成起着不同的作用和影响。

1. 项目可行性研究

项目可行性研究是在项目建议书和项目策划的基础上,运用经济学原理对投资项目有关技术、经济、社会、环境等所有方面进行调查研究,对各种可能的拟建方案和建成投产后的经济效益、社会效益等进行技术经济分析、预测和论证,确定项目建设的可行性,并在可行的情况

下,通过多方案比较从中选择出最佳建设方案,作为项目决策和设计的依据。在此过程中,需要确定工程项目的质量要求,并与投资目标相协调。因此,项目的可行性研究直接影响项目的决策质量和设计质量。

2. 项目决策

项目决策阶段是通过项目可行性研究和项目评估,对项目的建设方案作出决策,使项目的建设充分反映业主的意愿,并与地区环境相适应,做到投资、质量、进度三者协调统一。所以,项目决策阶段对工程质量的影响主要是确定工程项目应达到的质量目标和水平。

3. 工程勘察、设计

工程地质勘察是为建设场地的选择和工程的设计与施工提供地质资料依据。而工程设计是根据建设项目总体需求(包括已确定的质量目标和水平)和地质勘察报告,对工程的外形和内在的实体进行策划、研究、构思、设计和描绘,形成设计说明书和图纸等相关文件,使得质量目标和水平具体化,为施工提供直接依据。

工程设计质量是决定工程质量的关键环节,工程采用什么样的平面布置和空间形式、选用什么样的结构类型、使用什么样的材料、构配件及设备等等,都直接关系到工程主体结构的安全可靠性,关系到建设投资的综合功能是否充分体现规划意图。在一定程度上,设计的完美性也反映了一个国家的科技水平和文化水平。设计的严密性、合理性也决定了工程建设的成败,是建设工程的安全、适用、经济与环境保护等措施得以实现的保证。

4. 工程施工

工程施工是指按照设计图纸和相关文件的要求,在建设场地上将设计意图付诸实现的测量、作业、检验,是形成工程实体、建成最终产品的活动。任何优秀的勘察设计成果,只有通过施工才能变为现实。因此,工程施工活动决定了设计意图能否实现,它直接关系到工程是否安全可靠,使用功能能否保证,以及外表观感能否体现建筑设计的艺术水平。在一定程度上,工程施工是形成实体质量的决定性环节。

5. 工程竣工验收

工程竣工验收就是对项目施工阶段的质量通过检查评定,试车运转,考核项目质量是否达到设计要求,是否符合决策阶段确定的质量目标和水平,并通过验收确保工程项目的质量。所以工程竣工验收对质量的影响是最终保证产品的质量合格。

(二)影响工程质量的因素

影响工程质量的因素很多,但归纳起来主要有五个方面,即人(Man)、材料(Material)、机械(Machine)、方法(Method)、环境(Environment),简称为4M1E因素。

1. 人员素质

人是生产经营活动的主体,也是工程项目建设的决策者、管理者、操作者,工程建设的全过程,如项目的规划、决策、勘察、设计和施工,都是通过人来完成的。人员的素质,即人的文化水平、技术水平、决策能力、管理能力、组织能力、作业能力、控制能力、身体素质及职业道德等,都将直接或间接地对规划、决策、勘察、设计和施工的质量产生影响,而规划是否合理,决策是否正确,设计是否符合所需的质量功能,施工能否满足合同、规范、技术标准的需要等,都将对工程质量产生不同程度的影响,所以人员素质是影响工程质量的一个重要因素。因此,建筑业实行经营资质管理和各类专业从业人员持证上岗制度是保证人员素质的重要管理措施。

2. 工程材料

工程材料泛指构成工程实体的各类建筑材料、构配件、半成品等,它是工程建设的物质条件,是工程质量的基础。工程材料选用是否合理、产品是否合格、是否经过检验、保管使用是否得当等等,都将直接影响建设工程的结构刚度和强度,影响工程外观及观感,影响工程的使用功能,影响工程的使用安全。

3. 机械设备

机械设备可分为两类:一是指组成工程实体及配套的工艺设备和各类机具,如电梯、泵机、通风设备等,它们构成了建筑设备安装工程或工业设备安装工程,形成完整的使用功能;二是指施工过程中使用的各类机具设备,包括大型垂直与横向运输设备、各类操作工具、各种施工安全设施、各类测量仪器和计量器具等,简称施工机具设备,它们是施工生产的手段。机具设备对工程质量也有重要的影响。工程用机具设备其产品质量优劣,直接影响工程使用功能质量。施工机具设备的类型是否符合工程施工特点,性能是否先进稳定,操作是否方便安全等,都将会影响工程项目的质量。

4. 方法

方法是指工艺方法、操作方法和施工方案。在工程施工中,施工方案是否合理,施工工艺是否先进,施工操作是否正确,都将对工程质量产生重大的影响。大力推进新技术、新工艺、新方法,不断提高工艺技术水平,是保证工程质量稳定提高的重要因素。

5. 环境条件

环境条件是指对工程质量起重要作用的环境因素,包括:工程技术环境,如工程地质、水文、气象等;工程作业环境,如施工作业面大小、防护设施、通风照明和通讯条件等;工程管理环境,主要指工程实施的合同结构与管理关系的确定,组织体制及管理制度等;周边环境,如工程邻近的地下管线、建(构)筑物等。环境条件往往对工程质量产生特定的影响。加强环境管理,改进作业条件,把握好技术环境,辅以必要的措施,是控制环境对质量影响的重要保证。

(三) 工程质量的特点

建设工程质量的特点是由建设工程本身和建设生产的特点决定的。建设工程(产品)及其生产的特点:一是产品的固定性,生产的流动性;二是产品的多样性,生产的单件性;三是产品形体庞大、高投入、生产周期长、具有风险性;四是产品的社会性,生产的外部约束性。正是由于上述建设工程的特点而形成了工程质量本身有以下特点。

1. 影响因素多

建设工程质量受到多种因素的影响,如决策、设计、材料、机具设备、施工方法、施工工艺、技术措施、人员素质、工期、工程造价等,这些因素直接或间接地影响工程项目质量。

2. 质量波动大

由于建筑生产的单件性、流动性,不像一般工业产品的生产那样,有固定的生产流水线、有规范化的生产工艺和完善的检测技术、有成套的生产设备和稳定的生产环境,所以工程质量容易产生波动且波动大。同时由于影响工程质量的偶然性因素和系统性因素比较多,其中任一因素发生变动,都会使工程质量产生波动。如材料规格品种使用错误、施工方法不当、操作未按规定进行、机械设备过度磨损或出现故障、设计计算失误等等,都会发生质量波动,产生系统因素的质量变异,造成工程质量事故。为此,要严防出现系统性因素的质量变异,要把质量波动控制在偶然性因素范围内。

3. 质量隐蔽性

建设工程在施工过程中,分期工程交接多、中间产品多、隐蔽工程多,因此质量存在隐蔽性。若在施工中不及时进行质量检查,事后只能从表面上检查,就很难发现内在的质量问题,这样就容易判断错误,即发生第二类判断错误(将不合格品误认为合格品)。

4. 终检的局限性

工程项目建成后不可像一般工业产品那样依靠终检来判断产品质量,或将产品拆卸、解体来检查其内在的质量,或对不合格零部件进行更换。工程项目的终检(竣工验收)无法进行工程内在质量的检验,发现隐蔽的质量缺陷。因此,工程项目的终检存在一定的局限性。这就要求工程质量控制应以预防为主,防患于未然。

5. 评价方法的特殊性

工程质量的检查评定及验收是按检验批、分项工程、分部工程、单位工程进行的。检验批的质量是分项工程乃至整个工程质量检验的基础,检验批质量主要取决于主控项目和一般项目经抽样检验的结果。隐蔽工程在隐蔽前要检查合格后验收,涉及结构安全的试块、试件以及有关材料,应按规定进行取样检测,涉及结构安全和使用功能的重要分部工程要进行抽样检测。工程质量是在施工单位按合格质量标准自行检查评定的基础上,由监理工程师(或建设单位项目负责人)组织有关单位、人员进行检验确认验收。这种评价方法体现了"验评分离、强化验收、完善手段、过程控制"的指导思想。

第二节　质量控制和工程质量控制

一、质量控制

2008 版 GB/T 1900—ISO9000 族标准中,质量控制的定义是:质量管理的一部分,致力于满足质量要求。

上述定义可以从以下几方面去理解:

(1) 质量控制是质量管理的重要组成部分,其目的是使产品、体系或过程的固有特性达到要求,即满足顾客、法律、法规等方面所提出的质量要求(如适用性、安全性等)。所以,质量控制是通过采取一系列的作业技术和活动对各个过程实施控制的。

(2) 质量控制的工作内容包括了作业技术和活动,也就是包括专业技术和管理技术两个方面。如何能保证围绕产品形成全过程每一阶段的工作做好,应对影响其质量的人、机、料、法、环(4M1E)因素进行控制,并对质量活动的成果进行分阶段验证,以便及时发现问题,查明原因,采取相应纠正措施,防止不合格的发生。因此,质量控制应贯彻预防为主与检验把关相结合的原则。

(3) 质量控制应贯穿控制在产品形成和体系运行的全过程。每一过程都有输入、转换和输出三个环节,对每一个过程的三个环节实施有效控制,使对产品质量有影响的各个过程处于受控状态,持续提供符合规定要求的产品才能得到保障。

二、工程质量控制

工程质量控制是指致力于满足质量要求,也就是为了保证工程质量满足工程合同规范标准所采取的一系列措施、方法和手段。工程质量要求主要表现为工程合同、设计文件、技术规范标准规定的质量标准。

(1) 工程质量控制按其实施主体不同,分为自控主体和监控主体。前者是指直接从事质量职能的活动者,后者是指对他人质量能力和效果的监控者,主要包括以下四个方面:

政府的工程质量控制。政府属于监控主体,它主要是以法律法规为依据,通过抓工程报建、施工图设计文件审查、施工许可证、材料和设备准用、工程质量监督、重大工程竣工验收备案等主要环节进行的。

工程监理单位的质量控制。工程监理单位属于监控主体,它主要是受建设单位的委托,代表建设单位对工程实施全过程进行质量监督和控制,包括勘察设计阶段质量控制、施工阶段质量控制,以满足建设单位对工程质量的要求。

勘察设计单位的质量控制。勘察设计单位属于自控主体,它是以法律、法规及合同为依据,对勘察设计的整个过程进行控制,包括工作程序,工作进度、费用及成果文件所包含的功能和使用价值,以满足建设单位对勘察设计质量的要求。

施工单位的质量控制。施工单位属于自控主体,它是以工程合同、设计图纸和技术规范为依据,对施工准备阶段、施工阶段、竣工验收交付阶段等施工全过程的工作质量和工程质量进行控制,以达到合同文件规定的质量要求。

(2) 工程质量控制按工程质量形成过程,包括全过程各阶段的质量控制,主要是:

决策阶段的质量控制,主要是通过项目的可行性研究选择最佳建设方案,使项目的质量要求符合业主的意图,并与投资目标相协调,与所在地区环境相协调。

工程勘察设计阶段的质量控制,主要是要选择好勘察设计单位,要保证工程设计符合决策阶段确定的质量要求,保证设计符合有关技术规范和标准的规定,要保证设计文件、图纸符合现场和施工的实际条件,其深度能满足施工的需要。

工程施工阶段的质量控制,一是择优选择能保证工程质量的施工单位,二是严格监管承建商按设计图纸进行施工,并形成符合合同文件规定质量要求的最终产品。

三、工程质量控制的原则

工程师在工程质量控制过程中,应遵循以下原则:

1. 坚持质量第一的原则

建设工程质量不仅关系到工程的适用性和建设项目投资效果,而且关系到人民群众生命财产的安全。所以,监理工程师在进行投资、质量、进度三大目标控制时,在处理三者关系时,应坚持"百年大计,质量第一"的原则,在工程建设中自始至终把"质量第一"作为对工程质量控制的基本原则。

2. 坚持以人为核心的原则

人是工程建设的决策者、组织者、管理者和操作者。工程建设中各单位、各部位、各岗位人员的工作质量水平和完善程度,都直接或间接地影响工程质量。所以在工程质量控制中,要以人为核心,重点控制人的素质和人的行为,充分发挥人的积极性和创造性,以人的工作质量保证工程质量。

3. 坚持以预防为主的原则

工程质量控制应该是积极主动的,应事先对影响质量的各种因素加以控制;而不是消极被动的,等出现质量问题再进行处理时,已造成不必要的损失。所以,要重点做好质量的事先控制和事中控制,以预防为主,加强过程和中间产品的质量检查和控制。

4. 坚持质量标准的原则

质量标准是评价产品的尺度,工程质量是否符合合同规定的质量标准要求,应通过质量检验并和质量标准对照判断,符合质量标准要求的才是合格,不符合质量标准要求的就是不合格,必须返工处理。

5. 坚持科学、公正、守法的职业道德规范

在工程质量控制中,监理人员必须坚持科学、公正、守法的职业道德规范,要尊重科学,尊重事实,以数据资料为依据,客观、公正地处理质量问题。要坚持原则,遵纪守法,秉公监理。

四、工程质量管理法规简介

为了搞好质量管理工作,我国历年来由国务院、国家建委、国家计委、建设部及地区建设政府主管部门,制定了一系列有关工程质量管理的法规。这一系列法规的颁布、施行,进一步强化了工程施工质量管理,保证了国家工程建设的顺利进行。工程施工质量法规,是国家对施工项目质量管理工作进行宏观调控的基本环节,是促进建筑施工管理体制改革顺利进行的有力保证,是实现施工项目科学管理,维护建筑市场正常、健康运行的有力工具。为了使我国的建筑施工项目质量管理逐步走上法制化、规范化的轨道,自1998年以来,我国颁布了《建筑法》、《建设工程质量管理条例》、《工程建设标准强制性条文》等一系列最新的法律法规,为我们依法行政、依法管理提供了法定依据。

为了便于在实践工作中贯彻执行,特将有关法规附录于后,见附录一和附录二。

第三节　工程质量的政府监督管理

一、工程质量政府监督管理体制和职能

(一)监督管理体制

国务院建设行政主管部门对全国的建设工程质量实施统一监督管理。国务院铁路、交通、水利等有关部门按国务院规定的职责分工,负责对全国的有关专业建设工程质量的监督管理。县级以上地方人民政府建设行政主管部门对本行政区域内的建设工程质量实施监督管理。县级以上地方人民政府交通、水利等有关部门在各自职责范围内,负责本行政区域内的专业建设工程质量的监督管理。

国务院发展计划部门按照国务院规定的职责,组织稽查特派员,对国家出资的重大建设项目实施监督检查。国务院经济贸易主管部门按国务院规定的职责,对国家重大技术改造项目实施监督检查。国务院建设行政主管部门和国务院铁路、交通、水利等有关专业部门、县级以上地方人民政府建设行政主管部门和其他部门,对有关建设工程质量的法律、法规和强制性标准执行情况加强监督检查。

县级以上政府建设行政主管部门和其他部门履行检查职责时,有权要求被检查的单位提供有关工程质量的文件和资料,有权进入被检查单位的施工现场进行检查,在检查中发现工程

质量存在问题时,有权责令改正。

政府的工程质量监督管理具有权威性、强制性、综合性的特点。

（二）管理职能

1. 建立和完善工程质量管理法规

包括行政性法规和工程技术规范标准,前者如《建筑法》、《招标投标法》、《建筑工程质量管理条例》等,后者如工程设计规范、建筑工程施工质量验收统一标准、工程施工质量验收规范等。

2. 建立和落实工程质量责任制

包括工程质量行政领导的责任制、项目法定代表人的责任制、参建单位法定代表人的责任制和工程质量终身负责制等。

3. 建设活动主体资格的管理

国家对从事建设活动的单位实行严格的从业许可证制度,对从事建设活动的专业技术人员实行严格的执业资格制度。建设行政主管部门有关专业部门按各自分工,负责各类资质标准的审查、从业单位的资质等级的最后认定、专业技术人员资格等级的核查和注册,并对资质等级和从业范围等实施动态管理。

4. 工程承发包管理

包括规定工程招投标承发包的范围、类型、条件,对招投标承发包活动的依法监督和工程合同管理。

5. 控制工程建设程序

包括工程报建、施工图设计文件审查、工程施工许可、工程材料和设备准用、工程质量监督、施工验收备案等管理。

二、工程质量管理制度

近年来,我国建设行政主管部门先后颁发了多项建设工程质量管理制度,主要有以下几方面。

（一）施工图设计文件审查制度

施工图设计文件（以下简称施工图）审查是政府主管部门对工程勘察设计质量监督管理的重要环节。施工图审查是指国务院建设行政主管部门和省、自治区、直辖市人民政府建设行政主管部门委托依法认定的设计审查机构,根据国家法律、法规、技术标准与规范,对施工图进行结构安全和强制性标准、规范执行情况等进行的独立审查。

1. 施工图审查的范围

建筑工程等级分级标准中的各类新建、改建、扩建的建筑工程项目均属审查范围。省、自治区、直辖市人民政府建设行政主管部门,可结合本地的实际,确定具体的审查范围。

建设单位应当将施工图报送建设行政主管部门,由建设行政主管部门委托有关审查机构,进行结构安全和强制性标准、规范执行情况等内容的审查。建设单位将施工图报请审查时,应同时提供下列资料:批准的立项文件或初步设计批准文件;主要的初步设计文件;工程勘察成果报告;结构计算书及计算软件名称。

2. 施工图审查程序

施工图审查的各个环节可按以下步骤办理:

（1）建设单位向建设行政主管部门报送施工图，并作书面登录。

（2）建设行政主管部门委托审查机构进行审查，同时发出委托审查通知书。

（3）审查机构完成审查，向建设行政主管部门提交技术性审查报告。

（4）审查结束，建设行政主管部门向建设单位发出施工图审查批准书。

（5）报审施工图设计文件和有关资料存档备查。

3. 施工图审查管理

审查机构应当在收到审查材料后 20 个工作日内完成审查工作，并提出审查报告；特级和一级项目应当在 30 个工作日内完成审查工作，并提出审查报告，其中重大及技术复杂项目的审查时间可适当延长。审查合格的项目，审查机构向建设行政主管部门提交项目施工图审查报告，由建设行政主管部门向建设单位通报审查结果，并颁发施工图审查批准书。对审查不合格的项目，提出书面意见后，由审查机构将施工图退回建设单位，并由原设计单位修改、重新送审。

施工图一经审查批准，不得擅自进行修改。如遇特殊情况需要进行涉及审查主要内容的修改时，必须重新报请原审批部门，由原审批部门委托审查机构审查后再批准实施。

建设单位或者设计单位对审查机构作出的审查报告有重大分歧时，可由建设单位或者设计单位向所在省、自治区、直辖市人民政府建设行政主管部门提出复查申请，由后者组织专家论证并作出复查结果。

施工图审查工作所需经费，由施工图审查机构按有关收费标准向建设单位收取。建筑工程竣工验收时，有关部门应按照审查批准的施工图进行验收。建设单位要对报送的审查材料的真实性负责；勘察、设计单位对提交的勘察报告、设计文件的真实性负责，并积极配合审查工作。

（二）工程质量监督制度

国家实行建设工程质量监督管理制度。工程质量监督管理的主体是各级政府建设行政主管部门和其他有关部门。但由于工程建设周期长、环节多、点多面广，工程质量监督工作是一项专业技术性强且很繁杂的工作，政府部门不可能亲自进行日常检查工作。因此，工程质量监督管理由建设行政主管部门或有关专业部门委托，依法对工程质量进行强制性监督，并对委托部门负责。

工程质量监督机构的主要任务：

（1）根据政府主管部门的委托，受理建设工程项目的质量监督。

（2）制定质量监督工作方案。确定负责该项工程的质量监督方案工程师和助理质量监督师。根据有关法律、法规和工程建设强制性标准，针对工程特点，明确监督的具体内容、监督方式。在方案中对地基基础、主体结构和其他涉及结构安全的重要部位和关键过程，作出实施监督的详细计划安排，并将质量监督工作方案通知建设、勘察、设计、施工、监理单位。

（3）检查施工现场工程建设各方主体的质量行为。检查施工现场工程建设各方主体及有关人员的交接资质或资格；检查勘察、设计、施工、监理单位的质量管理体系和质量责任制落实情况；检查有关质量文件、技术资料是否齐全并符合规定。

（三）工程质量检测制度

工程质量检测工作是对工程质量进行监督管理的重要手段之一。工程质量检测机构是对建设工程、建筑构件、制品及现场所用的有关建筑材料、设备质量进行检测的法定单位。在建设行政主管部门领导和标准化管理部门指导下开展检测工作,其出具的检测报告具有法定效力。法定的国家级检测机构出具的检测报告,在国内为最终裁定,在国外具有代表国家的性质。

1. 国家级检测机构的主要任务

(1) 受国务院建设行政主管部门和专业委托,对指定的国家重点工程进行检测复核,提出检测复核报告和建议。

(2) 受国家建设行政主管部门和国家标准部门委托,对建筑构件、制品及有关材料、设备及产品进行抽样检验。

2. 各省级、市(地区)级、县级检测机构的主要任务

(1) 对本地区正在施工的建设工程所用的材料、混凝土、砂浆和建筑构件等进行随机抽样检测,向本地建设工程质量主管部门和质量监督部门提出抽样报告和建议。

(2) 受同级建设行政主管部门委托,对省、市、县的建筑构件、制品进行抽样检测。

对违反技术标准、失去质量控制的产品,检测单位有权提供主管部门停止其生产的证明,不合格产品不准出厂,已出厂的产品不得使用。

(四) 工程质量保修制度

建设工程质量保修制度是指建设工程在办理交工验收手续后,在规定的保修期限内,因勘察、设计、施工、材料等原因造成的质量问题,要由施工单位负责维修、更换、由责任单位负责赔偿损失。质量问题是指工程不符合国家工程建设强制性标准、设计文件以及合同中对质量的要求。

建设工程承包单位在向建设单位提交工程竣工验收报告时,应向建设单位出具工程质量保修书,质量保修书中应明确建设工程保修范围、保修期限和保修责任等。

在正常使用条件下,建设工程的最低保修期限为:

(1) 基础设施工程、房屋建筑工程的地基基础和主体结构工程,为设计文件规定的该工程的合理使用年限;

(2) 屋面防水工程、有防水要求的卫生间、房间和外墙面的防渗漏,为 5 年;

(3) 供热与供冷系统,为 2 个采暖期;

(4) 电气管线、给排水管道、设备安装和装修工程,为 2 年。

其他项目的保修期由发包方与承包方约定。保修期自竣工验收合格之日起计算。

建设工程在保修期限内发生质量问题的,施工单位应当履行保修义务。保修义务的承担和经济责任的承担应按下列原则处理:

(1) 施工单位未按国家有关标准、规范和设计要求施工造成的质量问题,由施工单位负责返修并承担经济责任。

(2) 由于设计方面的原因造成的质量问题,先由施工单位负责维修,其经济责任按有关规定通过建设单位向设计单位索赔。

(3) 因建筑材料、构配件和设备质量不合格引起的质量问题,先由施工单位负责维修,其经济责任属于施工单位采购的,由施工单位承担经济责任;属于建设单位采购的,由建设单位承担经济责任。

(4) 因建设单位(含监理单位)错误管理造成的质量问题,先由施工单位负责维修,其经济

责任由建设单位承担,如属监理单位责任,则由建设单位向监理单位索赔。

(5) 因使用单位使用不当造成的损坏问题,先由施工单位负责维修,其经济责任由使用单位自行负责。

(6) 因地震、洪水、台风等不可抗拒原因造成的损坏问题,先由施工单位负责维修,建设参与各方根据国家具体政策分担经济责任。

1. 什么是质量? 其含义有哪些内容?

2. 什么是建设工程质量?

3. 建设工程质量的特性有哪些? 其特性主要表现在哪些方面?

4. 试述工程建设各阶段对质量形成的影响。

5. 试述影响工程质量的因素。

6. 试述工程质量的特点。

7. 什么是工程质量控制? 简述工程质量控制的内容。

8. 工程质量控制的原则有哪些?

9. 在正常使用条件下,建设工程的最低保修期限有哪些规定?

第二章　建筑工程施工的质量控制

第一节　概述

工程施工是使工程设计意图最终实现并形成工程实体的阶段,也是最终形成工程产品质量和工程项目使用价值的重要阶段。因此,施工阶段的质量控制不但是施工监理重要的工作内容,也是工程项目质量控制的重点。监理工程师对工程施工的质量控制,就是按合同赋予的权利,围绕影响工程质量的各种因素,对工程项目的施工进行有效的监督和管理。

一、施工质量控制的系统过程

由于施工阶段是使工程设计意图最终实现并形成工程实体的阶段,是最终形成工程实体质量的过程,所以施工阶段的质量控制是一个由对投入的资源和条件的质量控制,进而对生产过程及各环节质量进行控制,直到对所完成的工程产出品的质量检验与控制为止的全过程的系统控制过程。这个过程可以根据在施工阶段工程实体质量形成的时间阶段不同来划分;也可以根据施工阶段工程实体形成过程中物质形态的转化来划分;或者是将施工的工程项目作为一大系统,按施工层次加以划分。

（一）按工程实体质量形成过程的时间阶段划分

施工阶段的质量控制可以分为以下三个环节。

1. 施工准备控制

指在各工程对象正式施工活动开始前,对各项准备工作及影响质量的各因素进行控制,这是确保施工质量的先决条件。

2. 施工过程控制

指在施工过程中对实际投入的生产要素质量及作业技术活动的实施状态和结果所进行的控制,包括作业者发挥技术能力过程的自控行为和来自有关管理者的监控行为。

3. 竣工验收控制

它是指对通过施工过程所完成的具有独立的功能和使用价值的最终产品(单位工程或整个工程项目)及有关方面(例如质量文档)的质量进行控制。

关于这三个环节的质量控制系统过程及其涉及的主要方面如图 2-1 所示。

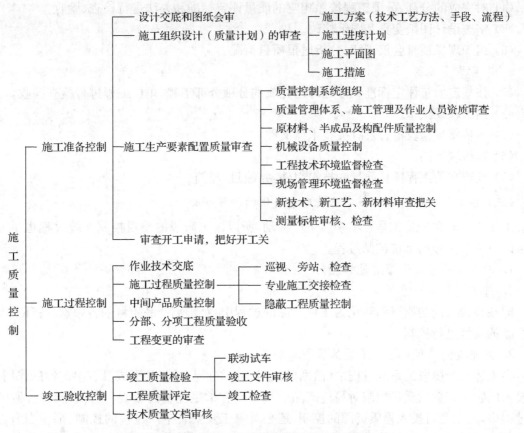

图 2 - 1　施工阶段质量控制的系统过程

（二）根据工程质量形成阶段的时间划分

施工阶段的质量控制可以分为事前控制、事中控制和事后控制。

1. 事前质量控制

事前质量控制即在施工前进行质量控制，其具体内容有：

（1）审查各承包单位的技术资质。

（2）对工程所需材料、构件、配件的质量进行检查和控制。

（3）对永久性生产设备和装置，按审批同意的设计图纸组织采购或订货。

（4）施工方案和施工组织设计中应含有保证工程质量的可靠措施。

（5）对工程中采用的新材料、新工艺、新结构、新技术，应审查其技术鉴定书。

（6）检查施工现场的测量标桩、建筑物的定位放线和高程水准点。

（7）完善质量保证体系。

（8）组织设计交底和图纸会审。

2. 事中质量控制

事中质量控制即在施工过程中进行质量控制，其具体内容有：

（1）完善的工序控制。

（2）严格工序之间的交接检查工作。

（3）重点检查重要部位和专业过程。

（4）对完成的分部、分项工程按照相应的质量评定标准和办法进行检查、验收。

（5）审查设计图纸变更和图纸修改。

（6）组织现场质量会议，及时分析通报质量情况。

3．事后质量控制

（1）按规定质量评定标准和办法对已完成的分项分部工程、单位工程进行检查验收。

（2）组织联动试车。

（3）审核质量检验报告及有关技术性文件。

（4）审核竣工图。

（5）整理有关工程项目质量的技术文件，并编目、建档。

（三）按工程实体形成过程中物质形态转化的阶段划分

由于工程对象的施工是一项物质生产活动，所以施工阶段的质量控制系统过程也是一个经由以下三个阶段的系统控制过程。

1．对投入的物质资源质量的控制

2．施工过程质量控制

即在使投入的物质资源转化为工程产品的过程中，对影响产品质量的各因素、各环节及中间产品的质量进行控制。

3．对完成的工程产出品质量的控制与验收

在上述三个阶段的系统过程中，前两阶段对于最终产品质量的形成具有决定性的作用，而所投入的物质资源的质量控制对最终产品质量又具有举足轻重的影响。所以，质量控制的系统过程中，无论是对投入物质资源的控制，还是对施工及安装生产过程的控制，都应当对影响工程实体质量的五个重要因素方面，即对施工有关人员因素、材料因素（包括半成品、构配件）、机械设备因素（生产设备及施工设备）、施工方法因素（施工方案、方法及工艺）以及环境因素等进行全面的控制。

（四）按工程项目施工层次划分的系统控制过程

通常任何一个大中型工程建设项目可以划分为若干层次。例如，对于建筑工程项目按照国家标准可以划分为单位工程、分部工程、分项工程、检验批等层次；而对于诸如水利水电、港口交通等工程项目则可划分为单项工程、单位工程、分部工程、分项工程等几个层次。各组成部分之间具有一定的施工先后顺序的逻辑关系。显然，施工作业过程的质量控制是最基本的质量控制，它决定了有关检验批的质量，而检验批的质量又决定了分项工程的质量。各层次间的质量控制系统过程如图 2-2 所示。

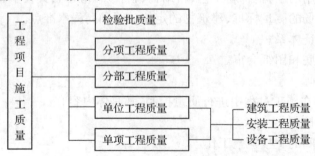

图 2-2　按工程项目施工层次划分的系统过程

二、施工质量控制的依据

施工阶段监理工程师进行质量控制的依据,大体上有以下四类。

1. 工程合同文件

工程施工承包合同文件和委托监理合同文件中分别规定了参与建设各方在质量控制方面的权利和义务,有关各方必须履行在合同中的承诺。对于监理单位,既要履行委托监理合同的条款,又要督促建设单位、监督承包单位、设计单位履行有关的质量控制条款。因此,监理工程师要熟悉这些条款,据以进行质量监督和控制。

2. 设计文件

"按图施工"是施工阶段质量控制的一项重要原则。因此,经过批准的设计图纸和技术说明书等设计文件,无疑是质量控制的重要依据。但是从严格质量管理和质量控制的角度出发,监理单位在施工前还应参加由建设单位组织的、设计单位及承包单位参加的、设计交底及图纸会审工作,以达到了解设计意图的质量要求,发现图纸差错和减少质量隐患的目的。

3. 国家及政府有关部门颁布的有关质量管理方面的法律、法规性文件

这些文件是建设行业质量管理方面所应遵循的基本法规文件。如:《中华人民共和国建筑法》、《建设工程质量管理条例》、《建设工程安全生产管理条例》。

4. 有关质量检验与控制的专门技术法规性文件

这类文件一般是针对行业、不同的质量控制对象而制定的技术法规性的文件,包括各种相关的标准、规范、规程或规定。

技术标准有国际标准、国家标准、行业标准、地方标准和企业标准之分。它们是建立和维护正常的生产和工作秩序应遵守的准则,也是衡量工程、设备和材料质量的尺度。

属于这类专门的技术法规性的依据主要有以下四类:

(1) 工程项目施工质量验收标准

如《建筑工程施工质量验收统一标准》(GB50300—2001)以及其他行业工程项目的质量验收标准

(2) 有关工程材料、半成品和构配件质量控制方面的专门技术法规性依据

① 有关工程材料及其制品质量的技术标准。例如水泥、木材及其制品、钢材、砖瓦、砌块、石材、石灰、砂、玻璃、陶瓷及其制品等。

② 有关材料或半成品等的取样、试验等方面的技术标准或规程。例如钢材的机械及工艺试验取样法,水泥安定性检验方法等。

③ 有关材料验收、包装、标识及质量证明书的一般规定。例如型钢的验收、包装、标志及质量证明书的一般规定;钢管验收、包装、标志及质量证明书的一般规定等。

(3) 控制施工作业活动质量的技术规程

如砌砖操作规程、混凝土施工操作规程等。它们是为了保证施工作业活动质量在作业过程中应遵照执行的技术规程。

(4) 凡采用新工艺、新技术、新材料的工程

事先应进行试验,并应有权威性技术部门的技术鉴定书及有关的质量数据、指标,在此基础上制定有关的质量标准和施工工艺规程,以此作为判断与控制质量的依据。

三、施工质量控制的工作程序

在施工阶段全过程中,监理工程师要进行全过程、全方位的监督、检查与控制,不仅涉及最

终产品的检查、验收,而且涉及施工过程的各环节及中间产品的监督、检查与验收。这种全过程、全方位的质量监理一般流程如图 2-3 所示。

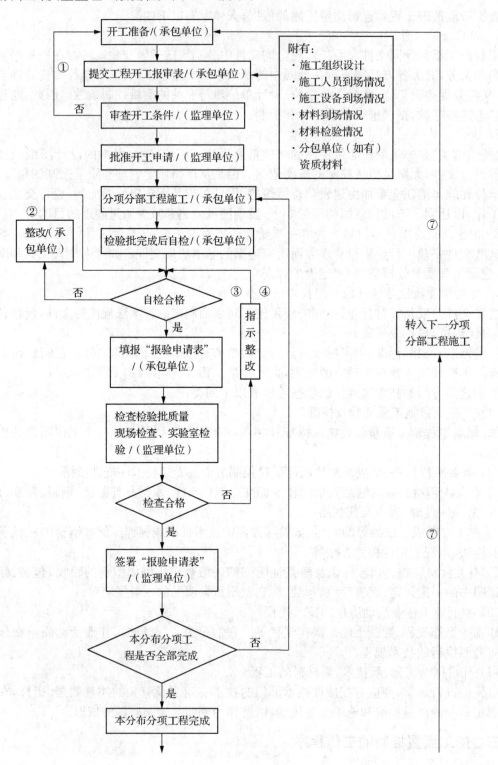

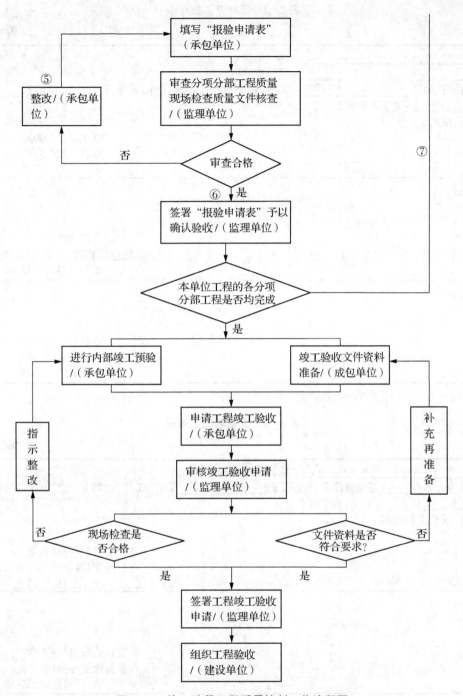

图 2 - 3　施工阶段工程质量控制工作流程图

　　在每项工程开始前,承包单位需做好施工准备工作,然后填报"工程开工表"(如表 2 - 1 所示)、复工报审表(如表 2 - 2 所示)及附件,报送监理工程师审查。若审查合格,则由总监理工程师批复准予施工。否则,承包单位应进一步做好施工准备,待条件具备时,再次填报开工申请。

表 2-1 工程开工报审表

工程名称： 编号：

致：_____（建设单位） 　　_____（项目监理机构） 　　我方承担的_____工程,已完成相关准备工作,具备开工条件,申请于_____年____月___日开工,请予以审批。 　　附件:证明文件资料 　　　　　　　　　　　　　　　　　　　　　　　　　　　　施工单位(盖章) 　　　　　　　　　　　　　　　　　　　　　　　　　　　　项目经理(签字) 　　　　　　　　　　　　　　　　　　　　　　　　　　　　年　　月　　日
审核意见: 　　　　　　　　　　　　　　　　　　　　　　　　　　　　项目监理机构(盖章) 　　　　　　　　　　　　　　　　　　　　　　　**总监理工程师**(签字、加盖执业印章) 　　　　　　　　　　　　　　　　　　　　　　　　　　　　年　　月　　日
审批意见: 　　　　　　　　　　　　　　　　　　　　　　　　　　　　建设单位(盖章) 　　　　　　　　　　　　　　　　　　　　　　　　　　建设单位代表(签字) 　　　　　　　　　　　　　　　　　　　　　　　　　　　　年　　月　　日

注:本表一式三份,项目监理机构、建设单位、施工单位各一份。

表 2-2 工程复工报审表

工程名称： 编号：

致：_____（项目监理机构） 　　编号为_____《工程暂停令》所停工的_____部位(工序)已满足复工条件,我方申请于_____年____月___日复工,请予以审批。 　　附件:证明文件资料 　　　　　　　　　　　　　　　　　　　　　　　　　　　施工项目经理部(盖章) 　　　　　　　　　　　　　　　　　　　　　　　　　　　项目经理(签字) 　　　　　　　　　　　　　　　　　　　　　　　　　　　年　　月　　日
审核意见: 　　　　　　　　　　　　　　　　　　　　　　　　　　　项目监理机构(盖章) 　　　　　　　　　　　　　　　　　　　　　　　　**总监理工程师**(签字) 　　　　　　　　　　　　　　　　　　　　　　　　　　　年　　月　　日
审批意见: 　　　　　　　　　　　　　　　　　　　　　　　　　　　建设单位(盖章) 　　　　　　　　　　　　　　　　　　　　　　　　　建设单位代表(签字) 　　　　　　　　　　　　　　　　　　　　　　　　　　　年　　月　　日

注:本表一式三份,项目监理机构、建设单位、施工单位各一份。

在施工过程中,监理工程师应督促承包单位加强内部质量管理,严格质量控制。施工作业过程均应按规定工艺和技术要求进行。在隐蔽工程、检验批、分项工程完成后以及施工实验室完成工作后,承包单位应进行自检,自检合格后,填报工程报审、报验申请表(如表2-3所示)交监理工程师检验。监理工程师收到检查申请后,应在合同规定的时间内到现场检验,检验合格后予以确认。

表2-3　工程报审、报验表

工程名称：　　　　　　　　　　　　　　　　　　　　　　　　　　编号：

致：_____(项目监理机构) 我方已完成_____工作,经自检合格,请予以审查或验收。 附件：□ 隐蔽工程质量检验资料 　　　□ 检验批质量检验资料 　　　□ 分项工程质量检验资料 　　　□ 施工试验室证明资料 　　　□ 其他   　　　　　　　　　　　　　　　　　　施工项目经理部(盖章) 　　　　　　　　　　　　　　　　　　项目经理或项目技术负责人(签字) 　　　　　　　　　　　　　　　　　　　　年　　月　　日
审查或验收意见：   　　　　　　　　　　　　　　　　　　项目监理机构(盖章) 　　　　　　　　　　　　　　　　　　**专业监理工程师**(签字) 　　　　　　　　　　　　　　　　　　　　年　　月　　日

注：本表一式二份,项目监理机构、施工单位各一份。

只有上一道工序被确认质量合格后,方能准许下道工序施工,按上述程序逐道完成工序。当一个分部工程完成后,承包单位首先对分部工程进行自检,填写相应质量验收记录表,确认工程质量符合要求,然后向监理工程师提交分部工程报验表(如表2-4所示),附上自检的相关资料。监理工程师现场检查及对相关资料审核后,符合要求予以签认验收,反之,则指令承包单位进行整改或返工处理。

表 2-4　分部工程报验表

工程名称：　　　　　　　　　　　　　　　　　　　　　　　　　　　　　　编号：

致：_____（项目监理机构） 　　我方已完成_____（分部工程），经自检合格，请予以验收。 　　附件：分部工程质量资料   　　　　　　　　　　　　　　　　　　　　　　施工项目经理部（盖章） 　　　　　　　　　　　　　　　　　　　　　　项目技术负责人（签字） 　　　　　　　　　　　　　　　　　　　　　　　　年　　月　　日
验收意见：   　　　　　　　　　　　　　　　　　　　　　　专业监理工程师（签字） 　　　　　　　　　　　　　　　　　　　　　　　　年　　月　　日
验收意见：   　　　　　　　　　　　　　　　　　　　　　　项目监理机构（盖章） 　　　　　　　　　　　　　　　　　　　　　　总监理工程师（签字） 　　　　　　　　　　　　　　　　　　　　　　　　年　　月　　日

注：本表一式三份，项目监理机构、建设单位、施工单位各一份。

　　在施工质量验收过程中，涉及结构安全的试块、试件以及有关材料，应按规定进行见证取样检测；涉及结构安全和使用功能的重要分部工程，应进行抽样检测。承担见证取样检测及有关结构安全检测的单位应具有相应资质。

　　通过返修或加固处理仍不能满足安全使用要求的分部工程、单位工程严禁验收。

第二节　建筑工程施工准备阶段的质量控制

一、施工承包单位资质的核查

（一）施工承包单位资质的分类

　　施工企业按照其承包工程能力，划分为施工总承包、专业承包和劳务分包三个序列。

1. 施工总承包企业

获得施工总承包资质的企业,可以对工程实行施工总承包或者对主体工程实行施工承包,施工总承包企业可以将承包的工程全部自行施工,也可以将非主体工程或者劳务作业分包给具有相应专业承包资质或者劳务分包资质的其他建筑业企业。施工总承包企业的资质按专业类别共分为 12 个资质类别,每一个资质类别又分成特、一、二、三级。

2. 专业承包企业

获得专业承包资质的企业,可以承接施工总承包企业分包的专业工程或者建设单位按照规定发包的专业工程。专业承包企业可以对所承接的工程全部自行施工,也可以将劳务作业分包给具有相应劳务分包资质的劳务分包企业。专业承包企业资质按专业类别共分为 60 个资质类别,每一个资质类别又分为一、二、三级。

3. 劳务分包企业

劳务分包企业是指获得劳务分包资质的企业,可以承接施工总承包企业或者专业承包企业分包的劳务作业。劳务承包企业有十三个资质类别,如木工作业、砌筑作业、钢筋作业、架线作业等。有的资质类别分成若干级,有的则不分级,如木工、砌筑、钢筋作业劳务分包企业资质分为一级、二级;油漆、架线等作业劳务分包企业则不分级。

(二)监理工程师对施工承包单位资质的审核

1. 招投标阶段对承包单位资质的审查

(1)根据工程的类型、规模和特点,确定参与投标企业的资质等级,并取得招投标管理部门的认可。

(2)对符合参与投标承包企业的考核:

① 查对营业执照及建筑业企业资质证书,并了解其实际的建设业绩、人员素质、管理水平、资金情况、技术装备等。

② 考核承包企业近期的表现,查对年检情况、资质升降级情况,了解其有无工程质量、施工安全、现场管理等方面的问题,企业管理的发展趋势、质量是否上升,选择向上发展的企业。

③ 查对近期承建工程,实地参观考核工程质量情况及现场管理水平。在全面了解的基础上,重点考核与拟建工程类型、规模和特点相似或接近的工程。优先选取创出名牌优质工程的企业。

2. 对中标进场从事项目施工的承包企业质量管理体系的核查

(1)了解企业的质量意识、质量管理情况,重点了解企业质量管理的基础工作、工程项目管理和质量控制的情况。

(2)贯彻 ISO9000 标准、体系建立和通过认证的情况。

(3)企业领导班子的质量意识及质量管理机构落实、质量管理权限实施的情况等。

(4)审查承包单位现场项目经理部的质量管理体系。

二、施工组织设计的审查

(一)施工组织设计

施工组织设计主要是针对特定的工程项目,为完成预定的控制目标,编制专门规定的质量措施、资源和活动顺序等的文件。在我国的现行施工管理中,施工承包单位要针对每一特定工程项目进行施工组织设计,以此作为施工准备和施工全过程的指导性文件。

（二）施工组织设计的审查程序

施工组织设计已包含了质量计划的主要内容,因此,监理工程师对施工组织设计的审查也同时包括了对质量计划的审查。

（1）在工程项目开工前约定的时间内,承包单位必须完成施工组织设计的编制及内部自审批准工作,填写施工组织设计/（专项）施工方案报审表（如表2-5所示）报送项目监理机构。

表2-5　施工组织设计/（专项）施工方案报审表

工程名称：　　　　　　　　　　　　　　　　　　　　　　　　编号：

致：_____（项目监理机构） 　我方已完成_____工程施工组织设计/（专项）施工方案的编制和审批,请予以审查。 　附件：□施工组织设计 　　　　□专项施工方案 　　　　□施工方案 　　　　　　　　　　　　　　　　　　　　施工项目经理部（盖章） 　　　　　　　　　　　　　　　　　　　　项目经理（签字） 　　　　　　　　　　　　　　　　　　　　　　年　　月　　日
审查意见：   　　　　　　　　　　　　　　　　　　　专业监理工程师（签字） 　　　　　　　　　　　　　　　　　　　　　年　　月　　日
审核意见：   　　　　　　　　　　　　　　　　　项目监理机构（盖章） 　　　　　　　　　　　　　　　　　总监理工程师（签字、加盖执业印章） 　　　　　　　　　　　　　　　　　　　年　　月　　日
审批意见（仅对超过一定规模的危险性较大的分部分项工程专项施工方案）：   　　　　　　　　　　　　　　　　　　　建设单位（盖章） 　　　　　　　　　　　　　　　　　　　建设单位代表（签字） 　　　　　　　　　　　　　　　　　　　　年　　月　　日

注:本表一式三份,项目监理机构、建设单位、施工单位各一份。

（2）总监理工程师在约定的时间内,组织专业监理工程师审查,提出意见后,由总监理工程师审核签认。需要承包单位修改时,由总监理工程师签发书面意见,退回承包单位修改后再报审,总监理工程师重新审查。

(3)已审定的施工组织设计由项目监理机构报送建设单位。

(4)承包单位应按审定的施工组织设计文件组织施工。如需对其内容做较大的变更,应在实施前将变更内容书面报送项目监理机构审核。

(5)规模大、结构复杂或属新结构、特种结构的工程,项目监理机构对施工组织设计审查后,还应报送监理单位技术负责人审查,提出审查意见后由总监理工程师签发,必要时与建设单位协商,组织有关专业部门和有关专家会审。

(6)规模大、工艺复杂的工程、群体工程或分期出图的工程,经建设单位批准可分阶段报审施工组织设计;技术复杂或采用新技术的分项、分部工程,承包单位还应编制该分项、分部工程的施工方案,报项目监理机构审查。总监理工程师在约定的时间内,组织专业监理工程师审查,提出意见后,由总监理工程师审核签认。

(三)审查施工组织设计的基本要求

(1)施工组织设计应有承包单位负责人签字;

(2)施工组织设计应符合施工合同要求;

(3)施工组织设计应由专业监理工程师审核后,经总监理工程师签认;

(4)发现施工组织设计中存在问题时,应提出修改意见,由承包单位修改后重新报审。

(四)审查施工组织设计时应掌握的原则

(1)施工组织设计的编制、审查和批准应符合规定的程序。

(2)施工组织设计应符合国家的技术政策,充分考虑承包合同规定的条件、施工现场条件及法规条件的要求,突出"质量第一、安全第一"的原则。

(3)施工组织设计的针对性:承包单位是否了解并掌握了本工程的特点及难点,施工条件是否分析充分。

(4)施工组织设计的可操作性:承包单位是否有能力执行并保证工期和质量目标,该施工组织设计是否切实可行。

(5)技术方案的先进性:施工组织设计采用的技术方案和措施是否先进适用,技术是否成熟。

(6)质量管理和技术管理体系的质量保证措施是否健全且切实可行。

(7)安全、环保、消防和文明施工措施是否切实可行并符合有关规定。

(7)在满足合同和法规要求的前提下,对施工组织设计的审查,应尊重承包单位的自主技术决策和管理决策。

(五)施工组织设计审查的注意事项

1. 重要的分部、分项工程的施工方案

承包单位在开工前向监理工程师提交详细说明,包括为完成该项工程的施工方法、施工机械设备及人员配备与组织、质量管理措施以及进度安排等,报请监理工程师审查认可后方能实施。

2. 施工顺序基本规律

在施工顺序上应符合先地下、后地上;先土建、后设备;先主体、后围护的基本规律。所谓先地下、后地上是指地上工程开工前,应尽量把管道、线路等地下设施和土方与基础工程完成,避免干扰,造成浪费,影响质量。此外,施工流向要合理,即平面和立面上都要考虑施工的质量保证与安全保证,考虑使用的先后和区段的划分,不与材料、构配件的运输发生冲突。

3. 施工方案与施工进度计划的一致性

施工进度计划的编制应以确定的施工方案为依据,正确体现施工的总体部署、流向顺序及工艺关系等。

4. 施工方案与施工平面图布置的协调一致

施工平面图的静态布置内容,如临时施工供水供电供热、供气管道、施工道路、临时办公房屋、物资仓库等,以及动态布置内容,如施工材料模板、工具器具等,应做到布置有序,有利于各阶段施工方案的实施。

三、现场施工准备的质量控制

(一) 工程定位及标高基准控制

工程施工测量放线是建设工程产品由设计转化为实物的第一步。施工测量的质量好坏,直接影响工程产品的综合质量,并且制约着施工过程中有关工序的质量。工程测量控制可以说是施工中事前控制的一项基本工作,它是施工准备阶段的一项重要内容。监理工程师应将其作为保证工程质量的一项重要内容,在监理工作中,应由测量专业监理工程师负责工程测量的复核控制工作。

1. 监理工程师应要求施工承包单位进行复核

对建设单位(或其委托的单位)给定的原始基准点、基准线和标高等测量控制点进行复核,并将复测结果报监理工程师审核,经批准后施工承包单位才能据以进行准确的测量放线,建立施工测量控制网,并应对其正确性负责,同时做好基桩的保护工作。

2. 复测施工测量控制网

在工程总平面图上,各种建筑物或构筑物的平面位置是用施工坐标系来表示的。施工测量控制图的初始坐标和方向,一般是根据测量控制点测定的,测定建筑物的长向主轴线即可作为施工平面控制网的初始方向,以后在控制网加密或建筑物定位时,即不再用控制点定向,以免建筑物发生不同的位移及偏转。复测施工测量控制网时应抽检建筑方格网、控制高程的水准网点以及标桩埋设位置等。

(二) 施工平面布置的控制

为了保证承包单位能够顺利地施工,监理工程师应督促建设单位按照合同的约定并结合承包单位施工的需要,事先划定并提供承包单位占有和使用现场有关部分的范围。如果在现场的某一区域内需要不同的施工单位同时或先后施工、使用,就应根据施工总进度计划的安排,规定他们各自占用的时间和先后顺序,并在施工总平面图中详细注明各工作区的位置及占用顺序,监理工程师要检查施工现场总体布置是否合理,是否有利于保证施工正常、顺利地进行,是否有利于保证质量,特别是要对场区的道路、防洪排水、器材存放、给水及供电、混凝土供应及主要垂直运输机械设备布置等方面予以重视。

(三) 材料构配件采购订货的控制

(1) 凡由承包单位负责采购的原材料、半成品或构配件,在采购订货前应向监理工程师申报;对于重要的材料,还应提交样品供试验或鉴定,有些材料则要求供货单位提交理化试验单

（如预应力钢筋的硫、磷含量等），经监理工程师审查认可后，方可进行订货采购。

（2）对于半成品或构配件，应按经过审批认可的设计文件和图纸要求采购订货，质量应满足有关标准和设计的要求，交货期应满足施工及安装进度安排的需要。

（3）供货厂家是制造材料、半成品、构配件主体，所以考查优选合格的供货厂家，是保证采购、订货质量的前提。为此，大宗的器材或材料的采购应当实行招标采购的方式。

（4）对于半成品和构配件的采购订货，监理工程师应提出明确的质量要求、质量检测项目及标准、出厂合格证或产品说明书等质量文件的要求，以及是否需要权威性的质量认证等。

（5）某些材料，诸如瓷砖等装饰材料，订货时最好一次订齐和备足货源，以免由于分批而出现色泽不一的质量问题。

（6）供货厂方应向需方（订货方）提供质量文件，用以表明其提供的货物能够达到需方提出的质量要求。此外，质量文件也是承包单位（当承包单位负责采购时）将来在工程竣工时应提供的竣工文件的一个组成部分，用以证明工程项目所用的材料或构配件等质量符合要求。

质量文件主要包括：产品合格证及技术说明书；质量检验证明；检测与试验者的资格证明；关键工序操作人员资格证明及操作记录（例如大型预应力构件的张拉应力工艺操作记录）；不合格或质量问题处理的说明及证明；有关图纸及技术资料；必要时，还应附有权威性认证资料。

（四）施工机械配置的控制

1. 审查施工机械设备的选择

除应考虑施工机械的技术性能、工作效率、工作质量、可靠性及维修难易、能源消耗，以及安全、灵活等方面对施工质量的影响与保证外，还应考虑其数量配置对施工质量的影响与保证。例如，为保证混凝土连续浇筑，应配备有足够的搅拌机和运输设备；在一些城市建筑施工中有噪声的限制，必须采用静力压桩等。

此外，要注意设备形式应与施工对象的特点及施工质量要求相适应。例如，对于黏性土的压实，可以采用羊足碾进行分层碾压；但对于砂性土的压实则宜采用振动压实机等类型的机械。

在选择机械性能参数方面，也要与施工对象特点及质量要求相适应，例如，选择起重机械进行吊装施工时，其起重量、起重高度及起重半径均应满足吊装要求。

2. 审查施工机械设备的数量

例如，在进行就地灌注桩施工时，应备用的混凝土搅拌机和振捣设备，防止由于机械发生故障，使混凝土浇筑工作中断，造成断桩质量事故等。

3. 审查所需的施工机械设备

是否按已批准的计划备妥；所准备的机械设备是否与监理工程师审查认可的施工组织设计或施工计划中所列者相一致；所准备的施工机械设备是否都处于完好的可用状态等。对于与批准的计划中所列施工机械不一致，或机械设备的类型、规格、性能不能保证施工质量者及不能保证良好的可用状态者，都不准使用。

（五）分包单位资格的审核确认

1. 分包单位提交分包单位资质报审表

如表 2-6 所示，分包单位资质报审表，内容一般应包括以下几方面：

表 2-6　分包单位资质报审表

工程名称：　　　　　　　　　　　　　　　　　　　　　　　　　　　　　编号：

| 致：＿＿＿＿＿＿＿＿＿＿＿＿＿＿＿＿＿（项目监理机构）
　　经考察，我方认为拟选择的＿＿＿＿＿＿＿＿＿＿＿＿＿＿＿＿＿＿（分包单位）具有承担下列工程的施工
或安装资质和能力，可以保证本工程按施工合同第＿＿＿＿＿条款的约定进行施工或安装。请予以审查。 |||

分包工程名称（部位）	分包工程量	分包工程合同额
合计		

附件：1. 分包单位资质材料
　　　2. 分包单位业绩材料
　　　3. 分包单位专职管理人员和特种作业人员的资格证书
　　　4. 施工单位对分包单位的管理制度

施工项目经理部（盖章）
项目经理（签字）
　　　年　　月　　日

审查意见：

专业监理工程师（签字）
　　　年　　月　　日

审核意见：

项目监理机构（盖章）
总监理工程师（签字）
　　　年　　月　　日

　　注：本表一式三份，项目监理机构、建设单位、施工单位各一份。

（1）关于拟分包工程的情况。说明拟分包工程名称（部位）、工程数量、拟分包合同额、分包工程占全部工程额的比例。

（2）关于分包单位的基本情况。包括该分包单位的企业简介；资质材料；技术实力；企业过去的工程经验与业绩；企业的财务资本状况；施工人员的技术素质和条件等。

（3）分包协议草案。包括总承包单位与分包单位之间责、权、利、分包项目的施工工艺、分包单位设备和到场时间、材料供应、总包单位的管理责任等。

2．监理工程师审查总承包单位提交的分包单位资质报审表

审查时，主要是审查施工承包合同是否允许分包，分包的范围和工程部位是否可进行分包，分包单位是否具有按工程承包合同规定的条件完成分包工程任务的能力。审查、控制的重点一般是分包单位施工组织者、管理者的资格与质量管理水平，特殊专业工种、专业工种和关键施工工艺或新技术、新工艺、新材料等应用方面操作者的素质与能力。对分包单位资格应审核以下内容：

（1）分包单位的营业执照、企业资质等级证书、特殊行业施工许可证、国外（境外）企业在国内承包工程许可证；

（2）分包单位的业绩；

（3）拟分包工程的内容和范围；

（4）专职管理人员和特种作业人员的资格证、上岗证。

3．对分包单位进行调查

调查的目的是核实总承包单位申报的分包单位情况是否属实。如果监理工程师对调查结果满意，则总监理工程师应以书面形式批准该分包单位承担分包任务。总承包单位收到监理工程师的批准通知后，应尽快与分包单位签订分包协议，并将副本报送监理工程师备案。

（六）设计交底与施工图纸的现场核对

施工阶段，设计文件是建立工作的依据。因此，监理工程师应认真参加由建设单位主持的设计交底工作，以透彻地了解设计原则及质量要求；同时，要督促承包单位认真做好审核及图纸核对工作，对于审图过程中发现的问题，及时以书面形式报告建设单位。

1．项目监理人员参加设计技术交底会应了解的基本内容

（1）设计主导思想、建筑艺术构思和要求、采用的设计规范、确定的抗震等级、防火等级、基础、结构、内外装修及机电设备设计（设备造型）等；

（2）对主要建筑材料、构配件和设备的要求、所采用的新技术、新工艺、新材料、新设备的要求以及施工中应特别注意的事项等；

（3）对建设单位、承包单位和监理单位提出的对施工图的意见和建议的答复。

2．监理工程师参加设计交底会应着重了解的内容

（1）有关地形、地貌、水文气象、工程地质及水文地质等自然条件方面；

（2）主管部门及其他部门（如规划、环保、农业、交通、旅游等）对本工程的要求、设计单位采用的主要设计规范、市场供应的建筑材料情况等；

（3）设计意图方面：诸如设计思想、设计方案比选的情况、基础开挖及基础处理方案、机构设计意图、设备安装和调试要求、施工进度与工期安排等；

（4）施工注意事项方面：如基础处理的要求、对建筑材料方面的要求、主体工程设计中采用的新结构或新工艺对施工提出的要求、为实现进度安排而应采用的施工组织和技术保证措施的要求。

在设计交底会上确认的设计变更应由建设单位、设计单位、施工单位和监理单位会签。

3. 施工图纸的现场核对

施工图是工程施工的直接依据，为了使施工承包单位充分了解工程特点、设计要求，减少图纸的差错，确保工程质量，减少工程变更，监理工程师应要求施工承包单位做好施工图的现场核对工作。

施工图纸现场核对主要包括以下几个方面。

（1）施工图纸合法性的认定：施工图纸是否经设计单位正式签署，是否按规定经有关部门审核批准，是否得到建设单位的同意。

（2）图纸与说明书是否齐全，如分期出图，图纸供应是否满足需要。

（3）地下构筑物、障碍物、管线是否探明并标注清楚。

（4）图纸中有无遗漏、差错或相互矛盾之处（例如：漏画螺栓孔、漏列钢筋明细表；尺寸标注有错误等），图纸的表示方法是否清楚和符合标准等。

（5）地址及水文地质等基础资料是否充分、可靠，地形、地貌与现场实际情况是否相符。

（6）所需材料的来源有无保证，是否替代；新材料、新技术的采用有无问题。

（7）所提出的施工工艺、方法是否合理，是否切合实际，是否存在不便于施工之处，能否保证质量要求。

（8）施工图或说明书中涉及的各种标准、图册、规范、规程等，承包单位是否具备。对于存在的问题，要求承包单位以书面形式提出，在设计单位以书面形式进行解释或确认后，才能进行施工。

（七）严把开工关

在总监理工程师向承包单位发出开工通知书时，建设单位应及时按计划保证质量地提供承包单位所需的场地和施工通道以及水、电供应等条件，以保证及时开工，防止承担补偿工期和费用损失的责任。为此，监理工程师应事先检查工程施工所需的场地征用、以及道路和水、电是否开通；否则，应敦促建设单位努力实现。

总监理工程师对与拟开工工程有关的现场各项施工准备工作进行检查并认为合格后，方可发布书面的开工指令。对于已停工工程，则需有总监理工程师的复工指令才能复工。对于合同中所列工程及工程变更的项目，开工前承包单位必须提交《工程开工报审表》，监理工程师审查前述各方面条件具备并由总监理工程师予以批准后，承包单位才能开始正式进行施工。

专业监理工程师应审查承包单位报送的工程开工报审表及相关资料，具备以下开工条件时，由总监理工程师签发，并报建设单位：

（1）施工许可证已获政府主管部门批准；

（2）征地拆迁工作能满足工程进度的需要；

（3）施工组织设计已获总监理工程师批准；

（4）承包单位现场管理人员已到位，机具、施工人员已进场，主要工程材料已落实；

（5）进场道路及水、电、通讯等已满足开工要求。

（八）做好对施工单位管理体系的审核确认

工程项目开工前，总监理工程师应审查承包单位现场项目管理机构的质量管理体系、技术管理体系和质量保证体系，确保工程项目施工质量时予以确认。对质量管理体系、技术管理体系和质量保证体系应审核以下内容：

（1）质量管理、技术管理和质量保证的组织机构；

（2）质量管理、技术管理制度；

（3）专职管理人员和特种作业人员的资格证、上岗证。

（九）监理组织内部的监控准备工作

建立并完善项目监理机构的质量监控体系，做好监控准备工作，使之能适应工程项目质量监控的需要，这是监理工程师做好质量控制的基础工作之一。例如，针对分部、分项工程的施工特点拟定监理实施细则，配备相应人员，明确分工及职责，配备所需的检测仪器设备并使之处于良好的可用状态，熟悉有关的检测方法和规程等。

项目监理机构的组织形式和规模，应根据委托监理合同规定的服务内容、服务期限、工程类别、规模、技术复杂程度、工程环境等因素确定。项目监理机构的组成应符合适应、精简、高效的原则。

第三节　建筑工程施工过程的质量控制

施工过程体现在一系列的作业活动中，作业活动的效果将直接影响到施工过程的施工质量。因此，监理工程师质量控制工作应体现在对作业活动的控制上。

监理工程师要对施工过程进行全过程全方位的质量监督、控制与检查。就整个施工过程而言，可按事前、事中、事后进行控制。就一个具体作业而言，监理工程师控制管理仍涉及事前、事中及事后。监理工程师的质量控制主要围绕影响工程施工质量的因素进行。

一、作业技术准备状态的控制

所谓作业技术准备状态，是指各项施工准备工作在正式开展作业技术活动前，是否按预先计划的安排落实到位的状况，包括配置的人员、材料、机具、场所环境、通风、照明、安全设施等等。做好作业技术准备状况的检查，有利于实际施工条件的落实，避免计划与实际脱节、承诺与行动相脱离、在准备工作不到位的情况下贸然施工。

作业技术准备状态的控制，应着重抓好以下环节的工作。

（一）质量控制点的设置

1. 质量控制点的概念

质量控制点是指为了保证作业过程质量而确定的重点控制对象、关键部位或薄弱环节。设置质量控制点是达到施工质量要求的必要前提，监理工程师在拟定质量控制工作计划时，应予以详细的考虑，并以制度来保证落实。对于质量控制点，一般要事先分析可能造成质量问题的原因,再针对原因制定对策和措施进行预控。

承包单位在工程施工前应根据施工过程质量控制的要求,列出质量控制点明细表,提交监理工程师审查批准后,在此基础上实施质量预控。

2. 选择质量控制点的一般原则

应当选择那些施工难度大的、对质量影响大的或者是发生质量问题时危害大的对象作为质量控制点。

(1) 施工过程中的关键工序或环节以及隐蔽工程,例如预应力结构的张拉工序,钢筋混凝土结构中的钢筋架立。

(2) 施工中的薄弱环节,或质量不稳定的工序、部位或对象,例如地下防水层施工。

(3) 对后续工程施工或对后续工序质量安全有重大影响的工序、部位或对象,例如预应力结构中的预应力钢筋质量、模板的支撑与固定等。

(4) 采用新技术、新工艺、新材料的部位或环节。

(5) 施工上无足够把握的、施工条件困难的或技术难度大的工序或环节,例如复杂曲线模板的放样等。

是否设置为质量控制点,主要是视其对质量特性影响的大小、危害程度以及其质量保证的难度大小而定。

3. 作为质量控制点重点控制的对象

(1) 人的行为。某些工序或操作重点应控制人的行为,避免人的失误造成质量问题。如高空作业、水下作业、危险作业、易燃易爆作业,重型构件吊装或多机抬吊,动作复杂而快速运转的机械操作,精密度和操作要求高的工序,技术难度大的工序等,都应从人的生理缺陷、心理活动、技术能力、思想素质等方面对操作者进行全面考核。事前还必须反复交底,提醒注意事项,以免产生错误行为和违纪违章现象。

(2) 物的状态。在某些工序或操作中,则应以物的状态作为控制的重点。如加工精度与施工机具有关;计量不准与计量设备、仪表有关;危险源与失稳、倾覆、腐蚀、毒气、振动、冲击、火花、爆炸等有关,也与立体交叉、多工种密集作业场所有关等。也就是说,根据不同工序的特点,有的应以控制机具设备为重点,有的应以防止失稳、倾覆、腐蚀等危险源为重点,有的则应以作业场所作为控制的重点。

(3) 材料的质量与性能。材料的质量和性能是直接影响工程质量的主要因素。尤其是某些工序,更应将材料的质量和特性作为控制的重点。如预应力筋加工,就要求钢筋匀质、弹性模量一致,含硫(S)量和含磷(P)量不能过大,以免产生热脆和冷脆;Ⅳ级钢筋可焊性差,易热脆,用作预应力筋时,应尽量避免对焊接头,焊后要进行通电热处理;又如,石油沥青卷材只能用石油沥青冷底子油和石油沥青胶铺贴,不能用焦油沥青冷底子油和焦油沥青胶铺贴,否则,就会影响质量。

(4) 关键的操作。如预应力筋张拉,在张拉程序为 $0 \rightarrow 1.05\sigma_{con}$(持荷 2 min)$\rightarrow 0$ 中,要进行超张拉和持荷 2 min。超张拉的目的是减少混凝土弹性压缩和徐变,减少钢筋的松弛、孔道摩阻力、锚具变形等原因所引起的应力损失;持荷 2 min 的目的是加速钢筋松弛的早发展,减少钢筋松弛的应力损失。在操作中,如果不进行超张拉和持荷 2 min,就不能可靠地建立预应力值;若张拉应力控制不准,过大或过小,亦不可能可靠地建立预应力值,这都会严重影响预应力构件的质量。

（5）施工技术参数。有些技术参数与质量密切相关，亦必须严格控制。外加剂的掺量，混凝土的水灰比，沥青胶的耐热度，回填土、三合土的最佳含水量，灰缝的饱满度，防水混凝土的抗渗等级等，都直接影响强度、密实度、抗渗性和耐冻性，亦应作为工序质量控制点。

（6）施工顺序。有些工序或操作，必须严格控制相互之间的先后顺序。如冷拉钢筋，一定要先对焊后冷拉，否则就会失去冷强；屋架的固定，一定要采取对角同时施焊，以免焊接应力使已校正好的屋架发生倾斜。

（7）技术间歇。有些作业之间需要有必要的技术间歇时间，例如砖墙砌筑与抹灰工序之间，以及抹灰与粉刷或喷涂之间，均应保证有足够的间歇时间；混凝土浇筑与拆模之间也应保持一定的间歇时间；混凝土大坝坝体分块浇筑时，相邻浇筑块之间也必须保持足够的间歇时间等。

（8）新工艺、新技术、新材料的应用。新工艺、新技术、新材料，如红黏土等特殊土地基的处理，以及大跨度结构、高耸结构等技术难度较大的施工环节和重要部位，应特别控制。

（9）产品质量不稳定、不合格率较高及易发生质量通病的工序应列为重点，仔细分析、严格控制。例如防水层的铺设，供水管道接头的渗漏等。

（10）易对工程质量产生重大影响的施工方法。例如，液压滑模施工中的支承杆失稳问题、升板法施工中提升差的控制等，一旦施工不当或控制不严，即可能引起重大质量事故问题，也应作为质量控制的重点。

（11）特殊地基或特种结构。如大孔性湿陷性黄土、膨胀土等特殊土地基的处理，大跨度和超高结构等难度大的施工环节和重要部位等都应特别重视。

（12）常见的质量通病。常见的质量通病，如渗水、渗漏、起壳、起砂、裂缝等，都与工序操作有关，均应事先研究对策，提出预防措施。

总之，质量控制点的选择要准确、有效。一方面需要有经验的工程技术人员来进行选择，另一方面也要集思广益，集中群体智慧，由有关人员充分讨论，在此基础上进行选择。选择时要根据对重要的质量特性进行重点控制的要求，选择质量控制的重点部位、重点工序和重点的质量因素作为质量控制点，进行重点控制和预控，这是进行质量控制的有效方法。

4. 质量预控对策的检查

所谓工程质量预控，就是针对所设置的质量控制点或分部、分项工程，事先分析施工中可能发生的质量问题和隐患，分析可能产生的原因，并提出相应的对策，采取有效的措施进行预先控制，以防在施工中发生质量问题。

质量预控及对策的表达方式主要有以下几种。

（1）文字表达

列出可能产生的质量问题以及拟定的质量预控措施。例如，模板质量的预控：

① 可能出现的质量问题

a. 轴线、标高偏差;

b. 模板断面、尺寸偏差;

c. 模板刚度不够、支撑不牢或沉陷;

d. 预留孔中心线位移、尺寸不准;

e. 预埋件中心线位移。

② 质量预控措施

a. 绘制关键性轴线控制图,每层复查轴线标高一次,垂直度以经纬仪检查控制;

b. 绘制预留、预埋图,在自检基础上进行抽查,看预留是否符合要求;

c. 回填土分层夯实,支撑下面应根据荷载大小进行地基验算、加设垫块;

d. 重要模板要经设计计算,保证有足够的强度和刚度;

e. 模板尺寸偏差按规范要求检查验收。

（2）用表格形式表达

用表格形式分析其在施工中可能发生的主要质量问题和隐患,并针对各种可能发生的质量问题,提出相应的预控,例如:混凝土灌注桩质量预控,如表 2-7 所示。

表 2-7　混凝土灌注桩质量预控表

可能发生的质量问题	质量预控措施
孔斜	1. 督促承包单位在钻孔前对钻机认真整平;
混凝土强度达不到要求	2. 随时抽查原料质量;混凝土配合比经监理工程师审批确认;评定混凝土强度,按月向监理报送评定结果;
缩颈、堵管	3. 督促承包单位每桩测定混凝土坍落度 2 次,每 30～50 cm 测定一次混凝土浇筑高度,随时处理;
断桩	4. 准备足够数量的混凝土供应机械(拌和机等),保证连续不断地灌注;
钢筋笼上浮	5. 掌握泥浆比重;灌注前做好钢筋笼固定。

（3）用解析图的形式表达

用解析图的形式表示质量预控及措施对策是用两份图表示的:

① 工程质量预控图。在该图中间按该分部工程的施工各阶段划分,即从准备工作至完工后质量验收与检查以及最后的资料整理;右侧列出各阶段所需进行的与质量控制有关的技术工作,用框架的方式分别与工作阶段相连接;左侧列出各阶段所需进行的与质量控制有关的管理工作要求。

② 质量控制对策图。该图分为两部分,一部分是某一分部分项工程中各种影响质量的因素;另一部分是对应于各种质量问题影响因素所采取的对策或措施。

土方、砌砖、混凝土、预制构件吊装等工程的预控措施及对策如图 2-4 至图 2-13 所示。

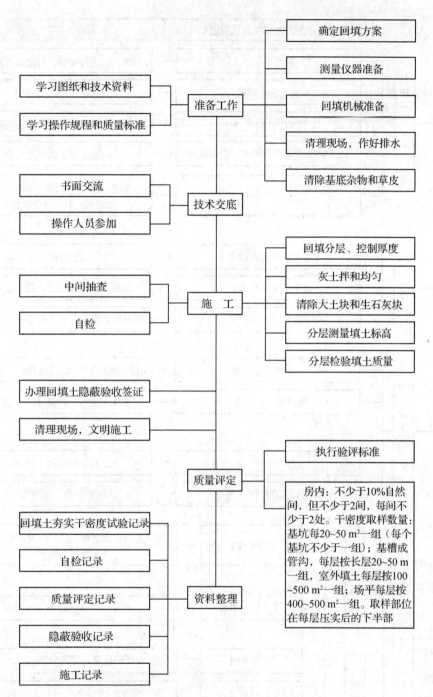

图 2－4 基础土方回填工程质量预控

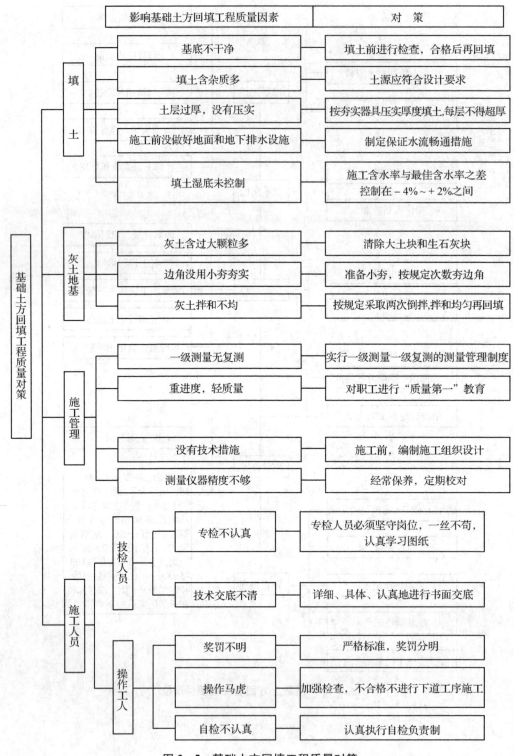

图 2-5　基础土方回填工程质量对策

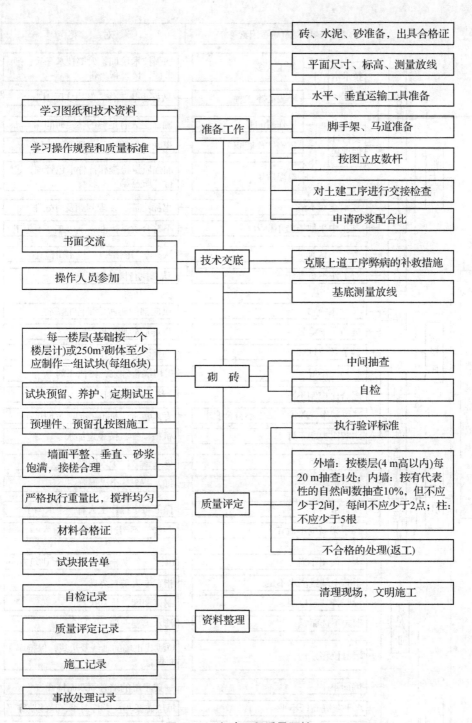

图 2-6 砌砖工程质量预控

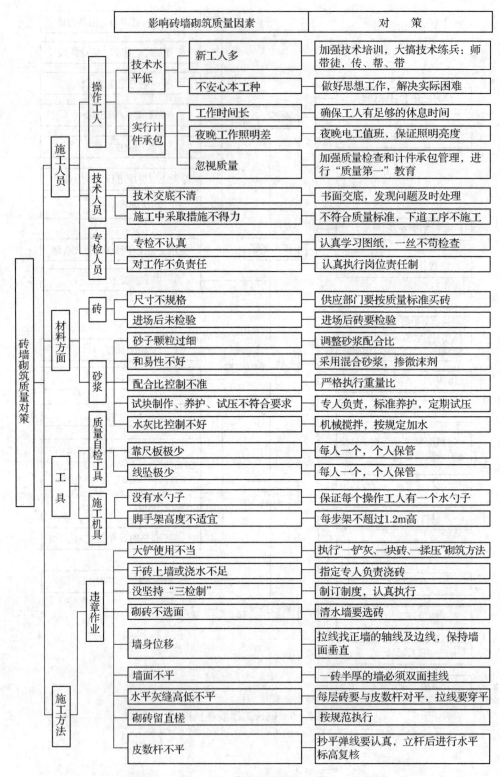

图 2-7　砖墙砌筑质量对策

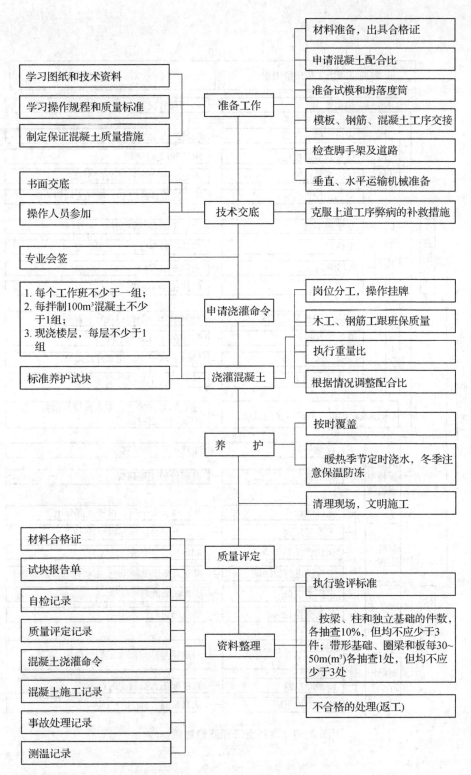

图 2-8　混凝土工程质量预控

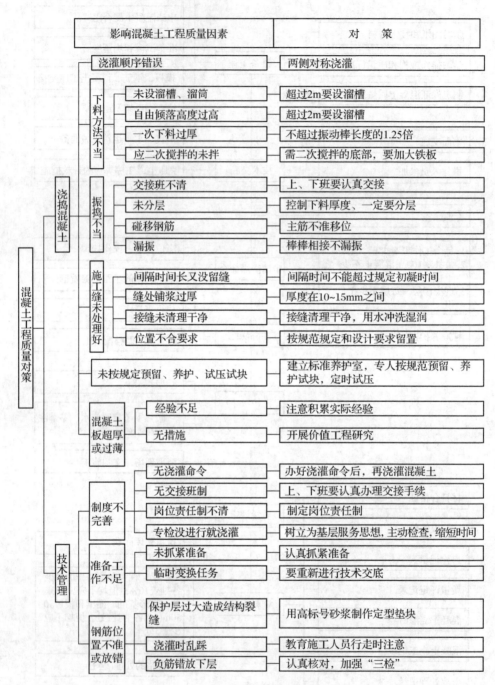

图 2-9　混凝土工程质量对策（一）

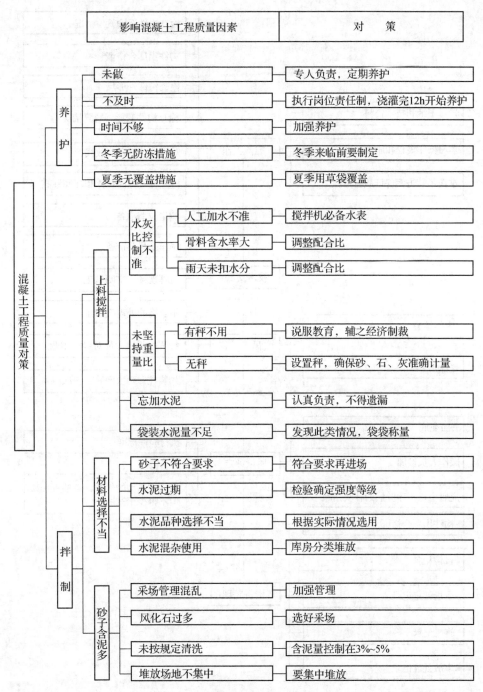

影响混凝土工程质量因素	对　　策
未做	专人负责，定期养护
不及时	执行岗位责任制，浇灌完12h开始养护
时间不够	加强养护
冬季无防冻措施	冬季来临前要制定
夏季无覆盖措施	夏季用草袋覆盖
人工加水不准	搅拌机必备水表
骨料含水率大	调整配合比
雨天未扣水分	调整配合比
有秤不用	说服教育，辅之经济制裁
无秤	设置秤，确保砂、石、灰准确计量
忘加水泥	认真负责，不得遗漏
袋装水泥量不足	发现此类情况，袋袋称量
砂子不符合要求	符合要求再进场
水泥过期	检验确定强度等级
水泥品种选择不当	根据实际情况选用
水泥混杂使用	库房分类堆放
采场管理混乱	加强管理
风化石过多	选好采场
未按规定清洗	含泥量控制在3%~5%
堆放场地不集中	要集中堆放

图 2-10　混凝土工程质量对策（二）

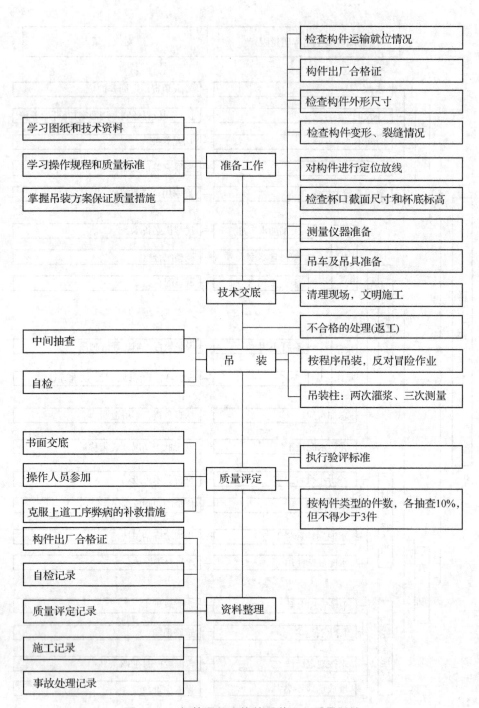

图 2-11　钢筋混凝土构件吊装工程质量预控

影响预制构件吊装工程质量因素	对　　策

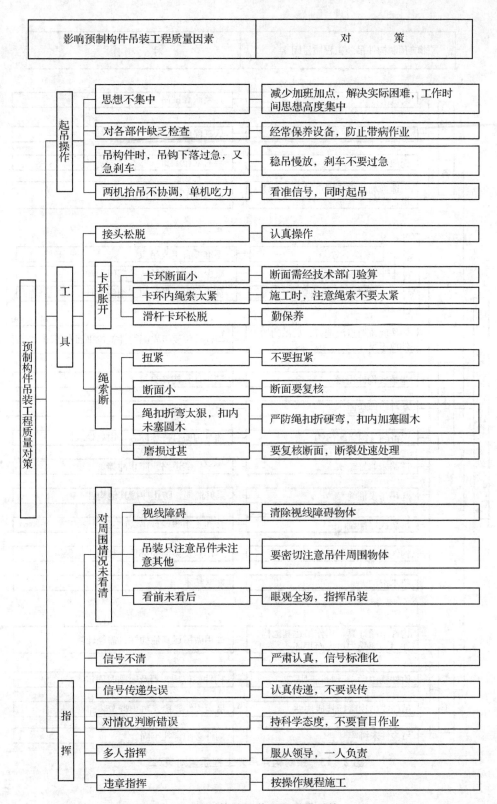

图 2-12　预制构件吊装工程质量对策（一）

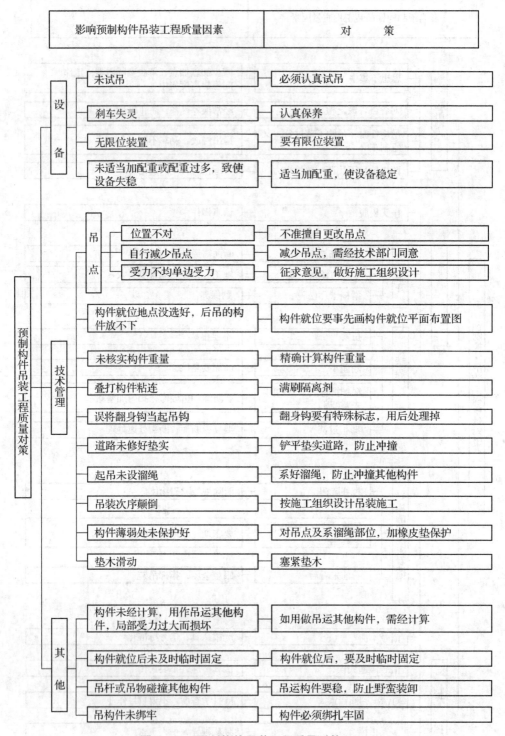

影响预制构件吊装工程质量因素	对　　策

设备
- 未试吊 → 必须认真试吊
- 刹车失灵 → 认真保养
- 无限位装置 → 要有限位装置
- 未适当加配重或配重过多，致使设备失稳 → 适当加配重，使设备稳定

技术管理

吊点
- 位置不对 → 不准擅自更改吊点
- 自行减少吊点 → 减少吊点，需经技术部门同意
- 受力不均单边受力 → 征求意见，做好施工组织设计

- 构件就位地点没选好，后吊的构件放不下 → 构件就位要事先画构件就位平面布置图
- 未核实构件重量 → 精确计算构件重量
- 叠打构件粘连 → 满刷隔离剂
- 误将翻身钩当起吊钩 → 翻身钩要有特殊标志，用后处理掉
- 道路未修好垫实 → 铲平垫实道路，防止冲撞
- 起吊未设溜绳 → 系好溜绳，防止冲撞其他构件
- 吊装次序颠倒 → 按施工组织设计吊装施工
- 构件薄弱处未保护好 → 对吊点及系溜绳部位，加橡皮垫保护
- 垫木滑动 → 塞紧垫木

其他
- 构件未经计算，用作吊运其他构件，局部受力过大而损坏 → 如用做吊运其他构件，需经计算
- 构件就位后未及时临时固定 → 构件就位后，要及时临时固定
- 吊杆或吊物碰撞其他构件 → 吊运构件要稳，防止野蛮装卸
- 吊构件未绑牢 → 构件必须绑扎牢固

（左侧主干）预制构件吊装工程质量对策

图 2－13　预制构件吊装工程质量对策（二）

（二）作业技术交底的控制

承包单位做好技术交底，是取得好的施工质量的条件之一。为此，每一分项工程开始实施前均要进行交底。作业技术交底是对施工组织设计或施工方案的具体化，是更细致、明确、具体的技术实施方案，是工序施工或分项工程施工的具体指导文件。为做好技术交底，项目经理部必须由主管技术人员编制技术交底书，并经项目总工程师批准。技术交底的内容包括施工方法、质量要求和验收标准，施工过程中需注意的问题，可能意外的措施及应急方案。技术交底要紧紧围绕与具体施工有关的操作者、机械设备、使用材料、构配件、工艺、工法、施工环境、具体管理措施等方面进行，交底中要明确做什么、谁来做、如何做、作业标准和要求、什么时间完成等。

对于关键部位，或技术难度大、施工复杂的检验批，在分项工程施工前，承包单位的技术交底书（作业指导书）要报监理工程师审批。经监理工程师审查后，如技术交底书不能保证作业活动的质量要求，承包单位要进行修改补充。没有做好技术交底的工序或分项工程，不得进入正式实施。

（三）进场材料构配件的质量控制

（1）凡运到施工现场的原材料、半成品或构配件，进场前应向项目监理机构提交工程材料/构配件/设备报审表（如表2-8所示），同时附有产品出厂合格证及技术说明书，由施工承包单位按规定要求进行检验的检验或试验报告，经监理工程师审查并确认其质量合格后，方准进场。凡是没有产品出厂合格证明或检验不合格者，不得进场。如果监理工程师认为承包单位提交的有关产品合格证明的文件以及施工承包单位提交的检验或试验报告，仍不足以说明到场产品的质量符合要求时，监理工程师可以再行组织复检或见证取样试验，确认其质量合格后方允许进场。

表2-8　工程材料/构配件/设备报审表

工程名称：　　　　　　　　　　　　　　　　　　　　　　　　　　　　编号：

| 致：_____（项目监理机构）
于____年___月___日进场的拟用于工程_____部位的_____，经我方检验合格，现将相关资料报上，请予以审查。
附件：1. 工程材料、构配件或设备清单
　　　2. 质量证明文件
　　　3. 自检结果

施工项目经理部（盖章）
项目经理（签字）
年　　月　　日 |
| --- |
| 审查意见：

项目监理机构（盖章）
专业监理工程师（签字）
年　　月　　日 |

注：本表一式二份，项目监理机构、施工单位各一份。

（2）进口材料的检查、验收，应会同国家商检部门进行。如在检验中发现质量问题或数量不符合规定要求时，应取得供货方及商检人员签署的商务记录，在规定的索赔期内进行索赔。

（3）材料构配件存放条件的控制。质量合格的材料、构配件进场后，到其使用或安装时通常都要经过一定的时间间隔。在此时间内，如果对材料的存放、保管不良，可能导致质量状况的恶化、变质、损坏，甚至不能使用。例如贮存期超过三个月的过期水泥或受潮、结块的水泥，须重新检定其强度等级，并且不允许用于重要工程中。因此，监理工程师对承包单位在材料、半成品、构配件的存放、保管条件及时间也应实行监控。

对于材料、半成品、构配件等，应当根据它们的特点、特性以及对防潮、防晒、防锈、防腐蚀、通风、隔热以及温度、湿度等方面的不同要求，安排适宜的存放条件，以保证其存放质量。例如，硝铵炸药的湿度达3％以上时即易结块、拒爆，因此存放时应做好防潮工作；某些化学原材料应当避光、防晒；某些金属材料及器材应防锈蚀等。如果存放、保管条件不良，监理工程师有权要求施工承包单位加以改善并达到要求。

对于按要求存放的材料，监理工程师在存入后每隔一定时间（例如一个月）可检查一次，随时掌握它们的存放质量情况。此外，在材料、器材等使用前，也应经监理工程师对其质量再次检查确认后，方可允许使用；经检查质量不符合要求者（例如水泥存放时间超过规定期限或受潮结块、强度等级降低），则不准使用，或降低等级使用。

（4）对于某些当地材料及现场配制的制品，一般要求承包单位事先进行试验，达到要求的方准施工。这是保证材料合格的主要措施之一。

（四）环境状态的控制

1. 施工作业环境的控制

所谓作业环境条件主要是指诸如水、电或动力供应、施工照明、安全防护设备、施工场地空间条件和通道以及交通运输和道路条件等。这些条件是否良好，直接影响到施工能否顺利进行，以及施工质量。

所以，监理工程师应事先检查承包单位对施工作业环境条件方面的有关准备工作是否已做好安排和准备妥当；当确认其准备可靠、有效后，方准许其进行施工。

2. 施工质量管理环境的控制

施工质量管理环境主要是指：施工承包单位的质量管理体系和质量控制自检系统是否处于良好的状态；系统的组织结构、管理制度、检测制度、检测标准、人员配备等方面是否完善和明确；质量责任制是否落实。监理工程师做好承包单位施工质量管理环境的检查，并督促其落实，是保证作业效果的重要前提。

3. 现场自然环境条件的控制

监理工程师应检查施工承包单位，对于在未来的施工期间，自然环境条件可能会出现对施工作业质量产生不利影响时，是否事先已有充分的认识并已做好充足的准备和采取了有效措施与对策，以保证工程质量。

（五）进场施工机械设备性能及工作状态的控制

保证施工现场作业机械设备的技术性能及工作状态，对施工质量有重要的影响，因此监理工程师要做好现场控制工作。

1. 施工机械设备的进场检查

机械设备进场前,承包单位应向项目监理机构报送进场设备清单,列出进场机械设备的型号、规格、数量、技术性能(技术参数)、设备状况、进场时间。机械设备进场后,根据承包单位报送的清单,监理工程师进行现场核对,检查是否和施工组织设计中所列的内容相符。

2. 机械设备工作状态的检查

监理工程师应审查作业机械的使用、保养记录,检查其工作状况。重要的工程机械,如大马力推土机、大型凿岩设备、路基碾压设备等,应在现场实际复验(如开动、行走等),以保证投入作业的机械设备状态良好。

监理工程师还应了解施工作业中机械设备的工作状况,防止带病运行。发现问题,指令承包单位及时修理,以保持良好的作业状态。

3. 特殊设备安全运行的审核

对于现场使用的塔吊及有关特殊安全要求的设备,进入现场后在使用前,必须经当地劳动安全部门鉴定,符合要求并办好相关手续后,方允许承包单位投入使用。

4. 大型临时设备的检查

在跨越大江大河的桥梁施工中,经常会涉及承包单位在现场组装大型临时设备,如轨道式龙门吊机、悬挂施工中的挂篮、架梁吊机、吊索塔架、缆索吊机等。这些设备使用前,承包单位必须取得本单位上级安全主管部门的审查批准,办好相关手续后,监理工程师方可批准投入使用。

(六)施工测量及计量器具性能、精度的控制

1. 试验室

工程项目中,承包单位应建立试验室。如确因条件限制,不能建立试验室,则应委托具有相应资质的专门试验室作为试验室。

如是新建的试验室,应按国家有关规定,经计量主管部门进行认证,取得相应资质;如是本单位中心试验室的派出部分,则应有中心试验室的正式委托书。

2. 监理工程师对工地试验室的检查

(1)工程作业开始前,承包单位应向项目监理机构报送工地试验室(或外委试验室)的资质证明文件,列出本试验室所开展的试验、检测项目、主要仪器、设备,法定计量部门对计量器具的标定证明文件,试验检测人员上岗资质证明,试验室管理制度等。

(2)监理工程师的实地检查。专业监理工程师应从以下五个方面对承包单位的试验室进行考核:

① 试验室的资质等级及其试验范围;

② 法定计量部门对试验设备出具的计量标定证明;

③ 试验室的管理制度;

④ 试验人员的资格证书;

⑤ 本工程的试验项目及其要求。

经检查,确认能满足工程质量检验要求,则予以批准,同意使用;否则,承包单位应进一步完善补充。在没得到监理工程师同意之前,工地试验室不得使用。

３．工地测量仪器的检查

施工测量开始前,承包单位应向项目监理机构提交测量仪器的型号、技术指标、精度等级、法定计量部门的标定证明、测量工的上岗证明,监理工程师审核确认后,方可进行正式测量作业。在作业过程中监理工程师也应经常检查了解计量仪器、测量设备的性能、精度状况,使其处于良好的状态。

（七）施工现场劳动组织及作业人员上岗资格的控制

１．现场劳动组织的控制

劳动组织涉及从事作业活动的操作者及管理者,以及相应的各种管理制度。

（１）操作人员:从事作业活动的操作者数量必须满足作业活动的需要,相应工程配置能保证作业有序持续进行,不能因人员数量及工种配置不合理而造成停顿。

（２）管理人员到位:作业活动的直接负责人(包括技术负责人)、专职质检人员、安全员,与作业活动有关的测量人员、材料员、试验员必须在岗。

（３）相关制度要健全:如管理层及作业层各类人员的岗位职责;作业活动现场的安全、消防规定;作业活动中环保规定;试验室及现场试验检测的有关规定;紧急情况的应急处理规定等。同时要有相应措施及手段以保证制度、规定的落实执行。

２．作业人员上岗资格

从事特殊作业的人员(如电焊工、电工、起重工、架子工、爆破工),必须持证上岗。对此监理工程师要进行检查与核实。

二、作业技术活动运行过程的控制

工程施工质量是在施工过程中形成的,而不是最后检验出来的。施工过程由一系列相互联系与制约的作业活动构成,因此,保证作业活动的效果与质量是施工过程质量控制的基础。

（一）承包单位自检与专检工作的监控

１．承包单位的自检系统

承包单位是施工质量的直接实施者和责任者。监理工程师的质量监督与控制就是使承包单位建立起完善的质量自检体系并有效运转。

承包单位的自检体系表现在以下几点:

（１）作业活动的作业者在作业结束后必须自检;

（２）不同工序交接、转换必须由相关人员交接检查;

（３）承包单位专职质检员的专检。

为实现上述三点,承包单位必须有整套的制度及工作程序,具有相应的试验设备及检测仪器,配备数量满足需要的专职质检人员及试验检测人员。

２．监理工程师的检查

监理工程师的质量检查与验收,是对承包单位作业活动质量的复核与确认。监理工程师的检查决不能代替承包单位的自检,而且监理工程师的检查必须是在承包单位自检并确认合格的基础上进行的。

专职质检员没检查或检查不合格不能报监理工程师,不符合上述规定,监理工程师一律拒绝进行检查。

（二）技术复核工作监控

凡涉及施工作业技术活动基准和依据的技术工作,都应该严格进行专人负责的复核性检查,避免基准失误给整个工程质量带来难以补救的或全局性的危害。技术复核是承包单位应履行的技术工作责任,其复核结果应报送监理工程师复验确认后,才能进行后续相关的施工。监理工程师应把技术复验工作列入监理规划及质量控制计划中,并将其看作是一项经常性工作任务,贯穿于整个的施工过程中。

常见的施工测量复核有:

1. 民用建筑的测量复核

建筑物定位测量、基础施工测量、墙体皮数杆检测、楼层轴线检测、楼层间高层传递检测等。

2. 工业建筑测量复核

厂房控制网测量、桩基施工测量、柱模轴线与高程检测、厂房结构安装定位检测、动力设备基础与预埋螺栓检测。

3. 高层建筑测量复核

建筑场地控制测量、基础以上的平面与高程控制、建筑物垂直度检测、建筑物施工过程中沉降变形观测等。

4. 管线工程测量复核

管网或输配电线路定位测量、地下管线施工检测、架空管线施工检测、多管线交汇点高程检测等。

（三）见证取样送检工作的监控

见证是指由监理工程师现场监督承包单位某工序全过程完成情况的活动。见证取样则是指对工程项目使用的材料、半成品、构配件的现场取样,对工序活动效果的检查实施见证。

为确保工程质量,建设部规定,在市政工程及房屋建筑工程项目中,对工程材料、承重结构的混凝土试块、承重墙体的砂浆试块、结构工程的受力钢筋（包括接头）实行见证取样。

1. 见证取样的工作程序

（1）工程项目施工开始前,项目监理机构要督促承包单位尽快落实见证取样送检试验室。对于承包单位提出的试验室,监理工程师要进行实地考察。试验室一般是和承包单位没有行政隶属关系的第三方。试验室要具有相应的资质,经国家或地方计量、试验主管部门认证,试验项目满足工程需要,试验室出具的报告对外具有法定效果。

（2）项目监理机构要将选定的试验室到负责本项目的质量监督机构备案并得到认可,同时要将项目监理机构中负责见证取样的监理工程师在该质量监督机构备案。

（3）承包单位在对进场材料、试块、试件、钢筋接头等实施见证取样前要通知负责见证取样的监理工程师,在该监理工程师现场监督下,承包单位按相关规范的要求,完成材料、试块、试件等的取样过程。

（4）完成取样后，承包单位将送检样品装入木箱，由监理工程师加封，不能装入箱中的试件，如钢筋样品，钢筋接头，则贴上专用加封标志，然后送往试验室。

2. 实施见证取样的要求

（1）试验室要具有相应的资质并进行备案、认可。

（2）负责见证取样的监理工程师要具有材料、试验等方面的专业知识，且要取得从事监理工作的上岗资格（一般由专业监理工程师负责此项工作）。

（3）承包单位从事取样的人员一般应是试验室人员或专职质检人员。

（4）送往试验室的样品，要填写"送验单"，送验单要盖有"见证取样"专用章，并有见证取样监理工程师的签字。

（5）试验室出具的报告一式两份，分别由承包单位和项目监理机构保存，并作为归档材料，这是工序产品质量评定的重要依据。

（6）见证取样的频率，国家或地方主管部门有规定的，执行相关规定；施工承包合同中如有明确规定的，执行施工承包合同的规定。见证取样的频率和数量，包括在承包单位自检范围内，一般所占比例为 30%。

（7）见证取样的试验费用由承包单位支付。

（8）见证取样绝不能代替承包单位对材料、构配件进场时必须进行的自检。自检频率和数量要按相关规范要求执行。常用的原材料及半成品试验取样办法如表 2-9 所示。

表 2-9　常用的原材料及半成品试验取样办法

材料名称	取样单位	取样数量	取样方法
水泥	同品种强度等级的袋装水泥每 200 t 为一批、散装水泥每 500 t 为一批，不足者也按一批论	从一批水泥中选取平均试样 10～12 kg	取样应有代表性，可连续取，也可以从 20 个以上不同部位抽取等量样品，总量至少 12 kg
钢筋混凝土用热轧带肋钢筋、热轧光圆钢筋、余热处理钢筋	按照同一批量、同一规格、同一炉号、同一出厂日期、同一交货状态的钢筋，每批重量 60 t 为一检验批；当不足 60 t 也为一个检验批	抽取 5 个试件，先进行重量偏差检验，再取其中 2 个试件进行力学性能检验	任意抽取，分别在每根截取拉伸、冷弯，各一根，每组拉伸、冷弯试件送两根，截取进先将每根端头弃去 10 cm
砂、卵石、碎石	应以在施工现场堆放的同产地，同规格分批验收，以 400 m³ 或 600 t 为一验收批，不足上述数量者以一批计	做品质鉴定时，砂子 30～50 kg，石子约 30 kg，做混凝土配合比时，砂子 100 kg，石子 200 kg	分别在砂、石堆的上、中、下三个部位抽取大致相等的砂 8 份，石子为 16 份

（续表）

材料名称		取样单位	取样数量	取样方法
砖	烧结普通砖	每3.5万～15万块同一强度等级，同一生产工艺烧结普通砖为一验收批，不足3.5万块亦按一批计	每组不少于20块	从尺寸、外观合格的砖样中随机抽样
	蒸压灰砂砖	每批不大于10万块	每组不少于15块	从尺寸、外观合格的砖样中随机抽样
	烧结多孔砖	每5万块砖为一验收批，不足5万块亦按一批计	每组不少于20块	从尺寸、外观合格的砖样中随机抽样
	砼普通砖和装饰砖	每批不大于3.5万块	每组不少于20块	从尺寸、外观合格的砖样中随机抽样
	粉煤灰砖	每批不大于10万块	每组不少于10块	从尺寸、外观合格的砖样中随机抽样
砌块	烧结空心砌块	每3万块为一验收批，不足3万块亦按一批计	每组不少于10块	从尺寸、外观合格的砌块中随机抽样
	普通混凝土空心砌块	每批不大于1万块	每组不少于5块	从尺寸、外观合格的砌块中随机抽样
	蒸压加气混凝土砌块	每批不大于1万块	每组不少于9块	从尺寸、外观合格的砌块中随机抽样
	轻集料混凝土小型空心砌块	每批不大于1万块	每组不少于8块	从尺寸、外观合格的砌块中随机抽样
石灰	建筑生石灰	每批不大于100 t	不少于4 kg	从25个以上不同部位集取，每个点的取样数量不少于2 kg
	建筑生石灰粉		不少于3 kg	随机取样
	建筑消石灰粉		不少于1 kg	抽取10袋样品，从每袋不同位置取100 g样品
防水卷材	SBS	以同一品种，同一标号，同一等级的产品每10 000平方米为一批，不足10 000平方米亦按一批验收，每批送样5卷	0.5 m长全幅卷材2块	切除距外层卷头2.5 m后顺纵向截取
	活沥青复合胎卷材	每批不大于1 000卷		
	油毡	以同一品种、标号、等级的产品，每1 500卷为一批，不足1 500卷按一批处理验收，取样数量为5卷		

（续表）

材料名称		取样单位	取样数量	取样方法
沥青		A. 建筑石油沥青：同一批出厂，同一规格，同一标号，20 t 为一批，不足 20 t 按一批验收。B. 道路石油沥青：同一批出厂，同一规格，同一标号，100 t 为一批，不足 100 t 按一批验收	取样从 5 个不同部位取洁净试样共 5 kg	从堆料上 8 个不同部位集取
焊接接头	电弧焊	在工厂焊接条件下，以 300 个同接头型号、同钢筋级别的接头为一批。在现场安装条件下，每一楼层中以 300 个同接头型号、同钢筋级别的接头作为一批，不足 300 个时仍作一批	不小于 3 根	成品中随机切取
	闪光对焊	在同一台班内，由同一焊工完成的 300 个同级别、同直径钢筋焊接接头，作为一批。当同一台班内焊接的接头数量较少，可在同一周内累计计算。累计仍不足 300 个接头，按一批计算	不小于 6 根	成品中随机切取
	电渣压力焊	每批不大于 300 件	不小于 3 根	成品中随机切取
	T 形接头	每批不大于 300 件	不小于 3 根	成品中随机切取
	气压焊	每批不大于 300 件	不小于 6 根	成品中随机切取，梁、板的水平钢筋连接中随机切取
	钢筋焊接骨架和焊接网	每批不大于 300 件	不小于 6 根	成品中随机切取，纵横向钢筋各 1 个
平瓦	烧结瓦	以 1 万块为一批，不足者也为一批	不少于 13 块	从尺寸、外观合格的试样中随机抽样
	混凝土瓦	以 5 万块为一批，不足者也为一批		
砌筑砂浆		同类型、同一强度等级按每一楼层 250 m³ 砌体取样	每种强度等级的砂浆作一组强度试块，每组 6 块	从施工现场抽取
混凝土		同一强度等级每 100 m³ 且不超过 100 盘	每种强度等级的混凝土作一组强度试块，每组 3 块	在浇筑地点随机抽样

（四）工程变更的监控

施工过程中，由于前期勘察设计的原因，或由于外界自然条件的变化，未探明的地下障碍物、管线、文物、地质条件不符等，以及施工工艺方面的限制、建设单位的改变，均会涉及工种变更。做好工种变更的控制工作，也是作业过程质量控制的一项重要内容。

工程变更的要求可能来自建设单位、设计单位或施工承包单位。为确保工程质量,不同情况下,工程变更的实施、设计图纸的澄清、修改,具有不同的工作程序。

1. 施工承包单位的要求及处理

在施工过程中承包单位提出的工程变更要求可能是:① 要求作某些技术修改;② 要求作设计变更。

(1) 对技术修改要求的处理。所谓技术修改,这里是指承包单位根据施工现场具体条件和自身的技术、经验和施工设备等条件,在不改变原设计图纸和技术文件的前提下,提出的对设计图纸和技术文件的某些技术上的修改要求。例如,对某种规格的钢筋采用替代规格的钢筋、对基坑开挖边坡的修改等。

承包单位提出技术修改的要求时,应向项目监理机构提交工程变更单(如表 2-10 所示),在该表中应说明要求修改的内容及原因或理由,并附图和有关文件。

表 2-10 工程变更单表

工程名称: 编号:

致:_____	
由于_____原因,兹提出__ _____工程变更,请予以审批。	

附件:□变更内容
        □变更设计图
        □相关会议纪要
        □其他	

<div align="right">变更提出单位: 负责人: 年 月 日</div>	
工程量增/减	
费用增/减	
工期变化	
施工项目经理部(盖章) 项目经理(签字)	设计单位(盖章) 设计负责人(签字)
项目监理机构(盖章) 总监理工程师(签字)	建设单位(盖章) 负责人(签字)

技术修改问题一般可以由专业监理工程师组织承包单位和现场设计代表参加,经各方同意后签字并形成纪要,作为工程变更单附件,经总监理工程师批准后实施。

(2) 工程变更的要求。这种变更是指施工期间,对于设计单位在设计图纸和设计文件中所表达的设计标准状态的改变和修改。

首先,承包单位应就要求变更的问题填写工程变更单,送交项目监理机构。总监理工程师根据承包单位的申请,经与设计、建设、承包单位研究并作出变更的决定后,签发工程变更单,并应附有设计单位提出的变更设计图纸。承包单位签收后按变更后的图纸施工。

总监理工程师在签发工程变更单之前,应就工程变更引起的工期改变及费用的增减分别与建设单位和承包单位进行协商,力求达成双方均能同意的结果。

这种变更一般会涉及设计单位重新出图的问题。如果变更涉及结构主体及安全,该工程变更还要按有关规定报送施工图原审查单位进行审批,否则变更不能实施。

2. 设计单位提出变更的处理

(1) 设计单位首先将设计变更通知及有关附件报送建设单位。

(2) 建设单位会同监理、施工承包单位对设计单位提交的设计变更通知进行研究,必要时尚需设计单位提供进一步的资料,以便对变更作出决定。

(3) 总监理工程师签发工程变更单,并将设计单位发出的设计变更通知作为该工程变更单的附件,施工承包单位按新的变更图实施。

3. 建设单位(监理工程师)要求变更的处理

(1) 建设单位(监理工程师)将变更的要求通知设计单位,如果在要求中包括有相应的方案或建议,则应一并报送设计单位;否则,变更要求由设计单位研究解决。在提供审查的变更要求中,应列出所有受该变更影响的图纸、文件清单。

(2) 设计单位对工程变更单进行研究。如果在"变更要求"中附有建议或解决方案时,设计单位应对建议或解决方案的所有技术方面进行审查,并确定它们是否符合设计要求和实际情况,然后书面通知建设单位,说明设计单位对该解决方案的意见,并将与该修改变更有关的图纸、文件清单返回给建设单位,说明自己的意见。如果工程变更单未附有建议或解决方案,则设计单位应对该要求进行详细的研究,并准备自己对该变更的建议方案,提交建设单位。

(3) 根据建设单位的授权,监理工程师研究设计单位所提交的建议设计变更方案或其对变更要求所附方案的意见,必要时会同有关的承包单位和设计单位一起进行研究,也可进一步要求相关单位提供资料,以便对变更作出决定。

(4) 建设单位作出变更的决定后由总监理工程师签发工程变更单,指示承包单位按变更的决定组织施工。

需注意的是在工程施工过程中,无论是建设单位或者施工及设计单位提出的工程变更或图纸修改,都应通过监理工程师审查并经有关方面研究,确认其必要性后,由总监理工程师发布变更指令方能生效予以实施。施工阶段设计变更控制程序如图 2 - 14 所示。

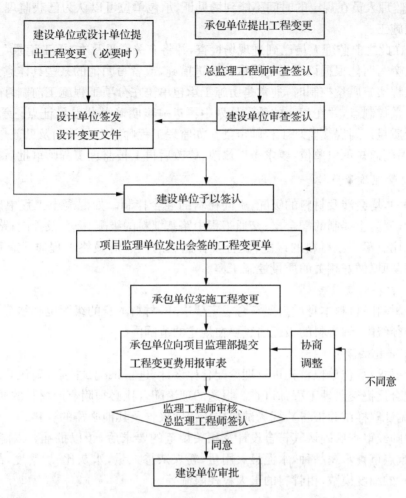

图 2-14　施工阶段设计变更控制程序框图

（五）见证点的实施控制

1. 见证点的概念

见证点监督，也称为 W 点监督。凡是列为见证点的质量控制对象，在规定的关键工序施工前，承包单位应提前通知监理人员在约定的时间内到现场进行见证和对其施工实施监督。如果监理人员未能在约定的时间内到现场见证和监督，则承包单位有权进行该 W 点的相应的工序操作和施工。

2. 见证点的监理实施程序

（1）承包单位应在某见证点施工之前一定时间，例如 24 小时前，书面通知监理工程师，说明该见证点准备施工的日期与时间，请监理人员届时到达现场进行见证和监督。

（2）监理工程师收到通知后，应注明收到该通知的日期并签字。

（3）监理工程师应按规定的时间到现场见证，对该见证点的实施过程进行认真地监督、检查，并在见证表上详细记录该项工作所在的建筑物部位、工作内容、数量、质量及工时等后签字，作为凭证。

（4）如果监理人员在规定的时间不能到场见证，承包单位可以认为已获监理工程师默认，有权进行该项施工。

（5）如果在此之前监理人员已到过现场检查，并将有关意见写在"施工记录"上，则承包单位应在该意见旁写明他根据该意见已采取的改进措施，或者写明他的某些具体意见。

在实际工程实施质量控制时，通常是由施工承包单位在分项工程施工前制订施工计划时，就选定设置质量控制点，并在相应的质量计划中再进一步明确哪些是见证点。承包单位应将该施工计划及质量计划提交监理工程师审批。如监理工程师对上述计划及见证点的设置有不同的意见，应书面通知承包单位，要求予以修改，修改后再上报监理工程师审批后执行。

（六）级配管理质量监控

建设工程中，均会涉及材料的级配，不同材料的混合拌制。如混凝土工程中砂、石骨料本身的组成级配，混凝土拌制的配合比；交通工程中路基填料的级配、配合及拌制；路面工程中沥青摊铺料的配比。不同原材料的级配，配合及拌制后的产品对最终工程质量有重要的影响。因此，监理工程师要做好相关的质量控制工作。

1. 拌和原材料的质量控制

使用的原材料除材料本身质量要符合规定要求外，材料本身的级配也必须符合相关规定，如粗骨料的粒径级配，细集料的级配曲线要在规定的范围内。

2. 材料配合比的审查

根据设计要求，承包单位首先进行理论配合比设计，进行试配试验后，确认 2～3 个能满足要求的理论配合比提交监理工程师审查。报送的理论配合比必须附有原材料的质量证明资料（现场复核及见证取样试验报告），现场试块抗压强度报告及其他必需的资料。

监理工程师经审查后确认其符合设计及相关规范的要求后，予以批准。以混凝土配合比审查为例，应重点审查水泥品种，水泥最大用量，粉煤灰掺入量，水灰比，坍落度，配制强度，使用的外加剂、砂的细度模数，粗骨料的最大粒径限制等。

3. 现场作业的质量控制

（1）拌和设备状态及相关拌和料计量装置，称重器具的检查。

（2）现场检查投入使用的原材料（如水泥、砂、外加剂、水、粉煤灰、粗骨料），是否与批准的配合比一致。

（3）审查现场作业实际配合比是否符合理论配合比，作业条件发生变化是否及时进行了调整。例如混凝土工程中，雨后开盘生产混凝土，砂的含水率发生了变化，对水灰比是否及时进行调整等。

（4）对现场所做的调整应按技术复核的要求和程序执行。

（5）在现场实际投料拌制时，应做好看板管理。

（七）计量工作质量监控

计量是施工作业过程的基础工作之一，计量作业效果对施工质量有重大影响。监理工程师对计量工作的质量监控包括以下内容：

（1）施工过程中使用的计量仪器、检测设备、称重衡器的质量控制。

（2）从事计量作业人员技术水平资质的审核，尤其是现场从事施工测量的测量工，从事试验、检验的试验工。

（3）现场计量操作的质量控制。作业者的实际作业质量直接影响到作业效果，计量作业现场的质量控制主要是检查其操作方法是否得当。如仪器的使用、数据的判读、数据的处理和整理方法，及对原始数据的检查。如检查测量司镜手的测量手簿，检查试验的原始数据，检查现场检测的原始记录等。在抽样检测中，现场检测取点。检测仪器的布置是否正确、合理，检测部位是否有代表性，能否反映真实的质量状况，也是审核的内容，如路基压实度检查中，如果检查点只在路基中部选取，就不能如实反映实际，必须在路肩、路基中部均有检测点。

（八）质量记录资料的监控

质量资料是施工承包单位在进行工程施工或安装期间，实施质量控制活动的记录，还包括监理工程师对这些质量控制活动的意见及施工承包单位对这些意见的答复，它详细地记录了工程施工阶段质量控制活动的全过程。因此，它不仅在工程施工期间对工程质量的控制有重要作用，而且在工程竣工和投入运行后，对于查询和了解工程建设的质量情况以及工程维修和管理，也能提供大量有用的资料和信息。

质量记录资料包括以下三方面内容：

1. 施工现场质量管理检查记录资料

主要包括承包单位现场质量管理制度，质量责任制；主要专业工种操作上岗证书；分包单位资质及总包单位的管理制度；施工图审查核对资料（记录），地质勘察资料；施工组织设计、施工方案及审批记录；施工技术标准；工程质量检验制度；混凝土搅拌站（级配填料拌和站）及计量设置；现场材料、设备存放与管理等。

2. 工程材料质量记录

主要包括进场工程材料、半成品、构配件、设备的质量证明资料；各种试验检验报告（如力学性能试验、化学成分试验、材料级配试验等）；各种合格证；设备进场维修记录或设备进场运行检验记录。

3. 施工过程作业活动质量记录资料

施工或安装过程可按分项、分部、单位工程建立相应的质量记录资料。在相应质量记录资料中应包含有关图纸的图号、设计要求；质量自检资料；监理工程师验收资料；各工序作业的原始施工记录；检测及试验报告；材料、设备质量资料的编号、存放档案卷号；此外，质量记录资料还应包括不合格项的报告、通知以及处理及检查验收资料等。

质量记录资料应在工程施工或安装开始前，由监理工程师和承包单位一起，根据建设单位的要求及工种竣工验收资料组卷归档的有关规定，研究列出各施工对象的质量资料清单。以后，随着工程施工的进展，承包单位应不断补充和填写关于材料、构配件及施工作业活动的有关内容，记录新的情况。当每一阶段（如检验批、一个分项或分部工程）施工或安装完成后，相应的质量记录资料也应随之完成，并整理组卷。

施工质量记录资料应真实、齐全、完整，相关各方人员的签字齐备、字迹清楚、结论明确，与施工过程的进展同步。在对作业活动效果的验收中，如缺少资料或资料不全，监理工程师应拒绝验收。

（九）工地例会的管理

工地例会是施工过程中参加建设项目各方沟通情况，解决分歧，形成共识，作出决定的主要渠道，也是监理工程师进行现场质量控制的重要场所。

　　通过工地例会,监理工程师检查分析施工过程的质量状况,指出存在的问题,承包单位提出整改的措施,并作出相应的保证。

　　由于参加工地例会的人员较多,层次也较高,例会上容易就问题的解决达成共识。

　　除了例行的工地例会外,针对某些专门质量问题,监理工程师还应组织专题会议,集中解决较重大或普遍存在的问题。实践表明采用这样的方式比较容易解决问题,使质量状况得到改善。

　　为开好工地例会及质量专题会议,监理工程师要充分了解情况,判断要准确,决策要正确。此外,要讲究方法,协调处理各种矛盾,不断提高会议质量,使工地例会真正起到解决质量问题的作用。

　　（十）停、复工令的实施

　　1. 工程暂停指令的下达

　　为了确保作业质量,根据委托监理合同中建设单位对监理工程师的授权,出现下列情况需要停工处理时,应下达停工指令:

　　（1）施工作业活动存在重大隐患,可能造成质量事故或已经造成质量事故。

　　（2）承包单位未经许可擅自施工或拒绝项目监理机构管理。

　　（3）在出现下列情况下,总监理工程师有权行使质量控制权,下达停工令,及时进行质量控制。

　　① 施工中出现质量异常情况,经提出后,承包单位未采取有效措施,或措施不力未能扭转异常情况者。

　　② 隐蔽作业未经依法查验确认合格,而擅自封闭者。

　　③ 已发生质量问题迟迟未按监理工程师要求进行处理,或者是已发生质量缺陷或问题,如不停工则质量缺陷或问题将继续发展的情况下。

　　④ 未经监理工程师审查同意,擅自变更设计或修改图纸进行施工者。

　　⑤ 未经技术资质审查的人员或不合格人员进入现场施工。

　　⑥ 使用的原材料、构配件不合格或未经检查确认者,或擅自采用未经审查认可的代用材料者。

　　⑦ 擅自使用未经项目监理机构审查认可的分包单位进场施工。

　　总监理工程师在签发工程暂停令时,应根据停工原因的影响范围和影响程度,确定工程项目停工范围。

　　2. 恢复施工指令的下达

　　承包单位经过整改具备恢复施工条件时,承包单位向项目监理机构报送复工申请及有关材料,证明造成停工的原因已消失。经监理工程师现场复查,认为已符合继续施工的条件,造成停工的原因确已消失,总监理工程师应及时签署工程复工报审表,指令承包单位继续施工。

　　3. 总监下达停工令及复工指令,宜事先向建设单位报告。

三、作业技术活动结果的控制

　　（一）作业技术活动结果的控制内容

　　作业活动结果,泛指作业工序的产出品、分项分部工程的已完施工及已完准备交验的单位工程等。

作业技术活动结果的控制是施工过程中间产品及最终产品质量控制的方式,只有作业活动的中间产品质量都符合要求,才能保证最终单位工程产品的质量,主要内容有:

1. 基槽(基坑)验收

基槽开挖是基础施工中的一项内容,由于其质量状况对后续工程质量影响大,故均做为一个关键工序或一个检验批进行质量验收。基槽开挖质量验收主要涉及地基承载力的检查确认;地质条件的检查确认;开挖边坡的稳定及支护状况的检查确认。由于部位的重要,基槽开挖验收均要有勘察设计单位的有关人员参加,并请当地或主管质量监督部门参加,经现场检查,测试(或平行检测)确认其地基承载力是否达到设计要求,地质条件是否与设计相符。如相符,则共同签署验收资料,如达不到设计要求或与勘察设计资料不符,则应采取措施进一步处理或工程变更,由原设计单位提出处理方案,经承包单位实施完毕后重新验收。

2. 隐蔽工程验收

隐蔽工程是指将被其后工程施工所隐蔽的分项、分部工程,在隐蔽前进行的检查验收。它是对一些已完分项、分部工程质量的最后一道检查,由于检查对象就要被其他工程覆盖,给以后的检查整改造成障碍,故显得尤为重要,它是质量控制的一个关键过程。

(1) 工作程序

① 隐蔽工程施工完毕,承包单位按有关技术规程、规范、施工图纸先进行自检,自检合格后,填写报验申请表,附上相应的工程检查证(或隐蔽工程检查记录)及有关材料证明、试验报告、复试报告等,报送项目监理机构。

② 监理工程师收到报验申请后首先对质量证明资料进行审查,并在合同规定的时间内到现场检查(检测或核查),承包单位的专职质检员及相关施工人员应随同一起到现场。

③ 经现场检查,如符合质量要求,监理工程师在《报验申请表》及工程检查证(或隐蔽工程检查记录)上签字确认,准予承包单位隐蔽、覆盖,下一道工序。

如经现场检查发现不合格,监理工程师可签发**监理工程师通知单**(如表 2 - 11 所示)或口头指令承包单位整改,施工单位整改并自检后再报监理工程师。

表 2 - 11　监理工程师通知单

工程名称:　　　　　　　　　　　　　　　　　　　　　　　　编号:

致:＿＿＿＿＿＿＿＿＿＿＿＿＿＿＿(施工项目经理部)
事由:＿＿
内容:＿＿ 　　　　　　　　　　　　　　　　　　　　　项目监理机构(盖章) 　　　　　　　　　　　　　　　　　　**总/专业监理工程师(签字)** 　　　　　　　　　　　　　　　　　　　　年　　月　　日

注:本表一式三份,项目监理机构、建设单位、施工单位各一份。

（2）隐蔽工程检查验收的质量控制要点

以工业及民用建筑为例，下述工程部位进行隐蔽检查时必须重点控制，防止出现质量隐患。

① 基础施工前对地基质量的检查，尤其要检测地基承载力；

② 基坑回填土前对基础质量的检查；

③ 混凝土浇筑前对钢筋的检查（包括模板检查）；

④ 混凝土墙体施工前，对敷设在墙内的电线管质量的检查；

⑤ 防水层施工前对基层质量的检查；

⑥ 建筑幕墙施工挂板之前对龙骨系统的检查；

⑦ 屋面板与屋架（梁）埋件的焊接检查；

⑧ 避雷引下线及接地引下线的连接检查；

⑨ 覆盖前对直埋于楼地面的电缆，封闭前对敷设于暗井道、吊顶、楼板垫层内的设备管道检查；

⑩ 易出现质量通病的部位的检查。

（3）作为示例，以下介绍钢筋隐蔽工程验收要点

① 按施工图核查绑扎成型的钢筋骨架，检查钢筋品种、直径、数量、间距、形状；

② 骨架外形尺寸，其偏差是否超过规定；检查保护层厚度，构造筋是否符合构造要求；

③ 锚固长度、箍筋加密区及加密间距；

④ 检查钢筋接头：绑扎搭接，要检查搭接长度，接头位置和数量（错开长度、接头百分率）；焊接接头或机械连接，要检查外观质量，取样试件力学性能试验是否达到要求，接头位置（相互错开）数量（接头百分率）。

3. 工序交接验收

工序是指作业活动中一种必要的技术停顿，作业方式的转换及作业活动效果的中间确认。上道工序应满足下道工序的施工条件和要求，对相关专业工序之间也是如此。通过工序间的交接验收，使各工序之间和相关专业工程之间形成一个有机整体。

4. 检验批、分项、分部工程的验收

检验批的质量按主控项目和一般项目验收。

某检验批（分项、分部工程）完成后，承包单位应首先自行检查验收，确认符合设计文件、相关验收规范的规定，然后向监理工程师提交申请，由监理工程师予以检查、确认。监理工程师按合同文件的要求，根据施工图纸及有关文件、规范、标准等，从外观、几何尺寸、质量控制资料以及内在质量等方面进行处理、审核。如确认其质量符合要求，则予以确认验收。如有质量问题则指令承包单位进行处理，待质量合乎要求后再予以检查验收。对涉及结构安全和使用功能的重要分部工程应进行抽样检测。

5. 设备的试压和试运转

设备安装经检验合格后，还必须进行试压和试运转，这是确保设备配套投产正常运转的重要环节。

（1）试压

凡承压设备（如受压容器、真空设备等）在制造完毕后，必须按要求进行压力试验。试压的目的是检验设备的强度（称强度试验），并检查接头、焊缝等是否有泄漏（称密封性或严密性试

验），保证设备的安全生产和正常进行。试压的方法有水压试验、气压试验和气密性试验三种。

① 水压试验

水压试验是被试设备内充满水后，再用试压泵继续向内压水，使设备内形成一定的压力，借助水的压强对容器壁进行强度试验。

② 气压试验

气压试验是用压缩空气打入承压设备内，进行设备的强度试验。气压试验比水压试验灵敏、迅速，但危险性较大，因此气压试验必须具有安全措施，才能进行。

在生产实践中，有下列三种情况之一者，才能采用气压试验。其一，承压设备的设计和结构都不便于充满液体；其二，承压设备的支承结构不能承受充满液体后的负荷；其三，承压设备内部放射激光后不容易干燥，而生产使用中又不允许剩有水分。有时，也可在设备中先加入部分部分液体，在液体上再加气压。

③ 气密性试验

气密性试验就是密封性试验。上述的水压试验和气压试验既可作设备的强度试验，也可试验设备的密封性能。而且，应使气密性试验尽可能与强度试验一并进行。当试验介质不同时，只能分别进行（先强度后密封性）。工作介质为液体时，可用水压试验；工作介质为气体时，试验介质用空气或惰性气体。

（2）试运转

试运转是设备安装工程的最后施工阶段，是新建厂矿企业的基本建设转入正式生产的关键环节，是对设备系统能否配套投产、正常运转的检验和考核。目的是使所有生产工艺设备按照设计要求达到正常的安全运行。同时，还可以发现和消除设备的故障，改善不合理的工艺以及安装施工中的缺陷。

试车的步骤是：

① 先无负荷到负荷；

② 由部件到组件，由组件到单机，由单机到机组；

③ 分系统进行，先主动系统后从动系统；

④ 先低速逐级增至高级；

⑤ 先手控后遥控运转，最后进行自控运转。

转动设备要先用人力缓慢试车，然后点动数次，才正式开车（仅限于电动机传动的设备）；其他原动机（如汽轮机、内燃机）传动的设备不做点动试运转传动。设备的电动机应先脱开试车，检查转向是否符合被动设备的要求。在试运转中，应经常观察和检查各润滑系统工作是否正常，对所有温度、压力、流量、运转时间、动力消耗等数据要认真做好记录。对仪表应当在接近工艺条件下进行调校。

一般中小型单体设备，如机械加工设备可只进行单机试车后即可交付生产。对复杂的、大型的机组、生产作业线等，特别是化工、石油、冶金、化纤、电力等连续生产的企业，必须进行单机、联运、投料等试车阶段。

试运转一般可分为准备工作、单机试车、联运试车和试生产四个阶段来进行。前一阶段是后一阶段试车的准备，后阶段的试车必须在前阶段完成后才能进行。

试运转时，各操作闸刀未经允许，不得随意"拉"、"合"、"按"。

各装置试运转的顺序，根据安装施工的情况而定，但一般是公用工程的各个项目先试车，然后再对产品生产系统的各个装置进行试车。

6. 单位工程或整个工程项目的竣工验收

在一个单位工程完工或整个工程项目完成后,施工承包单位应先进行竣工自检,自检合格后,向项目监理机构提交《单位工程竣工验收报审表》(如表 2-12 所示),总监理工程师组织专业监理工程师进行竣工初验,其主要工作包括以下几个方面。

表 2-12 单位工程竣工验收报审表

工程名称: 编号:

致:_____(项目监理机构) 我方已按施工合同要求完成_____工程,经自检合格,现将有关资料报上,请予以验收。 附件:1. 工程质量验收报告 　　　2. 工程功能检验资料   　　　　　　　　　　　　　　　　　施工单位(盖章) 　　　　　　　　　　　　　　　　　项目经理(签字) 　　　　　　　　　　　　　　　　　　年　　月　　日
预验收意见: 　　经预验收,该工程合格/不合格,可以/不可以组织正式验收。   　　　　　　　　　　　　　　　　　项目监理机构(盖章) 　　　　　　　　　　　　　　　　　**总监理工程师**(签字、加盖执业印章) 　　　　　　　　　　　　　　　　　　年　　月　　日

注:本表一式三份,项目监理机构、建设单位、施工单位各一份。

(1)审查施工承包单位提交的竣工验收所需的文件资料,包括各种质量控制资料、试验报告以及各种有关的技术性文件等。若提交的验收文件、资料不齐全或有相互矛盾不符之处,应指令承包单位补充、核实及改正。

(2)审核施工承包单位提交竣工图,并与已完工程、有关的技术文件对照进行核查。

(3)总监理工程师组织专业监理工程师对拟验收工程项目的现场进行检查,如发现质量问题应指令承包单位进行处理。

(4)对拟验收项目初验合格后,总监理工程师对承包单位的工程竣工报验单予以签认,并上报建设单位。同时提出"工程质量评估报告"。"工程质量评估报告"是工程验收中的重要资料,它由项目总监理工程师和监理单位技术负责人签署。主要包括以下主要内容:

① 工程项目建设概况介绍,参加各方的单位名称、负责人;

② 工程检验批、分项、分部、单位工程的划分情况;

③ 工程质量验收标准,各检验批、分项、分部工程质量验收情况;

④ 地基与基础分部工程中,涉及桩基工程的质量检测结论,基槽承载力检测结论;涉及结

构安全及使用功能的检测结论,建筑物沉降观测资料;

⑤ 施工过程中出现的质量事故及处理情况,验收结论;

⑥ 结论,本工程项目(单位工程)是否达到合同约定;是否满足设计文件要求;是否符合国家强制性标准及条款的规定。

(5) 参加由建设单位组织的正式竣工验收。

7. 不合格的处理

上道工序不合格,不准进入下道工序施工,不合格的材料、构配件、半成品不准进入施工现场且不允许使用,已经进场的不合格品应及时作出标识、记录,指定专人看管,避免用错,并限期清除出现场;不合格的工序或工程产品,不予计价。

8. 成品保护

(1) 成品保护的要求

所谓成品保护一般是指在施工过程中,有些分项工程已经完成,而其他一些分项工程尚在施工;或者是在其分项工程施工过程中,某些部位已完成,而其他部位正在施工。在这种情况下,承包单位必须对已完成部分采取妥善措施予以保护,以免因成品缺乏保护或保护不善而造成操作损坏或污染,影响工程整体质量。因此,监理工程师应对承包单位所承担的成品保护的质量与效果进行经常性的检查。对承包单位进行成品保护的基本要求是:在承包单位向建设单位提出其工程竣工验收申请或向监理工程师提出分部、分项工程的中间验收时,其提请验收工程的所有组成部分均应符合与达到合同文件规定的或施工图纸等技术文件所要求的质量标准。

加强成品保护,首先要教育全体职工树立质量观念,对国家、对人民负责,自觉爱护公物,尊重他人和自己的劳动成果,施工操作时要珍惜已完的和部分完成的成品。其次,要合理安排施工顺序,采取行之有效的成品保护措施。

(2) 成品保护的一般措施

① 防护。就是针对被保护对象的特点采取各种防护的措施。例如,对清水墙楼梯踏步,可以采取护棱角铁上下连接固定的措施;对于进出口台阶,可通过垫砖或方木搭脚手板供人通过的方法来保护台阶;对于门口易碰部位,可以钉上防护条或槽型盖铁保护;门扇安装后可加楔固定等。

② 包裹。就是将被保护物包裹起来,以防损伤或污染。例如,对镶面大理石柱可用立板包裹捆扎保护;铝合金门窗可用塑料布包扎保护等。

③ 覆盖。就是用表面覆盖的办法防止堵塞或损伤。例如,地漏、落水口排水管等安装后可以覆盖防止异物落入而被堵塞;预制水磨石或大理石楼梯可用木板覆盖加以保护;地面可用锯末、苫布等覆盖,防止喷浆等污染;其他需要防晒、防冻、保温养护等项目也应采取适当的防护措施。

④ 封闭。就是采取局部封闭的办法进行保护。例如,垃圾道完成后,可将其进口封闭起来,防止建筑垃圾堵塞通道;房间水泥地面或地面砖完成后,可将该房间局部封闭,防止人们随意进入而损伤地面;室内装修完成后,应加锁封闭,防止人们随意进入而受到损伤等。

⑤ 合理安排施工顺序。主要是通过合理安排不同工作间的施工顺序以防后道工序损坏或污染已完的和部分完成的成品或生产设备。例如:

a. 遵循"先地下后地上"、"先深后浅"的施工顺序,就不至于破坏地下管网和道路路面。

b. 地下管道与基础工程相配合进行施工,可避免基础完工后再打洞挖槽安装管道,影响质量和进度。

c. 先在夯实回填土后再做基础防潮层,则可保护防潮层不受填土夯实损伤。

d. 装饰工程采取自上而下的流水顺序,可以使房屋主体工程完工后,有一定沉降期;已做好的屋面防水层,可防止雨水渗漏。这些都有利于保护装饰工程质量。

e. 先做地面,后做顶棚、墙面抹灰,可以保护下层顶棚、墙面抹灰不受渗水污染;但在已做好的屋面防水层地面上施工,需对地面加以保护。若先做顶棚、墙面抹灰,后做地面时,则要求楼板灌缝密实,以免漏水污染墙面。

f. 楼梯间和踏步饰面,宜在整个饰面工程完成后,再自上而下地进行;门窗扇的安装通常在抹灰后进行;一般先油漆,后安装玻璃;这些施工顺序,均有利于成品保护。

g. 当采用单排外脚手架砌墙时,由于砖墙上面有脚手洞眼,故一般情况下内墙抹灰需待同一层外粉刷完成,外脚手架拆除时,洞眼填补后,才能进行,以免影响内墙抹灰的质量。

h. 先喷浆后安装灯具,可避免安装灯具后又修理浆活,从而污染灯具。

i. 当铺贴连续多跨的卷材防水屋面时,应按先高跨、后低跨,先远(离交通进出口)、后近,先天窗油漆、玻璃,后铺贴卷材屋面的顺序进行。这样可避免在铺好的卷材屋面上行走和堆放材料、工具等杂物,有利于保护屋面的质量。

(二)作业技术活动结果检验程序与方法

1. 检验程序

按一定的程序对作业活动结果进行检查,其根本目的是体现作业者要对作业活动结果负责,同时也是加强质量管理的需要。

作业活动结束,应先由承包单位的作业人员按规定进行自检,自检合格后与下一工序的作业人员交检,如满足要求则由承包单位专职质检员进行检查,以上自检、交检、专检均符合要求后则由承包单位向监理工程师提交"报验申请表"。监理工程师接到通知后,应在合同规定的时间内及时对其质量进行检查,确认其质量合格后予以签认验收。

作业活动结果的质量检查验收主要是对质量性能的特征指标进行检查。即采取一定的检测手段,进行检验,根据检验结果分析、判断该作业活动的质量(效果)。

(1)实测。即采用必要的检测手段,对实体进行的几何尺寸测量、测试或对抽取的样品进行检验,测定其质量特性指标(例如混凝土的抗压强度)。

(2)分析。是对所得数据进行整理、分析、找出规律。

(3)判断。根据对数据分析的结果,判断该作业活动效果是否达到预期的各项质量标准。如果未达到,应找出原因。

(4)纠正或认可。如发现作业质量不符合标准规定,应采取措施纠正;如果质量符合要求,则予以确认。

重要的工程部位、工序和专业工程,或监理工程师对承包单位的施工质量状况未能确信者,以及主要材料、半成品、构配件的使用等,还需由监理人员亲自进行现场验收试验或技术复核。例如路基填土压实的现场抽样检验等。涉及结构安全的试块、试件以及有关材料,应按规定进行见证取样检测、抽样检验。

2. 质量检验的主要方法

对于现场所用原材料、半成品、工序过程或工程产品质量进行检验的方法,一般可分为三类,即目测法、检测工具实测法以及试验法。

（1）目测法

即凭借感官进行检查,也可以叫做观感检验。这类方法主要是根据质量要求,采用看、摸、敲、照等手法对检查对象进行检查。

看,就是根据质量标准进行外观目测。如墙纸裱糊质量应是:纸面无斑痕、空鼓、气泡、皱;每一墙面纸的颜色、花纹一致;斜视无胶痕,纹理无压平、起光现象;对缝无离缝、搭缝、张嘴;对缝处图案、花纹完整;裁纸的一边不能对缝,只能搭接;墙纸只能在阴角处搭接,阳角应采用包角等。又如,清水墙面是否洁净,喷涂是否密实和颜色是否均匀,内墙抹灰大面及口角是否平直,地面是否光洁平整,施工顺序是否合理,工人操作是否正确等,均是通过目测检查、评价。

摸,就是手感检查。主要用于装饰工程的某些检查项目,如水刷石、干黏石黏结牢固程度,油漆的光滑度,浆活是否掉粉,地面有无起砂等,均可通过手摸加以鉴别。

敲,是运用工具进行声感检查。对地面工程、装饰工程中的磨石、面砖、锦砖和大理石贴面等,均应进行敲击检查,通过声音的虚实确定有无空鼓,还可根据声音的清脆和沉闷,判定是否属于面层空鼓。此外,用手敲玻璃,如发出颤动声响,一般是底灰不满或压条不实。

照,对于难以看到或光线较暗的部位,则可采用镜子反射或灯光照射的方法进行检查。

（2）实测法

就是利用量测工具或计量仪表,通过实际量测结果与规定的质量标准或规范的要求相对照,从而判断质量是否符合要求。实测的手法可归纳为:靠、吊、量、套四个字。

靠,是用直尺、塞尺检查墙面、地面、屋面的平整度。

吊,是用托线板、线锤检查垂直度。

量,是用测量工具和计量仪表等检查断面尺寸、轴线、标高、温度、湿度等的偏差。

套,是以方尺辅以塞尺,检查诸如踏角线的垂直度,预制构件的方正,门窗口及构件的对角线等。

（3）试验法

指通过进行现场试验或试验室试验等理化试验手段,取得数据,分析判断质量情况。包括:

① 理化试验。工程中常用的理化试验包括各种物理力学性能方面的检验和化学成分及含量的测定两方面。力学性能的检验如各种力学指标的测定,像抗拉强度、抗压强度、抗弯强度、抗折强度、冲击韧性、硬度、承载力等。各种物理性能方面的测定如密度、含水量、凝结时间、安定性、抗渗、耐磨、耐热等。各种化学方面的试验如化学成分及其含量的测定(例如钢筋中的磷、硫含量、混凝土粗骨料中的活性氧化硅成分测定等),以及耐酸耐碱、抗腐蚀等。此外,必要时还可在现场通过诸如对桩或地基的现场静载试验或打试桩,确定其承载力;对混凝土现场取样,通过试验室的抗压强度试验,确定混凝土的强度等级;以及通过管道压水试验判断其耐压及渗漏情况等。

② 无损测试或检验。借助专门的仪器、仪表等手段探测结构物或材料、设备内部组织结构或损伤状态。这类检测仪器如超声波探伤仪、磁粉探伤仪、γ射线探伤、渗透液探伤等。它们一般可以在不损伤探测物的情况下了解探测物的情况。

3. 质量检验程度的种类

按质量检验的程度,即检验对象被检验的数量划分,可有以下几类。

（1）全数检验

全数检验也叫做普通检验，它主要用于关键工序部位或隐蔽工程，以及那些在技术规程、质量检验验收标准或设计文件中有明确规定应进行全数检验的对象。总之，诸如：规格、性能指标对工程的安全性、可靠性起决定作用的施工对象；质量不稳定的工序；质量水平要求高，对后续工序有较大影响的施工对象，不采取全数检验不能保证工程质量时，均需采取全数检验。例如，安装模板的稳定性、刚度、强度、结构物轮廓尺寸等；架立的钢筋规格、尺寸、数量、间距、保护层；以及绑扎或焊接质量等。

（2）抽样检验

对于主要的建筑材料、半成品或工程产品等，由于数量大，大多采取抽样检验。即从一批材料或产品中，随机抽取少量样品进行检验，并根据对其数据统计分析的结果，判断该批产品质量状况。与全数检验相比较，抽样检验具有如下优点：① 检验数量少，比较经济；② 适合于需要进行破坏性试验（如混凝土抗压强度的检验）的检验项目；③ 检验所需时间较短。

（3）免检

就是在某种情况下，可以免去质量检验过程。对于已有足够证据证明有质量保证的一般材料或产品；或实践证明其产品质量长期稳定、质量保证资料齐全者；或是某些施工质量只有通过对施工过程的严格质量监控，而质量检验人员很难对内在质量再做检验的，均可考虑采取免检。

4. 质量检验必须具备的条件

监理单位对承包单位进行有效的质量监督控制是以质量检验为基础的，为了保证质量检验的工作质量，必须具备一定的条件。

（1）监理单位要具有一定的检验技术力量，配备所需的具有相应水平和资格的质量检验人员。必要时，还应建立可靠的对外委托检验关系。

（2）监理单位应建立一套完善的管理制度，包括建立质量检验人员的岗位责任制；检验设备质量保证制度；检验人员技术核定与培训制度；检验技术规程与标准实施制度；以及检验资料档案管理等方面。

（3）配备一定数量符合标准及满足检验工作需要的检验和测试手段。

（4）质量检验所需的技术标准，如国际标准、国家标准、行业及地方标准等。

5. 质量检验计划

工程项目的质量检验工作具有流动性、分散性及复杂性的特点。为使监理人员能有效地实施质量检验工作和对承包单位进行有效的质量监控，监理单位应当制定质量检验计划，通过质量检验计划这种书面文件，可以清楚地向有关人员表明应当检验的对象是什么，应当如何检验，检验的评价标准如何，以及其他要求等。

质量检验计划的内容可以包括：

（1）分部分项工程名称及检验部位；

（2）检验项目，即应检验的性能特征以及其重要性级别；

（3）检验程度的抽检方案；

（4）应采用的检验方法和手段；

（5）检验所依据的技术标准和评价标准；

（6）认定合格的评价条件；

（7）质量检验合格与否的处理；

（8）检验记录及签发检验报告的要求；

（9）检验程序或检验项目实施的顺序。

四、施工过程质量控制手段

（一）审核技术文件、报告和报表

这是对工程质量进行全面监督、检查与控制的重要手段。审核的具体内容包括以下几个方面。

（1）审查进入施工现场的分包单位的资质证明文件，控制分包单位的质量。

（2）审批施工承包单位的开工申请书，检查、核实与控制其施工准备工作质量。

（3）审批承包单位提交的施工方案、质量计划、施工组织设计或施工计划，控制工程施工质量有可靠的技术措施保障。

（4）审批施工承包单位提交的有关材料、半成品和构配件质量证明文件（出厂合格证、质量检验或试验报告等），确保工程质量有可靠的物质基础。

（5）审核承包单位提交的反映工序施工质量的动态统计资料或管理图表。

（6）审核承包单位提交的有关工序产品质量的证明文件（检验记录及试验报告）、工序交接检查（自检）、隐蔽工程检查、分部分项工程质量检查报告等文件、资料，确保和控制施工过程的质量。

（7）审批有关工程变更、修改设计图纸等资料，确保设计及施工图纸的质量。

（8）审核有关应用新技术、新工艺、新材料、新结构等的技术鉴定书，审批其应用申请报告，确保新技术应用的质量。

（9）审批有关工程质量问题或质量问题的处理报告，确保质量问题或质量问题处理的质量。

（10）审核与签署现场有关质量技术签证、文件等。

（二）指令文件与一般管理文书

指令文件是监理工程师运用指令控制权的具体形式。所谓指令文件是表达监理工程师对施工承包单位提出指示或命令的书面文件，属要求强制性执行的文件。一般情况下是监理工程师从全局利益和目标出发，在对某项施工作业或管理问题，经过充分调研、沟通和决策之后，要求承包人必须严格按监理工程师的意图和主张实施的工作。对此承包人负有全面正确执行指令的责任，监理工程师负有监督指令实施效果的责任，因此，它是一种非常严肃而慎用的管理手段。监理工程师的各项指令都应是书面的或有文件记载方为有效，并作为技术文件资料存档。如因时间紧迫，来不及作出正式的书面指令，也可以用口头指令的方式下达给承包单位，但随时应按合同规定，及时补充书面文件对口头指令予以确认。

一般管理文书，如监理工程师函、备忘录、会议纪要、发布有关信息、通报等，主要是对承包人工作状态和行为提出建议、希望和劝阻等，不属强制性要求执行，仅供承包人自主决策参考。

（三）现场监督和检查

1. 现场监督检查的内容

（1）开工前的检查。主要是检查开工前准备工作的质量，能否保证正常施工及工程施工质量。

（2）工序施工中的跟踪监督、检查与控制。主要是监督、检查在工序施工过程中，人员、施工机械设备、材料、施工方法及工艺操作以及施工环境条件等是否均处于良好的状态，是否符合保证工程质量的要求，若发现有问题及时纠偏加以控制。

（3）对于重要的和对工程质量有重大影响的工序和工程部位，还应在现场进行施工过程的旁站监督与控制，确保使用材料及工艺过程质量。

2. 现场监督检查的方式

（1）旁站与巡视

旁站是指在关键部位或关键工序施工过程中由监理人员在现场进行的监督活动。

在施工阶段，很多工种的质量问题是由于现场施工操作不当或不符合规程、标准所致，有些施工操作不符合要求的工程质量，虽然在表面上似乎影响不大，或外表上看不出来，但却隐蔽着潜在的质量隐患与危险。例如浇筑混凝土时振捣时间不够或漏振，都会影响混凝土的密实度和强度，而只凭抽样检验并不一定能完全反映实际情况。此外，抽样方法和取样操作不符合规程或标准要求的违章施工或违章操作，只有通过监理人员的现场旁站监督检查，才能发现问题与得到控制。

旁站的部位或工序要根据工程特点，也应根据承包单位内部质量管理水平及技术操作水平决定。一般而言，混凝土灌注、预应力张拉过程及压浆、基础工程中的软基处理、复合地基施工（如搅拌桩、悬喷桩、粉喷桩）、路面工程的沥青拌和料摊铺、沉井过程、桩基的打桩过程、防水施工、隧道衬砌施工中超挖部分的回填、边坡喷锚打锚杆等要实施旁站。

巡视是指监理人员对正在施工的部位或工序现场进行的定期或不定期的监督活动。巡视是一种"面"上的活动，它不限于某一部位或过程，而旁站则是"点"的活动，它针对某一部位或工序。因此，在施工过程中，监理人员必须加强对现场的巡视、旁站监督与检查，及时发现违章操作和不按设计要求、不按施工图纸或施工规范、规程或质量标准施工的现象，对不符合质量要求的及时进行纠正和严格控制。

监理人员应经常地、有目的地对承包单位的施工过程进行巡视检查、检测。主要检查内容如下：

① 是否按照设计文件、施工组织规范和批准的施工方案施工；

② 是否使用合格的材料、构配件和设备；

③ 施工现场管理人员，尤其是质检人员是否到岗到位；

④ 施工操作人员的技术水平、操作条件是否满足工艺操作要求，特种操作人员是否持证上岗；

⑤ 施工环境是否对工程质量产生不利影响；

⑥ 已施工部位是否存在质量缺陷。

对施工过程中出现的较大质量问题或质量隐患，监理工程师宜采用照相、摄影等手段予以记录。

（2）平行检验

平行检验是指项目监理机构利用一定的检查或检测手段，在承包单位自检的基础上，按照一定的比例独立进行检查或检测的活动。

它是监理工程师质量控制的一种重要手段，在技术复核及复验工作中采用，是监理工程师对施工质量进行验收,作出自己独立判断的重要依据之一。

(四)规定质量监控工作程序

规定双方必须遵守的质量监控工作程序,按规定的程序进行工作,这也是进行质量监控的必要手段。例如,未提交开工申请单并得到监理工程师的审查、批准不得开工;未经监理工程师签署质量验收单并予以质量确认,不得进行下道工序;工程材料未经监理工程师批准不得在工程上使用等。

此外,还具体规定交桩复验工作程序、设备、半成品、构配件材料进场检验工作程序,隐蔽工程验收、工序交接验收工作程序,检验批、分项、分部、单位工程质量验收工作程序等。通过程序化管理,使监理工程师的质量控制工作进一步落实,做到科学、规范的管理和控制。

(五)利用支付手段

这是国际上较常用的一种重要的控制手段,也是建设单位或合同中赋予监理工程师的支付控制权。所谓支付控制权就是:对施工承包单位支付任何工程款项,均需由总监理工程师审核签认支付证明书,没有总监理工程师签署的支付证书,建设单位不得向承包单位支付工程款。工程款支付的条件之一就是工程质量要达到规定的要求和标准。如果承包单位的工程质量达不到要求的标准,监理工程师有权采取拒绝签署支付证书的手段,停止对承包单位支付部分或全部工程款,由此造成的损失由承包单位负责。显然,这是十分有效的控制和约束手段。因此,质量监理是以计量支付控制权为保障手段的。

思考题

1. 施工质量控制的依据有哪些?
2. 在招投标阶段对承包单位资质审核的内容有哪些?
3. 施工组织设计的审查程序有哪些?
4. 监理工程师对分包单位资质的审核内容有哪些?
5. 什么是质量控制点? 选择质量控制点的一般原则有哪些?
6. 施工作业环境的控制内容有哪些?
7. 成品保护的措施有哪些?
8. 质量检验的主要方法有哪些?
9. 施工质量控制的手段有哪些?

第三章　建筑工程施工质量控制实施要点

第一节　地基基础工程质量控制

一、地基基础工程的概述

地基与基础工程是建筑工程中重要的分部工程,任何一个建筑物或构筑物都是由上部结构、基础和地基三个部分组成的。基础担负着建筑物的全部重量并将其传递给地基一起向下产生沉降,地基承受基础传来的全部荷载,并随土层深度向下扩散,被压缩而产生变形。

地基是指基础下面承受建筑物全部荷载的土层,其关键指标是地基每平方米能够承受基础传递下来荷载的能力,称为地基承载力。地基分为天然地基和人工地基,天然地基是指不经过人工处理能直接承受房屋荷载的地基。人工地基是指由于土层较软弱或较复杂,必须经过人工处理,使其提高承载力,才能承受房屋荷载的地基。

基础是指建筑物(构筑物)地面以下墙(柱)的扩大部分,根据埋置深度不同分为浅基础(埋深 5 m 以内)和深基础。根据受力情况分为刚性基础和柔性基础。按基础构造形式分为条形基础、独立基础、桩基础和整体式基础(筏形和箱形)。

任何建(构)筑物都必须有可靠的地基和基础。建筑物的全部重量(包括各种荷载)最终将通过基础传给地基,所以,对某些地基的处理及加固就成为基础工程施工中的一项重要内容。在施工过程中如发现地基土质过软或过硬,不符合设计要求时,应本着使建筑物各部位沉降尽量趋于一致以减少地基不均匀沉降的原则对地基进行处理。由于地基的特殊作用和功能,所以要求其必须具备如下条件。

1. 足够的强度

基础具有足够的强度后才能发挥其支承和传导荷载的作用,才能保证上部的墙体不产生裂缝和不均匀沉降。要求其有足够的强度,就必须保证地基的土质、基槽、基坑的宽度及标高和使用的材料质量符合设计和验收规范的规定。

2. 良好的稳定性

稳定性是指地基与基础在承载后表现出的沉降均匀性。这一指标是通过对回填土质、回填夯实以及桩基质量等项目的质量控制来实现的。另外,沉降缝合理也是稳定性的保证条件。

3. 满足耐久性的要求

地基与基础结构构件是处在隐蔽状态下工作的结构,它会受到地下水位以及不良土层的土质影响而使其耐久性达不到设计要求。所以,地基所用的材料和其构造的质量必须达到设计和国家验收规范的规定。

二、土方开挖和回填

(一)一般规定

(1) 土方工程施工前应进行挖、填方的平衡计算,综合考虑土方运距最短、运程合理和各个工程项目的合理施工程序等,做好土方平衡调配,减少重复挖运。

土方的平衡与调配是土方工程施工的一项重要工作。一般先由设计单位提出基本平衡数据,然后由施工单位根据实际情况进行平衡计算。如工程量较大,在施工过程中还应进行多次平衡调整,在平衡计算中,应综合考虑土的松散性、压缩性、沉陷量等影响土方量变化的各种因素。

为了配合城乡建设的发展,土方平衡调配应尽可能与当地市、镇规划和农业水利等结合,将余土一次性运到指定弃土场,做到文明施工。

(2) 当土方工程挖方较深时,施工单位应采取措施,防止基坑底部土的隆起并避免危害周边环境。基底土隆起往往伴随着对周边环境的影响,尤其当周边有地下管线,建(构)筑物、永久性道路时应密切注意。

注:本章节正文黑体字部分为国家强制性条文,施工时必须严格执行。

(3) 在挖方前,应做好地面排水和降低地下水位工作。有不少施工现场由于缺乏排水和降低地下水位的措施而对施工产生影响,土方施工应尽快完成,避免集水、坑底隆起及对环境影响增大。

(4) 平整场地的表面坡度应符合设计要求,如设计无要求时,排水沟方向的坡度不应少于 2‰。

(5) 土方工程施工,应经常测量和校核其平面位置、水平标高和边坡坡度。平面控制桩和水准控制点采取可靠的保护措施,定期复测和检查。土方不应堆在基坑边坡。

在土方工程施工测量中,除开工前的复测放线外,还应配合施工对平面位置(包括控制边界线、分界线、边坡的上口线和底口线等)、边坡坡度(包括放坡线、变坡等)和标高(包括各个地段的标高)等经常进行测量,校核是否符合设计要求。上述施工测量的基准——平面控制桩和水准控制点,也应定期进行复测和检查。

(6) 雨季和冬季施工还应遵守国家现行有关标准。

(7) 采用机械施工时,只能挖至设计高程以上 30 cm,以后用人工挖至设计高程。

(8) 如挖方时超深则超深部分的处理应由设计单位确定方案。

(二)土方开挖

(1) 土方开挖前应检查定位放线、排水和降低地下水位系统,合理安排土方运输车的行走路线及弃土场。

(2) 施工过程中应检查平面位置、水平标高、边坡坡度、压实度、排水、降低地下水位系统,并随时观测周围的环境变化。对回填土方还应检查回填土料、含水量、分层厚度、压实度。对分层挖方,也应检查开挖深度等。

(3) 临时性挖方的边坡值应符合表 3-1 的规定。

表 3-1　临时性挖方边坡值

土的类别		边坡值(高:宽)
砂土(不包括细砂、粉砂)		1:1.25～1:1.50
一般性黏土	硬	1:0.75～1:1.00
	硬、塑	1:1.00～1:1.25
	软	1:1.50 或更缓
碎石类土	充填坚硬、硬塑黏性土	1:0.50～1:1.00
	充填砂地土	1:1.00～1:1.50

注:1. 设计有要求时,应符合设计标准。
　　2. 如采用降水或其他加固措施,可不受本表限制,但应计算复核。
　　3. 开挖深度,对软土不应超过 4 cm,对硬土不应超过 8 cm。

（4）土方开挖工程质量检验标准应符合表 3-2 的规定。

表 3-2　土方开挖工程质量检验标准(mm)

项	序	项目	允许偏差或允许值					检验方法
			柱基基坑基槽	挖方场地平整		管沟	地(路)面基层	
				人工	机械			
主控项目	1	标高	−50	±30	±50	−50	−50	水准仪
	2	长度、宽度(由设计中心线向两边量)	+200　−50	+300　−100	+500　−150	+100		经纬仪,用钢尺量
	3	边坡	设计要求					观察或用坡度尺检查
一般项目	1	表面平整度	20	20	50	20	20	用 2 m 靠尺和楔形塞尺检查
	2	基底土性	设计要求					观察或土样分析

注:地(路)面基层的偏差只适用于直接在挖、填方上做地(路)面的基层。

（三）土方回填

（1）土方回填前应清除基底的垃圾、树根等杂物,抽除坑穴积水、淤泥,验收基底标高。如在耕植土或松土上填方,应在基底压实后再进行。

（2）对填方土料应按设计要求验收后方可填入。

（3）填方施工过程中应检查排水措施,每层填筑厚度、含水量、压实程度、填筑厚度及压实遍数,应根据土质、压实系数及所用机具确定。如无试验依据,应符合表 3-3 的规定。

表3-3　填土施工时的分层厚度及压实遍数

压实机具	分层厚度(mm)	每层压实遍数
平碾	250～300	6～8
振动压实机	250～350	3～4
柴油打夯机	200～250	3～4
人工打夯	<200	3～4

4. 填方施工结束后,应检查标高、边坡坡度、压实程度等,检验标准应符合表3-4的规定。

表3-4　填土工程质量检验标准(mm)

项目	序	项目	允许偏差或允许值					检验方法
			柱基基坑基槽	挖方场地平整		管沟	地(路)面基层	
				人工	机械			
主控项目	1	标高	−50	±30	±50	−50	−50	水准仪
	2	分层压实系数	设计要求					按规定方法
一般项目	1	回填土料	设计要求					取样检查或直观鉴别
	2	分层厚度及含水量	设计要求					水准仪及抽样检查
	3	表面平整度	20	20	30	20	20	靠尺或水准仪

三、基坑工程

(1) 在基础工程施工中,如挖方较深、土质较差或有地下水渗流等,可能对邻近建(构)筑物、地下管线、永久性道路等产生危害,或造成边坡不稳定。在这种情况下,不宜进行大开挖施工,应对基坑(槽)、管沟壁进行支护。

(2) 基坑(槽)、管沟开挖前应做好下述工作:

① 基坑(槽)、管沟开挖前,应根据支护结构形式、挖深、地质条件、施工方法、周围环境、工期、气候和地面载荷等资料制定施工方案、环境保护措施、监测方案,经审批后方可施工。

② 土方工程施工前,应对降水、排水措施进行设计,系统应经检查和试运转一切正常后,方可开始施工。

③ 有关围护结构的施工质量必须经验收合格后方可进行土方开挖。

降水、排水系统对维护基坑的安全极为重要,必须在基坑开挖施工期间安全运转,应时刻检查其工作状况。临近有建筑物或公共设施,在降水过程中要予以观测,不得因降水而危及这些建筑物或设施的安全。

(3) 土方开挖的顺序、方法必须与设计工况相一致,并遵循"开槽支撑,先撑后挖,分层开挖,严禁超挖"的原则。

基坑(槽)、管沟挖土要分层进行,分层厚度应根据工程具体情况(包括土质、环境等)决定,开挖本身是一种卸荷过程,防止局部区域挖土过深、卸载过快,引起土体失稳,降低土体抗剪性能,同时在施工中应不损伤支护结构,以保证基坑的安全。

(4) 基坑(槽)、管沟的挖土应分层进行。在施工过程中基坑(槽)、管沟边堆置土方不应超过设计荷载,挖方时不应碰撞或损伤支护结构、降水设施。

(5) 基坑(槽)、管沟土方施工中应对支护结构、周围环境进行观察和监测,如出现异常情况应及时处理,待恢复正常后方可继续施工。

(6) 基坑(槽)、管沟开挖至设计标高后,应对坑底进行保护,经验槽合格后,方可进行垫层施工。对特大型基坑,宜分区分块挖至设计标高,分区分块浇筑垫层。必要时,可加强垫层。

(7) 基坑(槽)、管沟土方工程验收必须确保支护结构安全和周围环境安全。

四、地基

(一) 一般规定

(1) 建筑物地基的施工应具备下述资料:

① 岩土工程勘察资料。

② 临近建筑物和地下设施类型、分布及结构质量情况。

③ 工程设计图纸、设计要求及需达到的标准,检验手段。

(2) 砂、石子、水泥、钢材、石灰、粉煤灰等原材料的质量、检验项目、批量和检验方法,应符合国家现行标准的规定。

(3) 地基施工结束,宜在一个间歇期后,进行质量验收,间歇期由设计确定。

地基施工考虑间歇期是因为地基土的密实、孔隙水压力的消散、水泥或化学浆液的固结等均有一个期限,施工结束即进行验收有不符实际的可能。至于间歇多长时间在各类地基规范中有所考虑,但是具体参数可由设计人员根据要求确定。有些大工程施工周期较长,一部分已到间歇要求,另一部分仍有施工,就不一定待全部工程施工结束后再进行取样检查,可先在已完工程部位进行,但是否有代表性应由设计方确定。

(4) 地基加固工程,应在正式施工前进行试验施工,论证设定的施工参数及加固效果。为验证加固效果所进行的载荷试验,其施加载荷应不低于设计载荷的 2 倍。

(5) 对灰土地基、砂和砂石地基、土工合成材料地基、粉煤灰地基、强夯地基、注浆地基、预压地基,其竣工后的结果(地基强度或承载力)必须达到设计要求的标准。检验数量,每单位工程不应少于 3 点,1 000 m² 以上工程,每 100 m² 至少应有 1 点,3 000 m² 以上工程,每 300 m² 至少应有 1 点。每一独立基础下至少应有 1 点,基槽每 20 延米应有 1 点。

(6) 对水泥土搅拌复合地基、高压喷射注浆桩复合地基、砂桩地基、振冲桩复合地基、土和灰土挤密桩复合地基、水泥粉煤灰碎石桩复合地基及夯实水泥土桩复合地基,其承载力检验,数量为总数为 1.5%～1‰,但不应少于 3 根。

(7) 当灰土地基、砂和砂石地基底面标高不同时,应挖成阶梯形或斜坡搭接,并按先深后浅的顺序施工,搭接处应夯压密实。分层铺设时,接头应做成斜坡和阶梯形搭接,每层错开 0.5～1.0 m,并注意充分捣实。

（二）灰土地基

（1）灰土土料、石灰或水泥（当水泥替代灰土中的石灰时）等材料及配合比应符合设计要求，灰土应搅拌均匀。灰土的土料宜用黏土、粉质黏土。严禁采用冻土、膨胀土或盐渍土等活动性较强的土料。

（2）施工过程中应检查分层铺设的厚度、分段施工时上下两层的搭接长度、夯实时加水量、夯压遍数、压实系数。验槽发现有软弱土层或孔穴时，应挖除并用素土或灰土分层填实。最优含水量可通过击实试验确定。分层厚度可参考表3-5所示数值。

表3-5　灰土最大虚铺厚度

序	夯实机具	质量（t）	厚度（mm）	备注
1	石夯、木夯	0.04～0.08	200～250	人力送夯，落距400～500 mm，每夯搭接半夯
2	轻型夯实机械	—	200～250	蛙式或柴油打夯机
3	压路机	机重6～10	200～300	双轮

（3）施工结束后，应检验灰土地基的承载力。

（4）灰土地基的质量验收标准应符合表3-6的规定。

表3-6　灰土地基质量检验标准

项	序	检查项目	允许偏差或允许值		检查方法
			单位	数值	
主控项目	1	地基承载力	设计要求		按规定方法
	2	配合比	设计要求		按拌和时的体积比
	3	压实系数	设计要求		现场实测
一般项目	1	石灰粒径	mm	≤5	筛选法
	2	土料有机质含量	%	≤5	试验室焙烧法
	3	土颗粒粒径	mm	≤5	筛分法
	4	含水量（与要求的最优含水量比较）	$m\%$	±2	烘干法
	5	分层厚度偏差（与设计要求比较）	mm	±50	水准仪

（三）砂和砂石地基

（1）砂、石等原材料的质量、配合比应符合设计要求，砂、石应搅拌均匀。

原材料宜用中砂、粗砂、砾砂、碎石（卵石）、石屑。细砂应同时掺入25%～35%碎石或卵石。

（2）施工过程中必须检查分层厚度、分段施工时搭接部分的压实情况、加水量、压实遍数、压实系数。

砂和砂石地基每层铺筑厚度及最优含水量可参考表3-7所示数值。

表 3－7　砂垫层和砂石垫层铺筑厚度及施工最优含水量

序	压实方法	每层铺筑厚度(mm)	施工时的最优含水量(%)	施工要点	备注
1	平振法	200～250	15～20	1. 用平板式振动器往复振捣,往复次数以测定密实度合格为准;2. 振动器移动时,每行应搭接1/3,以防振动器移动而不搭接。	不宜使用干细砂或含泥量较大的砂所铺筑的砂地基
2	插振法	振捣器插入深度	饱和	1. 用插入式振动器;2. 插入间距可根据机械振动大小决定;3. 不应插至下卧黏性土层;4. 插入振动完毕所留的孔洞应用砂填实;5. 应有控制地注水和排水。	不宜使用细砂或含泥量较大的砂所铺筑的砂地基
3	水撼法	250	饱和	1. 注水高度略超过铺设面层;2. 用钢叉摇撼捣实,插入点间距100 mm左右;3. 有控制地注水和排水;4. 钢叉分四齿,齿的间距30 mm,长300 mm,木柄长900 mm,重4 kg。	湿陷性黄土、膨胀土、细砂地基上不得使用
4	夯实法	150～200	饱和	1. 用木夯或机械夯;2. 木夯重40 kg,落距400～500 mm;3. 一夯压半夯,全面夯实。	适用于砂石垫层
5	碾压法	150～350	8～12	用压路机往复碾压,碾压次数以达到要求密实度为准,一般不少于4遍;用振动压实机械,振动3～5 min。	适用于大面积的砂石垫层,不宜用地下水位以下的砂垫层

注:在地下水位以下的地基其最下层的铺筑厚度可比上表增加50 mm。

(3) 施工结束后,应检验砂石地基的承载力。

(4) 砂和砂石地基的质量验收标准应符合表3-8的规定。

表 3－8　砂及砂石地基质量检验标准

项	序	检查项目	允许偏差或允许值		检查方法
			单位	数值	
主控项目	1	地基承载力	设计要求		按规定方法
	2	配合比	设计要求		检查拌和时的体积比或重量比
	3	压实系数	设计要求		现场实测
一般项目	1	砂石料有机质含量	%	≤5	焙烧法
	2	砂石料含泥量	%	≤5	水洗法
	3	石料粒径	mm	≤100	筛分法
	4	含水量(与最优含水量比较)	$m\%$	±2	烘干法
	5	分层厚度(与设计要求比较)	mm	±50	水准仪

五、桩基础

(一)一般规定

(1) 桩位的放样允许偏差如下:群桩 20 mm;单排桩 10 mm。

(2) 桩基工程的桩位验收,除设计有规定外,应按下述要求进行:

① 当桩顶设计标高与施工现场标高相同时,或桩基施工结束后有可能对桩位进行检查时,桩基工程的验收应在施工结束后进行。

② 当桩顶设计标高低于施工场地标高,送桩后无法对桩位进行检查时,对打入桩,可在每根桩桩顶沉至场地标高时,进行中间验收,待全部桩施工结束,承台或底板开挖到设计标高后,再做最终验收。对灌注桩,可对护筒位置做中间验收。

桩顶标高低于施工场地标高时,如不做中间验收,在土方开挖后如有桩顶位移发生,不易明确责任,究竟是土方开挖不妥,还是本身桩位不准(打入桩施工不慎,会造成挤土,导致桩位位移),加一次中间验收有利于责任区分,引起打桩及土方承包商的重视。

(3) 打(压)入桩(预制混凝土方桩、先张法预应力管桩、钢桩)的桩位偏差,必须符合表 3-9的规定。斜桩倾斜度的偏差不得大于倾斜角正切值的 15%(倾斜角是桩的纵向中心线与铅垂线间夹角)。

表 3-9　预制桩(钢桩)桩位的允许偏差(mm)

序	项目	允许偏差
1	盖有基础梁的桩: (1) 垂直基础梁的中心线 (2) 沿基础梁的中心线	$100+0.01H$ $150+0.01H$
2	桩数为 1~3 根桩基中的桩	100
3	桩数为 4~16 根桩基中的桩	1/2 桩径或边长
4	桩数大于 16 根桩基中的桩: (1) 最外边的桩 (2) 中间桩	1/3 桩径或边长 1/2 桩径或边长

注:H 为施工现场地面标高与桩顶设计标高的距离。

(4) 灌注桩的桩位偏差必须符合表 3-10 的规定,桩顶标高至少要比设计标高高出0.5 m,桩底清孔质量按不同的成桩工艺有不同的要求,应按本章的各节要求执行。每浇筑50 m²必须有 1 组试件,小于 50 m³ 的桩,每根桩必须有 1 组试件。

表 3-10　灌注桩的平面位置和垂直度的允许偏差

序号	成孔方法		桩径允许偏差(mm)	垂直度允许偏差(%)	桩位允许偏差(mm)	
					1~3 根、单排桩基垂直于中心线方向和群桩基础的边桩	条形桩基沿中心线方向和群桩基础的中间桩
1	泥浆护壁	$D \leqslant 1\,000$ mm	±50	<1	$D/6$,且不大于 100	$D/4$,且不大于 150
		$D > 1\,000$ mm	±50		$100 + 0.01H$	$150 + 0.01H$
2	套管成孔灌注桩	$D \leqslant 500$ mm	-20	<1	70	150
		$D > 500$ mm	-20		100	150
3	干成孔灌注桩		-20	<1	70	150
4	人工挖孔桩	混凝土护壁	+50	<0.5	50	150
		钢套管护壁	+50	<1	100	200

注:1. 桩径允许偏差的负值是指个别断面。
　　2. 采用复打、反插法施工的桩,其桩径允许偏差不受上表限制。
　　3. H 为施工现场地面标高与桩顶设计标高的距离,D 为设计桩径。

（5）工程桩应进行承载力检验:

① 对于地基基础设计等级为甲级或地质条件复杂、成桩质量可靠性低的灌注桩,应采用静载荷试验的方法进行检验。检验桩数不应少于总数的 1%,且不应少于 3 根,当总桩数不少于 50 根时,不应少于 2 根。

② 对重要工程(甲级),应采用静载荷试验检验桩的垂直承载力。关于静载荷试验桩的数量,如果施工区域地质条件单一,当地又有足够的实践经验,数量可根据实际情况,由设计确定。承载力检验不仅能检验施工的质量,而且也能检验设计是否达到工程的要求。因此,施工前的试桩如没有破坏又用于实际工程中应可作为验收的依据。

（6）桩身质量应进行检验:对设计等级为甲级或地质条件复杂、成桩质量可靠性低的灌注桩,抽检数量不应少于总数的 30%,且不应少于 20 根;其他桩基工程的抽检数量不应少于总数的 20%,且不应少于 10 根;对混凝土预制桩及地下水位以上且终孔后经过核验的灌注桩,检验数量不应少于总桩数的 10%,且不得少于 10 根,每个柱子承台下不得少于 1 根。打入预制桩的质量容易控制,问题也较易发现,抽查数可较灌注桩少。

（7）对砂、石子、钢材、水泥等原材料的质量、检验项目、批量和检验方法,应符合国家现行标准的规定。

（二）静力压桩

（1）静力压桩包括锚杆静压桩及其他各种非冲击力沉桩。

（2）施工前应对成品桩(锚杆静压成品桩一般均由工厂制造,运至现场堆放)做外观及强度检验,接桩用焊条或半成品硫磺胶泥应有产品合格证书,或送有关部门检验,压桩用压力表、锚杆规格及质量也应进行检查、硫磺胶泥半成品每 100 kg 应做一组试件(3 件)。

在大城市因污染空气已较少使用硫磺胶泥接桩。半成品硫磺胶泥必须在进场后做检验。压桩用压力表必须标定合格方能使用,压桩时的压力数值是判断承载力的依据,也是指导压桩施工的一项重要参数。

（3）压桩过程中应检查压力、桩垂直度、接桩间歇时间、桩的连接质量及压入深度、重要工程应对电焊接桩的接头做 10% 的探伤检查。对承受反力的结构应加强观测。

施工中检查压力的目的在于检查压桩是否下沉。接桩间歇时间必须控制好，间歇过短，硫磺胶泥强度未达到，容易被压坏，接头处存在薄弱环节，甚至断桩。浇注硫磺胶泥必须快，慢了硫磺胶泥在容器内结硬，浇注入连接孔内会不均匀流淌，质量也不易保证。

（4）施工结束后，应做桩的承载力及桩体质量检验。

（5）锚杆静力压桩质量检验标准应符合表 3 - 11 的规定。

表 3 - 11　静力压桩质量检验标准

项	序	检查项目		允许偏差或允许值		检查方法
				单位	数值	
主控项目	1	桩体质量检验		按基桩检测技术规范		按基桩检测技术规范
	2	桩位偏差		见表 3 - 14		用钢尺量
	3	承载力		按基桩检测技术规范		按基桩检测技术规范
一般项目	1	成品桩质量	外观	表面平整，颜色均匀，掉角深度＜10 mm，蜂窝面积小于总面积 0.5%		直观
			外形尺寸	见表 3 - 14		见表 3 - 14
			强度	满足设计要求		查产品合格证书或钻芯试压
	2	硫磺胶泥质量（半成品）		设计要求		查产品合格证书或抽样送检
	3	接桩	电焊接桩	焊缝质量	见规范 GB 50202—2013 表 5.5.4 - 2		见规范 GB 50202—2013 表 5.5.4 - 2
				电焊结束后停歇时间	min	＞1.0	秒表测定
			硫磺胶泥接桩	胶泥浇注时间	min	＜2	秒表测定
				浇注后停歇时间	min	＞7	秒表测定
	4	电焊条质量		设计要求		查产品合格证书
	5	压桩压力（设计有要求时）		%	±5	查压力表读数
	6	接桩时上下节平面偏差接桩时节点弯曲矢高		mm	＜10 ＜1/1 000 L	用钢尺量 用钢尺量，L 为桩长
	7	桩顶标高		mm	±50	水准仪

（三）先张法预应力管桩

（1）施工前应检查进入现场的成品桩、接桩用电焊条等产品质量。

先张法预应力管桩均为工厂生产后运到现场施打，工厂生产时的质量检验应由生产的单位负责，但运入工地后，打桩单位有必要对外观尺寸进行检验并检查产品合格证书。

（2）施工过程中应检查桩的贯入情况、桩顶完整状况、电焊接桩质量、桩体垂直度、电焊后的停歇时间。重要工程应对电焊接头做 10% 的焊缝探头检查。

先张法预应力管桩,强度较高,锤击力性能比一般混凝土预制桩好,抗裂性强。因此,总的锤击数较高,相应的电焊接桩质量要求也高,尤其是电焊后有一定间歇时间,不能焊完即锤击,这样容易使接头损伤。为此,对重要工程应对接头做 X 光拍片检查。

(3) 施工结束后,应做承载力检验及桩体质量检验。

由于锤击次数多,对桩体质量进行检验是有必要的,可检查桩体是否被打裂,电焊接头是否完整。

(4) 先张法预应力管桩的质量检验应符合表 3-12 的规定。

表 3-12　先张法预应力管桩质量检验标准

项	序	检查项目		允许偏差或允许值		检查方法
				单位	数值	
主控项目	1	桩体质量检验		按基桩检测技术规范		按基桩检测技术规范
	2	桩位偏差		见表 3-9		用钢尺量
	3	承载力		按基桩检测技术规范		按基桩检测技术规范
一般项目	1	成品桩质量	外观	无蜂窝、露筋、裂缝、色感均匀、桩顶处无孔隙		直观
			桩径 管壁厚度 桩尖中心线 顶面平整度 桩体弯曲	mm mm mm mm	±5 ±5 <2 10 <1/1 000 L	用钢尺量 用钢尺量 用钢尺量 用水平尺量 用钢尺量,L 为桩长
	2	砂料的有机质含量		见规范 GB 50202—2002 表 5.5.4-2		见规范 GB 50202—2002 表 5.5.4-2
				mm mm mm	>1.0 <10 <1/1 000 L	秒表测定 用钢尺量 用钢尺量,L 为桩长
	3	桩位		设计要求		现场实测或查沉桩记录
	4	砂桩标高		mm	±50	水准仪

(四) 混凝土预制桩

(1) 桩在现场预制时,应对原材料、钢筋骨架(如表 3-13 所示)、混凝土强度进行检查;采用工厂生产的成品桩时,桩进场后应进行外观及尺寸检查。

表 3-13　预制桩钢筋骨架质量检验标准(mm)

项	序	检查项目	允许偏差或允许值	检查方法
主控项目	1	主筋距桩顶距离	±5	用钢尺量
	2	多节桩锚固钢筋位置	5	用钢尺量
	3	多节桩预埋铁件	±3	用钢尺量
	4	主筋保护层厚度	±5	用钢尺量

（续表）

项	序	检查项目	允许偏差或允许值	检查方法
一般项目	1	主筋间距	±5	用钢尺量
	2	桩尖中心线	10	用钢尺量
	3	箍筋间距	±20	用钢尺量
	4	桩顶钢筋网片	±10	用钢尺量
	5	多节桩锚固钢筋长度	±10	用钢尺量

（2）施工中应对桩体垂直度、沉桩情况、桩顶完整状况、接桩质量等进行检查,对电焊接桩,重要工程应做10％的焊缝探伤检查。

经常发生接桩时电焊质量较差,使接头在锤击过程中断开的情况,尤其接头对接的两端面不平整时,电焊更不容易保证质量,对重要工程做X光拍片检查是完全必要的。

（3）施工结束后,应对承载力及桩体质量做检验。

（4）对长桩或总锤击数超过500击的锤击桩,应符合桩体强度及28 d龄期的两项条件才能锤击。

混凝土桩的龄期对抗裂性有影响,这是经过长期试验得出的结果。不到龄期的桩就像不足月出生的婴儿,有先天不足的弊端,长时期锤击或锤击拉应力稍大一些便会产生裂缝。故对桩有强度龄期双控的要求,但对短桩,锤击数又不多,满足强度要求一项应是可行的。有些工程进度较急,桩又不是长桩,可以采用蒸养以求短期内达到强度,即可开始沉桩。

（5）钢筋混凝土预制桩的质量检验标准应符合表3-14的规定。

表3-14　钢筋混凝土预制桩的质量检验标准

项	序	检查项目	允许偏差或允许值		检查方法
			单位	数值	
主控项目	1	桩体质量检验	按基桩检测技术规范		按基桩检测技术规范
	2	桩体偏差	见表3-9		用钢尺量
	3	承载体	按基桩检测技术规范		按基桩检测技术规范
一般项目	1	砂、石、水泥、钢材等原材料（现场预制时）	符合设计要求		查出厂质保文件或抽样送检
	2	混凝土配合比及强度（现场预制时）	符合设计要求		检查称量及查试块记录
	3	成品桩外形	表面平整,颜色均匀,掉角深度<10 mm,蜂窝面积小于总面积0.5％。		直观
	4	成品桩裂缝（收缩裂缝或起吊、装运、堆放引起的裂缝）	深度<20 mm,宽度<0.25 mm,横向裂缝不超过边长的一半		裂缝测定仪,该项在地下水有侵蚀地区及锤击数超过500击的长桩不适用
	5	成品桩尺寸:横截面边长 桩顶对角线差 桩尖中心线 桩身弯曲矢高 桩顶平整度	mm mm mm mm mm	±5 <10 <10 <1/1 000 L <2	用钢尺量 用钢尺量 用钢尺量 用钢尺量,L为桩长 用水平尺量

（续表）

| 项 | 序 | 检查项目 | 允许偏差或允许值 | | 检查方法 |
			单位	数值	
一般项目	6	电焊接桩	焊缝质量	见规范表 5.5.4-2		见规范表 5.5.4-2
			电焊结束后停歇时间	min	>1.0	秒表测定
			上下节平面偏差	mm	<10	用钢尺量
			节点弯曲矢高		<1/1 000 L	用钢尺量，L 为两节桩长
	7	硫磺胶泥接桩	胶泥浇注时间	min	<2	秒表测定
			浇注后停歇时间	min	>7	秒表测定
	8		桩顶标高	mm	±50	水准仪
	9		停锤标准	设计要求		现场实测或查沉桩记录

（五）混凝土灌注桩

（1）施工前应对水泥、砂、石子（如现场搅拌）、钢材等原材料进行检查，施工组织设计中制定的施工顺序、监测手段（包括仪器、方法）也应检查。

混凝土灌注桩的质量检验应较其他桩种严格，这是工艺本身要求，再则工程事故也较多，因此，对监测手段要事先落实。

（2）施工中应对成孔、清查、放置钢筋笼、灌注混凝土等进行全过程检查，人工挖孔桩尚应复验孔底持力层土（岩）性。嵌岩桩必须有桩端持力层的岩性报告。

沉渣厚度应在钢筋笼放入后，混凝土浇筑前测定。成孔结束后，放钢筋笼、混凝土导管都会造成土体跌落，增加沉渣厚度，因此，沉渣厚度应是二次清孔后的结果。沉渣厚度的检查目前均用重锤，有些地方用较先进的沉渣仪，这种仪器应预先做标定。

（3）施工结束后，应检查混凝土强度，并应做桩体质量及承载力的检验。

（4）混凝土灌注桩的质量检验标准应符合表 3-15、表 3-16 的规定。

表 3-15 混凝土灌注桩钢筋笼质量检验标准（mm）

项	序	检查项目	允许偏差或允许值	检查方法
一般项目	1	主筋间距	±10	用钢尺量
	2	长度	±10	用钢尺量
	1	钢筋材质检验	设计要求	抽样送检
	2	箍筋间距	±20	用钢尺量
	3	直径	±10	用钢尺量

表 3-16　混凝土灌注桩质量检验标准

项目	序	检查项目	允许偏差或允许值		检查方法
			单位	数值	
主控项目	1	桩位	见表 3-10		基坑开挖前量护筒,开挖后量桩中心
	2	孔深	mm	+300	只深不浅,用重锤测,或测钻杆、套管长度,嵌岩桩应确保进入设计要求的嵌岩深度
	3	桩体质量检验	按基桩检测技术规范。如钻芯取样,大直径嵌岩桩应钻至桩尖下 50 mm		按基桩检测技术规范
	4	混凝土强度	设计要求		试件报告或钻芯取样送检
	5	承载力	按基桩检测技术规范		按基桩检测技术规范
一般项目	1	垂直度	见表 3-10		测套管或钻杆,或用超声波探测,干施工时吊垂球
	2	桩径	见表 3-10		井径仪或超声波检测,干施工时用钢尺量,人工挖孔桩不包括内衬厚度
	3	泥浆比重(黏土或砂性土中)	1.15~1.20		用比重计测,清孔后在距孔底 50 cm 处取样
	4	泥浆面标高(高于地下水位)	m	0.5~1.0	目测
	5	沉渣厚度:端承桩 摩擦桩	mm mm	≤50 ≤150	用沉渣仪或重锤测量
	6	混凝土坍落度:水下灌注 干施工	mm mm	160~220 70~100	坍落度仪
	7	钢筋笼安装深度	mm	±100	用钢尺量
	8	混凝土充盈系数	>1		检查每根桩的实际灌注量
	9	桩顶标高	mm	+30 -50	水准仪,需扣除桩顶浮浆层及劣质桩体

第二节　砌体工程质量控制

　　砌筑工程施工是指普通黏土砖、硅酸盐类砖、石块和各种砌块的施工。

　　砖砌体在我国有悠久历史,它取材容易,造价低,施工简单,目前在中小城市、农村仍为建筑施工中的主要工种工程之一。其缺点是自重大,劳动强度高,生产效率低,且烧砖多占用大量农田,难以适应现代建筑工业化的需要,因而,采用新型墙体材料,改善砌体施工工艺是砌筑工程改革的重点。墙体材料的发展方向是逐步限制和淘汰实心黏土砖,大力发展多孔砖、空心砖、废渣砖、各种建筑砌块和建筑板材等各种新型墙体材料。

一、基本规定

（1）砌体工程所用的材料应有产品的合格证书、产品性能检测报告。块材、水泥、钢筋、外加剂等尚应有材料的主要性能的进场复验报告。严禁使用国家明令淘汰的材料。

（2）砌筑基础前，应校核放线尺寸，允许偏差应符合表 3-17 的规定。

表 3-17　放线尺寸的允许偏差

长度 L、宽度 B(m)	允许偏差(mm)	长度 L、宽度 B(m)	允许偏差(mm)
L(或 B)≤30	±5	60<L(或 B)≤90	±15
30<L(或 B)≤60	±10	L(或 B)>90	±20

（3）砌筑顺序应符合下列规定：

① 基底标高不同时，应从低处砌起，并应由高处向低处搭砌。当设计无要求时，搭接长度不应小于基础扩大部分的高度。

② 砌体的转角处和交接处应同时砌筑。当不能同时砌筑时，应按规定留槎、接槎。

砌体的转角处和交接处同时砌筑可以保证墙体的整体性，从而大大提高砌体结构的抗震性能。从震害调查看到，不少多层砖混结构建筑，由于砌体的转角处和交接处接槎不良而导致外墙甩出和砌体倒塌。因此，必须重视砌体的转角处和交接处同时砌筑。当不能同时砌筑时，应留槎并做好接槎处理。

（4）在墙上留置临时施工洞口，其侧边离交接处墙面不应小于 500 mm，洞口净宽度不应超过 1 m。抗震设防烈度为 9 度的地区建筑物的临时施工洞口位置，应会同设计单位确定。临时施工洞口应做好补砌。

（5）不得在下列墙体或部位设置脚手眼：

① 120 mm 厚墙、料石清水墙和独立柱。

② 过梁上与过梁成 60°角的三角形范围及过梁净跨度 1/2 的高度范围内。

③ 宽度小于 1m 的窗间墙。

④ 砌体门窗洞口两侧 200 mm（石砌体为 300 mm）和转角处 450 mm（石砌体为 600 mm）范围内。

⑤ 梁或梁垫下及其左右 500 mm 范围内。

⑥ 设计不允许设置脚手眼的部位。

（6）因为脚手眼的补砌，不仅涉及砌体结构的整体性，而且还会影响建筑物的使用功能，故施工时应予注意。因此施工脚手眼补砌时，灰缝应填满砂浆，不得用于砖填塞。

（7）设计要求的洞口、沟槽、管道应在砌筑时正确留出或预埋，未经设计同意，不得打凿墙体和在墙体上开凿水平沟槽。宽度超过 300 mm 的洞口上部，应设置钢筋混凝土过梁。不应在截面长边小于 500 mm 的承重墙体、独立柱内埋设管线。

（8）尚未施工楼板或屋面的墙或柱，当可能遇到大风时，其允许自由高度不得超过表 3-18 的规定。如超过表中限值时，必须采用临时支撑等有效措施。

表 3－18　墙和柱的允许自由高度（m）

墙(柱)厚(mm)	砌体密度＞1 600(kg/m³)			砌体密度 1 300～1 600(kg/m³)		
	风载(kN/m²)			风载(kN/m²)		
	0.3(约7级风)	0.4(约8级风)	0.5(约9级风)	0.3(约7级风)	0.4(约8级风)	0.5(约9级风)
190	—	—	—	1.4	1.1	0.7
240	2.8	2.1	1.4	2.2	1.7	1.1
370	5.2	3.9	2.6	4.2	3.2	2.1
490	8.6	6.5	4.3	7.0	5.2	3.5
620	14.0	10.5	7.0	11.4	8.6	5.7

注：1. 本表适用于施工处相对标高(H)在 10 m 范围内的情况。如 10 m＜H≤15 m，15 m＜H≤20 m 时，表中的允许自由高度应分别乘以 0.9、0.8 的系数；如 H＞20 m 时，应通过抗倾覆验算确定其允许自由高度。

　　2. 当所砌筑的墙有横墙或其他结构与其连接，而且间距小于表列限值的 2 倍时，砌筑高度可不受本表的限制。

（9）搁置预制梁、板的砌体顶面应平整，标高一致。

（10）砌体施工质量控制等级应分为三级，并应符合表 3－19 的规定。

表 3－19　砌体施工质量控制等级

项目	施工质量控制等级		
	A	B	C
现场质量管理	制度健全，并严格执行；非施工方质量监督人员经常到现场，或现场设有常驻代表；施工方有在岗专业技术管理人员，人员齐全，并持证上岗	制度基本健全，并能执行；非施工方质量监督人员间断地到现场进行质量控制；施工方有在岗专业技术管理人员，并持证上岗	有制度；非施工方质量监督人员很少做现场质量控制；施工方有在岗专业技术管理人员
砂浆、混凝土强度	试块按规定制作，强度满足验收规定，离散性小	试块按规定制作，强度满足验收规定，离散性较小	试块强度满足验收规定，离散性大
砂浆拌和方式	机械拌和；配合比计量控制严格	机械拌和；配合比计量控制一般	机械或人工拌和；配合比计量控制较差
砌筑工人	中级工以上，其中高级工不少于 20％	高、中级工不少于 70％	初级工以上

注：砂浆和混凝土的施工质量，可分为"优良"、"一般"和"差"三个等级，强度离散性分别对应为"离散性小"、"离散性较小"和"离散性大"。

（11）砌体施工时，楼面和屋面堆载不得超过楼板的允许荷载值。施工层进料口楼板下，宜采取临时支撑措施。在楼面上砌筑施工时，常发现以下几种超载现象：一是集中卸料造成超载；二是抢进度或遇停电时，提前集中备料造成超载；三是采用井架或门架上料时，吊篮停置位置偏高，接料平台倾斜有坎，运料车出吊篮后对进料口房间楼面产生较大的冲击荷载。这些超载现象常使楼板底产生裂缝，严重者会导致安全事故。

（12）分项工程的验收应在检验批验收合格的基础上进行。检验批的确定可根据施工段划分。

（13）砌体结构工程检验批验收时，其主控项目应全部符合本规范的规定；一般项目应有80％及以上的抽检处符合本规范的规定；有允许偏差的项目，最大超差值为允许偏差值的1.5倍。

二、砌筑砂浆

（1）水泥进场使用前，应分批对其强度、安定性进行复验。检验批应以同一生产厂家、同一编号为一批。

当在使用中对水泥质量有怀疑或水泥出厂超过三个月（快硬硅酸盐水泥超过一个月）时，应复查试验，并按其结果使用。

不同品种的水泥，不得混合使用。由于各种水泥成分不一，当不同水泥混合使用后往往会发生材性变化或强度降低现象，引起工程质量问题，故规定不同品种的水泥，不得混合使用。

（2）砂浆用砂不得含有有害杂物。砂浆用砂的含泥量应满足下列要求：

① 对水泥砂浆和强度等级不小于 M5 的水泥混合砂浆，不应超过 5％；

② 对强度等级小于 M5 的水泥混合砂浆，不应超过 10％；

③ 人工砂、山砂及特细砂，应经试配能满足砌筑砂浆技术条件要求。

（3）配制水泥石灰砂浆时，不得采用脱水硬化的石灰膏。

（4）消石灰粉不得直接使用于砌筑砂浆中。主要原因是脱水硬化的石灰膏和消石灰粉不能起塑化作用又影响砂浆强度，故不应使用。

（5）拌制砂浆用水，水质应符合国家现行标准《混凝土拌合用水标准》（JGJ63）的规定。

（6）砌筑砂浆应通过试配确定配合比。当砌筑砂浆的组成材料有变更时，其配合比应重新确定。

（7）施工中当采用水泥砂浆代替水泥混合砂浆时，应重新确定砂浆强度等级。

（8）凡在砂浆中掺入有机塑化剂、早强剂、缓凝剂、防冻剂等，应经检验和试配符合要求后，方可使用。有机塑化剂应有砌体强度的型式检验报告。

（9）砂浆现场拌制时，各组分材料采用重量计量。

（10）砌筑砂浆应采用机械搅拌，自投料完算起，搅拌时间应符合下列规定：

① 水泥砂浆和水泥混合砂浆不得小于 2 min；

② 水泥粉煤灰砂浆和掺用外加剂的砂浆不得小于 3 min；

③ 掺用有机塑化剂的砂浆，应为 3～5 min。

（11）现场拌制的砂浆应随拌随用，拌制的砂浆应在 3 h 内使用完毕；当施工期间最高气温超过 30℃时，应在 2 h 内使用完毕。预拌砂浆及蒸压加气混凝土砌块专用砂浆的使用时间应按照厂方提供的说明书确定。

（12）砌筑砂浆试块强度验收时其强度合格标准必须符合以下规定：

①同一验收批砂浆试块强度平均值应大于或等于设计强度等级值的 1.10 倍；同一验收批砂浆试块抗压强度的最小一组平均值必须大于或等于设计强度等级所对应的立方体抗压强度的 0.85 倍。

② 砌筑砂浆的验收批，同一类型、强度等级的砂浆试块不应少于 3 组；同一验收批砂浆只有 1 组或 2 组试块时，每组试块抗压强度平均值应大于或等于设计强度等级值的

1.10倍。

③ 砂浆强度应以标准养护,龄期为 28 d 的试块抗压试验结果为准。

抽检数量:每一检验批且不超过 250 m³ 砌体的各类、各强度等级的普通砌筑砂浆,每台搅拌机应至少抽检一次。验收批的预拌砂浆、蒸压加气混凝土砌块专用砂浆,抽检可为 3 组。

检验方法:在砂浆搅拌机出料口随机取样制作砂浆试块(同盘砂浆只应制作一组试块),最后检查试块强度试验报告单。

(13) 施工中或验收时出现下列情况,可采用现场检验方法对砂浆和砌体强度进行原位检测或取样检测,并判定其强度:

① 砂浆试块缺乏代表性或试块数量不足;

② 对砂浆试块的试验结果有怀疑或有争议;

③ 砂浆试块的试验结果,不能满足设计要求;

④ 发生工程事故,需要进一步分析事故原因。

三、砖砌体工程

(一) 一般规定

(1) 用于清水墙、柱表面的砖,根据砌体外观质量的需要,应采用边角整齐、色泽均匀的块材。

(2) 地面以下或防潮层以下的砌体,常处于潮湿的环境中,有的处于水位以下,在冻胀作用下,对多孔砖砌体的耐久性能影响较大,故在有受冻环境和条件的地区不宜在地面以下或防潮层以下采用多孔砖。

(3) 砖砌筑前浇水是砖砌体施工工艺的一个部分,砖的湿润程序对砌体的施工质量影响较大,因此砌筑砖砌体时,砖应提前 1～2 d 浇水湿润。烧结普通砖、多孔砖含水率宜为 10%～15%;灰砂砖、粉煤灰砖含水率宜为 8%～12%。现场检验砖含水率的简易方法是断砖法,当砖截面四周融水深度为 15～20 mm 时,视为符合要求的适宜含水率。

(4) 砌砖工程采用铺浆法砌筑。其中铺浆长度对砌体的抗剪强度影响明显,当采用铺浆法砌筑时,铺浆长度不得超过 750 mm;施工期间气温超过 30 ℃时,铺浆长度不得超过 500 mm。

(5) 从有利于保证砌体的完整性、整体性和受力的合理性出发,240 mm 厚承重墙的每层墙的最上一皮砖,砖砌体的阶台水平面上及挑出层,应整砖丁砌。

(6) 砖砌平拱过梁的灰缝应砌成楔形缝。灰缝的宽度,在过梁的底面不应小于 5 mm;在过梁的顶面不应大于 15 mm。拱脚下面应伸入墙内不小于 20 mm,拱底应有 1% 的超拱。

(7) 过梁底部模板是砌筑过程中的承重结构,只有砂浆达到一定强度后,过梁部位砌体方能承受荷载作用,才能拆除底模。因此砖过梁底部的模板,应在灰缝砂浆强度不低于设计强度的 75% 时,方可拆除。

(8) 多孔砖的孔洞垂直于受压面,半盲孔多孔砖的封底面应朝上砌筑。这样能使砌体有较大的有效受压面积,有利于砂浆结合层进入上下砖块的孔洞产生"销键"作用,提高砌体的抗剪强度和砌体的整体性。故多孔砖的孔洞应垂直于受压面砌筑。

(9) 灰砂砖、粉煤灰砖出釜后早期收缩值大,如果这时用于墙体上,很容易出现明显的收缩裂缝。因而要求出釜后停放时间不应小于 28 d,使其早期收缩值在此期间内完成大部分,这是预防墙体早期开裂的一个重要技术措施。

(10)竖向灰缝砂浆的饱满度一般对砌体的抗压强度影响不大,但是对砌体的抗剪强度影响明显。根据试验结果得到:当竖缝砂浆很不饱满甚至完全无砂浆时,其砌体的抗剪强度将降低 40%～50%。此外,透明缝、瞎缝和假缝对房屋的使用功能也会产生不良影响。因此,竖向灰缝不得出现透明缝、瞎缝和假缝。

(11)砖砌体施工临时间断处补砌时,必须将接槎处表面清理干净,浇水湿润,并填实砂浆,保持灰缝平直。

(二)砖砌体的主控项目

(1)砖和砂浆的强度等级必须符合设计要求。

砖的抽检数量:每一生产厂家,烧结普通砖、混凝土实心砖每 15 万块,烧结多孔砖、混凝土多孔砖、蒸压灰砂砖及蒸压粉煤灰砖每 10 万块各为一验收批,不足上述数量时按 1 批计,抽检数量为 1 组。

砂浆试块的抽检数量:每一检验批且不超过 250 m³ 砌体的各类、各强度等级的普通砌筑砂浆,每台搅拌机应至少抽检一次。验收批的预拌砂浆、蒸压加气混凝土砌块专用砂浆,抽检可为 3 组。

检验方法:查砖和砂浆试块试验报告。

(2)砌体水平灰缝的砂浆饱满度不得小于 80%;砖柱水平灰缝和竖向灰缝不得低于 90%。有特殊要求的砌体,指设计中对砂浆饱满度提出明确要求的砌体。

抽检数量:每检验批抽查不应少于 5 处。

检验方法:用百格网检查砖底面与砂浆的黏结痕迹面积。每处检测 3 块砖,取其平均值。

(3)砖砌体的转角处和交接处应同时砌筑,严禁无可靠措施的内外墙分砌施工。在抗震设防烈度为 8 度及 8 度以上地区,对不能同时砌筑而又必须留置的临时间断处应砌成斜槎。普通砖砌体斜槎水平投影长度不应小于高度的 2/3,多孔砖砌体的斜槎长度不应小于 1/2。斜槎高度不得超过一步脚手架的高度(如图 3-1 所示)。多孔砖砌体根据砖规格尺寸,留置斜槎的长高比一般为 1:2。

抽检数量:每检验批抽 20%接槎,且不应少于 5 处。

检验方法:观察检查。

(4)非抗震设防及抗震设防烈度为 6 度、7 度地区的临时间断处,当不能留斜槎时,除转角处外,可留直槎,但直槎必须做成凸槎。留直槎处应加设拉结钢筋,拉结钢筋的数量为每 120 mm 墙厚放置 1Φ6 拉结钢筋(120 mm 厚墙放置 2Φ6 拉结钢筋),间距沿墙高不应超过 500 mm,且竖向间距偏差不应超过 100 mm;埋入长度从留槎处算起每边均不应小于 500 mm,对抗震设防烈度 6 度、7 度的地区,不应小于 1 000 mm;末端应有 90°弯钩(如图 3-2 所示)。

抽检数量:每检验批抽 20%接槎,且不应少于 5 处。

检验方法:观察和尺量检查。

合格标准:留槎正确,拉结钢筋设置数量、直径正确,竖向间距偏差不超过 100 mm,留置长度基本符合规定。

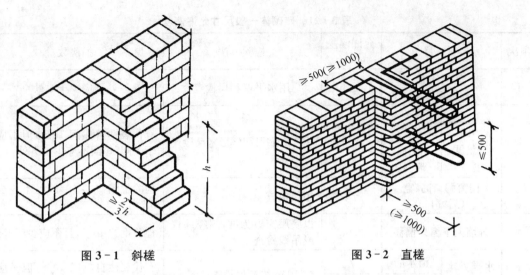

图 3-1　斜槎　　　　　　　　　　　　　图 3-2　直槎

（5）砖砌体的位置及垂直度允许偏差应符合表 3-20 的规定。

表 3-20　砖砌体的位置及垂直度允许偏差

项次	项目			允许偏差（mm）	检验方法
1	轴线位置偏移			10	用经纬仪和尺检查或用其他测量仪器检查
2	垂直度	每层		5	用 2 m 托线板检查
		全高	≤10 m	10	用经纬仪、吊线和尺检查，或用其他测量仪器检查
			>10 m	20	

抽检数量：轴线查全部承重墙柱；外墙垂直度全高查阳角，不应少于 4 处，每层 20 m 查一处；内墙按有代表性的自然间抽 10%，但不应少于 3 间，每间不应少于 2 处，柱不少于5 根。

（三）砖砌体的一般项目

（1）砖砌体组砌方法应正确，上下错缝，内外搭砌，砖柱不得采用包心砌法。

抽检数量：外墙每 20 m 抽查一处，每处 3～5 m，且不应少于 3 处；内墙按有代表性的自然间抽 10%，且不应少于 3 间。

检验方法：观察检查。

合格标准：除符合本节要求外，清水墙、窗间墙无通缝；混水墙中长度大于或等于 300 mm的通缝每间不超过 3 处，且不得位于同一面墙体上。其中通缝指上下二皮砖搭接长度小于25 mm 的部位。

（2）砖砌的灰缝应横平竖直，厚薄均匀。水平灰缝厚度宜为 10 mm，但不应小于 8 mm，也不应大于 12 mm。

抽检数量：每步脚手架施工的砌体，每 20 m 抽查 1 处。

检验方法：用尺量 10 皮砖砌高度折算。

（3）砖砌体的一般尺寸允许偏差应符合表 3-21 的规定。

表 3 – 21　砖砌体一般尺寸允许偏差

项次	项　目		允许偏差 (mm)	检验方法	抽检数量
1	基础顶面 和楼面标高		±15	用水平仪和尺检查	不应少于 5 处
2	表面 平整度	清水 墙、柱	5	用 2 m 靠尺和楔形塞尺检查	有代表性自然间 10%，但不应少 于 3 间，每间不应少于 2 处
		混水 墙、柱	8		
3	门窗洞口高、宽 （后塞口）		±5	用尺检查	检验批洞口的 10%，且不应少于 5 处
4	外墙上下窗口偏移		20	以底层窗口为准，用经纬仪 或吊线检查	检验批的 10%，且不应少于 5 处
5	水平灰缝 平直度	清水墙	7	拉 10 m 线和尺检查	有代表性自然间 10%，但不应少 于 3 间，每间不应少于 2 处
		混水墙	10		
6	清水墙游丁走缝		20	吊线和尺检查，以每层第一 皮砖为准	有代表性自然间 10%，但不应少 于 3 间，每间不应少于 2 处

四、小型空心砌块砌体工程

（一）一般规定

（1）小砌块龄期达到 28 d 之前，自身收缩速度较快，其后收缩速度减慢，且强度趋于稳定。为有效控制砌体收缩裂缝和保证砌体强度，规定砌体施工时所用的小砌块，龄期不应小于 28 d。即施工时所用的小砌块的产品龄期不应小于 28 d。

（2）砌筑小砌块时，应清除表面污物和小砌块孔洞底部的毛边，剔除外观质量不合格的小砌块。

（3）施工时所用的砂浆，宜选用专用的小砌块砌筑砂浆。

（4）底层室内地面以下或防潮层以下的砌体，应采用强度等级不低于 C20（或 Cb20）的混凝土灌实小砌块的孔洞。

（5）砌筑普通混凝土小型空心砌块砌体，不需对小砌块浇水湿润，如遇天气干燥炎热，宜在砌筑前对其喷水湿润。

（6）承重墙体适用的小砌块应完整、无破损、无裂缝。

（7）小砌块墙体应孔对孔、肋对肋错缝搭砌。单排孔小砌块的搭接长度应为块体长度的 1/2；多排孔小砌块的搭接长度可适当调整，但不宜小于小砌块长度的 1/3，且不应小于 90 mm。墙体个别部位不能满足上述要求时，应在灰缝中设置拉结筋或钢筋网片，但竖向通缝不得超过两皮小砌块。

（8）小砌块应将生产时的底面朝上翻反砌于墙上。

为确保小砌块砌体的砌筑质量，可简单归纳为六个字：对孔、错缝、反砌。所谓对孔，即上皮小砌块的孔洞对准下皮小砌块的孔洞，上、下皮小砌块的壁、肋可较好传递竖向荷载，保证砌体的整体性及强度。所谓错缝，即上、下皮小砌块错开砌筑（搭砌），以增强砌体的整体性，这属于砌筑工艺的基本要求。所谓反砌，即小砌块生产时的底面朝上砌筑于墙体上，易于铺放砂浆和保证水平灰缝砂浆的饱满度,这也是确定砌体强度指标的试件的基本砌法。

(9) 浇灌芯柱的混凝土,宜选用专用的小砌块灌孔混凝土,当采用普通混凝土时,其坍落度不应小于 90 mm。

(10) 浇灌芯柱混凝土,应遵守下列规定:

① 清除孔洞内的砂浆等杂物,并用水冲洗;

② 砌筑砂浆强度大于 1 MPa 时,方可浇灌芯柱混凝土;

③ 在浇灌芯柱混凝土前应先注入适量与芯柱混凝土相同的去石水泥砂浆,再浇灌混凝土。

(11) 需要移动砌体中的砌块或小砌块被撞动时,应重新铺砌。

(二) 小型空心砌块砌体工程的主控项目

(1) 小砌块和芯柱混凝土砌筑砂浆的等级必须符合设计要求。

小砌块的抽检数量:每一生产厂家,每 1 万块小砌块至少应抽检一组。用于多层以上建筑基础和底层的小砌块抽检数量不应少于 2 组。

砂浆试块的抽检数量:每一检验批且不超过 250 m³ 砌体的各种类型及强度等级的砌筑砂浆,每台班搅拌应至少抽检一次。

(2) 砌体水平灰缝的砂浆饱满度,应按净面积计算不得低于 90%;竖向灰缝饱满度不得小于 80%,竖缝凹槽部位应用砌筑砂浆填实;不得出现瞎缝、透明缝。

抽检数量:每检验批不应少于 3 处。

检验方法:用专用百格网检测小砌块与砂浆黏结痕迹,每处检测 3 块小砌块,取其平均值。

小砌块砌体施工时对砂浆饱满度的要求,严于砖砌体的规定。究其原因,一是由于小砌体壁较薄肋较窄,应提出更高的要求;二是砂浆饱满度对砌体强度及墙体整体性影响较大,其中抗剪强度较低又是小砌块的一个弱点;三是考虑了建筑物使用功能(如防渗漏)的需要。

(3) 墙体转角处和纵横交界处应同时砌筑。临时间断处应砌成斜槎,斜槎水平投影长度不应小于斜槎高度。施工洞口可以预留直槎,但在洞口砌筑和补砌时,应在直槎上下搭砌的小砌块孔洞内用强度等级不低于 C20 的混凝土灌实。

抽检数量:每检验批抽 20% 接槎,且不应少于 5 处。

检验方法:观察检查。

(4) 砌体的轴线偏移和垂直度偏差应按表 3-21 的规定执行。

(三) 小型空心砌块砌体工程的一般项目

(1) 墙体的水平灰缝厚度和竖向灰缝宽度宜为 10 mm,但不应大于 12 mm,也不应小于 8 mm。

抽检数量:每层楼的检测点不应少于 3 处。

抽检方法:用尺量 5 皮小砌块的高度和 2 m 砌体长度折算。

(2) 小砌块墙体的一般尺寸允许偏差应按表 3-21 中 1~5 项的规定执行。

五、填充墙砌体工程

填充墙砌体工程主要是指房屋建筑采用空心砖、蒸压加气混凝土砌块、轻骨料混凝土小型空心砌块等砌筑填充墙砌体的施工质量验收。

（一）一般规定

（1）砌筑填充墙时，轻骨料混凝土小型空心砌块和蒸压加气混凝土砌块的产品龄期不应小于 28 d，蒸压加气混凝土砌块的含水率宜小于 30%。

（2）空心砖、蒸压加气混凝土砌块、轻骨料混凝土小型空心砌块等的运输、装卸过程中，严禁抛掷和倾倒。进场后应按品种、规格分别堆放整齐，堆置高度不宜超过 2 m。加气混凝土砌块应防止雨淋。

（3）填充墙砌体砌筑前块材应提前 2 d 浇水湿润。蒸压加气混凝土砌块砌筑时，应向砌筑面适量浇水。块材砌筑前浇水湿润是为了使其与砌筑砂浆有较好的黏结。根据空心砖、轻骨料混凝土小砌块的吸水、失水特性，合适的含水率：空心砖宜为 10%～15%；轻骨料混凝土小砌块宜为 5%～8%；加气混凝土砌块出釜时的含水率为 35% 左右，以后砌块逐渐干燥，施工时的含水率宜小于 15%（对粉煤灰加气混凝土砌块宜小于 20%）。加气混凝土砌块砌筑时在砌筑面适量浇水是为了保证砌筑砂浆的强度及砌体的整体性。

（4）用轻骨料混凝土小型空心砌块或蒸压加气混凝土砌块砌筑墙体时，墙底部应砌烧结普通砖或多孔砖，或普通混凝土小型空心砌块，或现浇混凝土坎台等，其高度不宜小于 200 mm。

（二）填充墙砌体工程的主控项目

烧结空心砖、小砌块和砌筑砂浆的强度等级应符合设计要求。

检验方法：检查砖或砌块的产品合格证书、产品性能检测报告和砂浆试块试验报告。

（三）填充墙砌体工程的一般项目

（1）填充墙砌体一般尺寸的允许偏差应符合表 3-22 的规定。

抽检数量：对表中 1、2 项，在检验批的标准间中随机抽查 10%，但不应少于 3 间；大面积房间和楼道按两个轴线或每 10 延长米按一标准间计数。每间检验不应少于 3 处。对表中 3、4 项，在检验批中抽检 10%，且不应少于 5 处。

表 3-22　填充墙砌体一般尺寸允许偏差

项次	项目		允许偏差（mm）	检验方法
1	轴线位移		10	用尺检查
	垂直度	小于或等于 3 m	5	用 2 m 托线板或吊线、尺检查
		大于 3 m	10	
2	表面平整度		8	用 2 m 靠尺和楔形塞尺检查
3	门窗洞口高、宽（后塞口）		±5	用尺检查
4	外墙上、下窗口偏移		20	用经纬仪或吊线检查

（2）蒸压加气混凝土砌块砌体和轻骨料混凝土小型空心砌块砌体不应与其他块材混砌。

抽检数量：在检验批中抽检 20%，且不应少于 5 处。

检验方法：外观检查。

（3）填充墙砌体的砂浆饱满度及检验方法应符合表 3-23 的规定。

抽检数量：每步架子不少于 3 处，且每处不应少于 3 块。

表 3-23 填充墙砌体的砂浆饱满度及检验方法

砌体分类	灰缝	饱满度及要求	检验方法
空心砖砌体	水平	≥80%	采用百格网检查块材底面砂浆的黏结痕迹面积
	垂直	填满砂浆，不得有透明缝、瞎缝、假缝	
加气混凝土砌块和轻骨料混凝土小砌块砌体	水平	≥80%	
	垂直	≥80%	

（4）填充墙砌体留置的拉结钢筋或网片的位置应与块体皮数相符合。拉结钢筋或网片应置于灰缝中，埋置长度应符合设计要求，竖向位置偏差不应超过一皮高度。

抽检数量：在检验批中抽检 20%，且不应少于 5 处。

检验方法：观察和用尺检查。

（5）填充墙砌筑时应错缝搭砌，蒸压加气混凝土砌块搭砌长度不应小于砌块长度的 1/3；轻骨料混凝土小型空心砌块搭砌长度不应小于 90 mm；竖向通缝不应大于 2 皮。

抽检数量：在检验批的标准间中抽查 10%，且不应少于 3 间。

检查方法：观察和用尺检查。

（6）填充墙砌体的灰缝厚度和宽度应正确。空心砖、轻骨料混凝土小型空心砌块的砌体灰缝应为 8～12 mm。蒸压加气混凝土砌块砌体的水平灰缝厚度及竖向灰缝宽度分别宜为 15 mm 和 20 mm。

抽检数量：在检验批的标准间中抽查 10%，且不应少于 3 间。

检查方法：用尺量 5 皮空心砖或小砌块的高度和 2m 砌体长度折算。

（7）填充墙砌至接近梁、板底时，应留一定空隙，待填充墙砌完并应至少间隔 14 d 后，再将其补砌挤紧。

抽检数量：每验收批抽 10% 填充墙片（每两柱间的填充墙为一墙片），且不应少于 3 片墙。

检验方法：观察检查。

六、冬期施工

（1）当室外日平均气温连续 5 d 稳定低于 5℃时或连续 5 d 日最低气温低于 0℃时，砌体工程应采取冬期施工措施。

（2）冬期施工的砌体工程质量验收除应符合本节要求外，尚应符合本规范（GB 50203—2011）前面各章的要求及国家现行标准《建筑工程冬期施工规程》（JGJ/T104—2011）的规定。

（3）砌体工程冬期施工应有完整的冬期施工方案。

（4）冬期施工所用材料应符合下列规定：

① 石灰膏、电石膏等应防止受冻，如遭冻结，应经融化后使用；

② 拌制砂浆用砂，不得含有冰块和大于 10 mm 的冻结块；

③ 砌体用砖或其他块材不得遭水浸冻。

（5）冬期施工砂浆试块的留置，除应按常温规定要求外，尚应增加 1 组与砌体同条件养护的试块,用于检验转入常温 28 d 的强度。如有特殊需要,可另外增加相应龄期的同条件养护的试块。

(6)基土无冻胀性时,基础可在冻结的地基上砌筑;基土有冻胀性时,应在未冻的地基上砌筑。在施工期间和回填土前,均应防止地基遭受冻结。

(7)多孔砖和空心砖在气温高于 0℃ 条件下砌筑时,应浇水湿润。在气温低于、等于 0℃ 条件下砌筑时,可不浇水,但必须增大砂浆稠度。抗震设防烈度为 9 度的建筑物,普通砖、多孔砖和空心砖无法浇水湿润时,如无特殊措施,不得砌筑。

(8)拌和砂浆宜采用两步投料法。水的温度不得超过 80℃;砂的温度不得超过 80℃;石的温度不得超过 40℃。这是为了避免砂浆拌和时因砂和水过热造成水泥假凝现象。

(9)砂浆使用温度应符合下列规定:

① 采用掺外加剂法时,不应低于 +5℃;

② 采用氯盐砂浆法时,不应低于 +5℃;

③ 采用暖棚法时,不应低于 +5℃;

④ 采用冻结法,当室外空气温度分别为 0～−10℃、−11～−25℃、−25℃ 以下时,砂浆使用最低温度分别为 10℃、15℃、20℃。

(10)采用暖棚法施工,块材在砌筑时的温度不应低于 +5℃,距离所砌的结构底面 0.5 m 处的棚内温度也不应低于 +5℃。

(11)在暖棚内的砌体养护时间,应根据暖棚内温度,按表 3-24 确定。

表 3-24 暖棚法砌体的养护时间(d)

暖棚的的温度(℃)	5	10	15	20
养护时间(d)	≥6	≥5	≥4	≥3

(12)在冻结法施工的解冻期间,应经常对砌体进行观测和检查,如发现裂缝、不均匀、下沉等情况,应立即采取加固措施。

(13)当采用掺盐砂浆法施工时,宜将砂浆强度等级按常温施工的强度等级提高一级。

(14)配筋砌体不得采用掺盐砂浆法施工。

第三节 混凝土结构工程质量控制

混凝土结构是指以混凝土为主制成的结构,包括素混凝土结构、钢筋混凝土结构和预应力混凝土结构等。混凝土结构根据结构的施工方法分为现浇混凝土结构和装配式混凝土结构。混凝土结构工程可划分为模板、钢筋、混凝土分项工程。在施工中三者应密切配合,进行流水施工。

施工单位应推行生产控制和合格控制的全过程质量控制。对施工现场质量管理,要求有相应的施工技术标准、健全的质量管理体系、施工质量控制和质量检验制度;对具体的施工项目,要求有经审查批准的施工组织设计和施工技术方案。施工组织设计和施工技术方案应按程序审批,对涉及结构安全和人身安全的内容,应有明确的规定和相应的措施。

一、模板分项工程

模板分项工程是混凝土浇筑成型用的模板及其支架的设计、安装、拆除等一系列技术工作和完成实体的总称。

(一)一般规定

(1) 模板及其支架应根据工程结构形式、荷载大小、地基土类别、施工设备和材料供应等条件进行设计。模板及其支架应具有足够的承载能力、刚度和稳定性,能可靠地承受浇筑混凝土的重量、侧压力以及施工荷载。

(2) 在浇筑混凝土之前,应对模板工程进行验收。

浇筑混凝土时模板及支架在混凝土重力、侧压力及施工荷载等作用下胀模(变形)、跑模(位移)甚至坍塌的情况时有发生。为避免事故,保证工程质量和施工安全,模板安装和浇筑混凝土时,应对模板及其支架进行观察和维护。发生异常情况时,应按施工技术方案及时进行处理。

(3) 模板及其支架拆除的顺序及安全措施应按施工技术方案执行。

(二)模板安装的主控项目

(1) 安装现浇结构的上层模板及其支架时,下层楼板应具有承受上层荷载的承载能力。上、下层支架的立柱应对准,并铺设垫板,有利于混凝土重力及施工荷载的传递,这是保证施工安全和质量的有效措施。

检查数量:全数检查。

检验方法:对照模板设计文件和施工技术方案观察。

(2) 在涂刷模板隔离剂时,不得沾污钢筋和混凝土接槎处。当隔离剂沾污钢筋和混凝土接槎处时,可能对混凝土结构受力性能造成明显的不利影响,故应避免。

检查数量:全数检查。

检验方法:观察。

(三)模板安装的一般项目

(1) 模板安装应满足下列要求:

① 模板的接缝不应漏浆;在浇筑混凝土前,木模板应浇水湿润,但模板内不应有积水;

② 模板与混凝土的接触面应清理干净并涂刷隔离剂,但不得采用影响结构性能或妨碍装饰工程施工的隔离剂;

③ 浇筑混凝土前,模板内的杂物应清理干净;

④ 对于清水混凝土工程及装饰混凝土工程,应使用能达到设计效果的模板。

检查数量:全数检查。

检验方法:观察。

无论是采用何种材料制作的模板,其接缝都应保证不漏浆。木模板浇水湿润有利于接缝闭合而不致漏浆,但因浇水湿润后膨胀,木模板安装时的接缝不宜过于严密。模板内部及与混凝土的接触面应清理干净,以避免夹渣等缺陷。

(2) 用作模板的地坪、胎模等应平整光洁,不得产生影响构件质量的下沉、裂缝、起砂或起鼓的现象。

检查数量:全数检查。

检验方法:观察。

(3) 对跨度不小于 4 m 的现浇钢筋混凝土梁、板,其模板应按设计要求起拱;当设计无具体要求时,起拱高度宜为跨度的 1/1 000～3/1 000。对钢模板可取偏小值,对木模板可取偏大值。

检查数量:在同一检验批内,对梁,应抽查构件数量的 10%,且不少于 3 件;对板,应按有代表性的自然间抽查 10%,且不少于 3 间;对大空间结构,板可按纵、横轴线划分检查面,抽查 10%,且不少于 3 面。

凡规定抽样检查的项目,应在全数观察的基础上,对重要部位和观察难以判定的部位进行抽样检查。抽样检查的数量通常采用"双控"方法,即在按比例抽样的同时,还限定了检查的最小数量。

检验方法:水准仪或接线、钢尺检查。

(4) 固定在模板上的预埋件、预留孔和预留洞均不得遗漏,且应安装牢固,其偏差应符合表 3 - 25 的规定。

检查数量:在同一检验批内,对梁、柱和独立基础,应抽查构件数量的 10%,且不少于 3 件;对墙和板,应按有代表性的自然间抽查 10%,且不行于 3 间;对大空间结构,墙可按相邻轴线间高度 5 m 左右划分检查面,板可按纵横轴线划分检查面,抽查 10%,且均不少于 3 面。

检验方法:钢尺检查。

表 3 - 25　预埋件和预留孔洞的允许偏差

项目		允许偏差(mm)
预埋钢板中心线位置		3
预埋管、预留孔中心线位置		3
插筋	中心线位置	5
	外露长度	+10,0
预埋螺栓	中心线位置	2
	外露长度	+10,0
预留洞	中心线位置	10
	尺寸	+10,0

注:1. 检查中心线位置时,应沿纵、横两个方向量测,并取其中的较大值。
　　2. 对预埋件的外露长度,只允许有正偏差,不允许有负偏差;对预留洞内部尺寸,只允许大,不允许小。在允许偏差表中,不允许的偏差都以"0"来表示。

(5) 现浇结构模板安装的偏差应符合表 3 - 26 的规定。

检查数量:在同一检验批内,对梁、柱和独立基础,应抽查构件数量的 10%,且不少于 3 件;对墙和板,应按有代表性的自然间抽查 10%,且不少于 3 间;对大空间结构,墙可按相邻轴线间高度 5 m 左右划分检查面,板可按纵、横轴线划分检查面,抽查 10%,且均不少于 3 面。

表 3 - 26　现浇结构模板安装的允许偏差及检验方法

项目		允许偏差(mm)	检验方法
轴线位置		5	钢尺检查
底模上表面标高		±5	水准仪或拉线、钢尺检查
截面内部尺寸	基础	±10	钢尺检查
	柱、墙、梁	+4, -5	钢尺检查
层高垂直度	不大于 5 m	6	经纬仪或吊线、钢尺检查
	大于 5 m	8	经纬仪或吊线、钢尺检查
相邻两板表面高低差		2	钢尺检查
表面平整度		3	2 m 靠尺和塞尺检查

（6）预制构件模板安装的偏差应符合表 3 - 27 的规定。

检查数量：首次使用或大修后的模板应全数检查；使用中的模板应定期检查，并根据使用情况不定期抽查。

表 3 - 27　预制构件模板安装的允许偏差及检验方法

项 目		允许偏差(mm)	检验方法
长 度	板、梁	±5	钢尺量两角边，取其中大值
	薄腹梁、桁架	±10	
	柱	0, -10	
	墙 板	0, -5	
宽 度	板、墙板	0, -5	钢尺量一端及中部，取其中较大值
	梁、薄腹梁、桁架、柱	+2, -5	
高(厚)度	板	+2, -3	钢尺量一端及中部，取其中较大值
	墙 板	0, -5	
	梁、薄腹梁、桁架、柱	+2, -5	
侧向弯曲	梁、板、柱	$l/1\,000$ 且≤15	拉线、钢尺量最大弯曲处
	墙板、薄腹梁、桁架	$l/1\,500$ 且≤15	
板的表面平整度		3	2 m 靠尺和塞尺检查
相邻两板表面高低差		1	钢尺检查
对角线差	板	7	钢尺量两个对角线
	墙 板	5	
翘 曲	板、墙板	$1/1\,500$	调平尺在两端量测
设计起拱	薄腹梁、桁架、梁	±3	拉线、钢尺量跨中

注：l 为构件长度(mm)。

（四）模板拆除的主控项目

（1）底模及其支架拆除时的混凝土强度应符合设计要求；当设计无具体要求时，混凝土强度应符合表 3－28 的规定。

检查数量：全数检查。

检验方法：检查同条件养护试件强度试验报告。

表 3－28　底模拆除时的混凝土强度要求

构件类型	构件跨度（m）	达到设计的混凝土立方体抗压强度标准值的百分率（%）
板	≤2	≥50
	>2，≤8	≥75
	>8	≥100
梁、拱、壳	≤8	≥75
	>8	≥100
悬臂构件	—	≥100

由于过早拆模、混凝土强度不足，造成混凝土结构构件沉降变形、缺棱掉角、开裂，甚至塌陷的情况时有发生。为保证结构的安全和作用功能，提出了拆模时混凝土强度的要求。该强度通常反映为同条件养护混凝土试件的强度。考虑到悬臂构件更容易因混凝土强度不足而引发事故，对其拆模时的混凝土强度应从严要求。

（2）对后张法预应力混凝土结构构件，侧模宜在预应力张拉前拆除；底模支架的拆除应按施工技术方案执行，当无具体要求时，不应在结构构件建立预应力前拆除。

检查数量：全数检查。

检验方法：观察。

（3）后浇带模板的拆除和支顶应按施工技术方案执行。

检查数量：全数检查。

检验方法：观察。

（五）模板拆除的一般项目

（1）侧模拆除时的混凝土强度应能保证其表面及棱角不受损伤。

检查数量：全数检查。

检验方法：观察。

（2）模板拆除时，不应对楼层形成冲击荷载。拆除的模板和支架宜分散堆放并及时清运。

检查数量：全数检查。

检验方法：观察。

二、钢筋分项工程

钢筋分项工程是普通钢筋进场检验、钢筋加工、钢筋连接、钢筋安装等一系列技术工作和完成实体的总称。

（一）一般规定

（1）当钢筋的品种、级别或规格需做变更时，应办理设计变更文件。

在施工过程中,当施工单位缺乏设计所要求的钢筋品种、级别或规格时,可进行钢筋代换。为了保证对设计意图的理解不产生偏差,规定当需要做钢筋代换时应办理设计变更文件,以确保满足原结构设计的要求,并明确钢筋代换由设计单位负责。

(2) 在浇筑混凝土之前,应进行钢筋隐蔽工程验收,其内容包括:

① 纵向受力钢筋的品种、规格、数量、位置等;

② 钢筋的连接方式、接头位置、接头数量、接头面积百分率等;

③ 箍筋、横向钢筋的品种、规格、数量、间距等;

④ 预埋件的规格、数量、位置等。

(二) 原材料

1. 主控项目

(1) 钢筋进场时,应按现行国家标准《钢筋混凝土用热轧带肋钢筋》(GB 1499)等的规定抽取试件做力学性能和重量偏差检验,检验结果必须符合有关标准的规定。

检查数量:按进场的批次和产品的抽样检验方案确定。

检验方法:检查产品合格证、出厂检验报告和进场复验报告。

钢筋对混凝土结构构件的承载力至关重要,对其质量应从严要求。普通钢筋应符合现行国家标准《钢筋混凝土用热轧带肋钢筋》(GB 1499)、《钢筋混凝土用热轧光圆钢筋》(GB 13013)和《钢筋混凝土用余热处理钢筋》(GB 13014)的要求。钢筋进场时,应检查产品合格证和出厂检验报告,并按规定进行抽样检验。

上述的检验方法中,产品合格证、出厂检验报告是对产品质量的证明资料,通常应列出产品的主要性能指标;当用户有特别要求时,还应列出某些专门检验数据。有时,产品合格证、出厂检验报告可以合并;进场复验报告包括进场抽样检验的结果,并作为判断材料能否在工程中应用的依据。

(2) 对有抗震设防要求的结构,其纵向受力钢筋的性能应满足设计要求;当设计无具体要求时,对按一、二、三级抗震等级设计的框架和斜撑构件(含梯段)中的纵向受力钢筋应采用 HRB335E、HRB400E、HRB500E、HRBF335E、HRBF400E 或 HRBF500E 钢筋,其强度和最大力下总伸长率的实测值应符合下列规定:

① 钢筋的抗拉强度实测值与屈服强度实测值的比值不应小于 1.25。

② 钢筋的屈服强度实测值与强度标准值的比值不应大于 1.30。

③ 钢筋的最大力下总伸长率不应小于 9%。

检查数量:按进场的批次和产品抽样检验方案确定。

检验方法:检查进场复验报告。

根据现行国家标准《混凝土结构设计规范》GB50010 的规定,按一、二级抗震等级设计的框架结构中的纵向受力钢筋,其强度实测值就满足本条的要求,其目的是为了保证在地震作用下,结构某些部位出现塑性铰以后,钢筋具有足够的变形能力。

(3) 当发现钢筋脆断、焊接性能不良或力学性能显著不正常等现象时,应立即停止使用,对该批钢筋进行化学成分检验或其他专项检验。

检验方法:检查化学成分等专项检验报告。

2. 一般项目

钢筋应平直、无损伤,表面不得有裂纹、油污、颗粒状或片状老锈。

检查数量：进场时和使用前全数检查。

检验方法：观察。

为了加强对钢筋外观质量的控制，钢筋进场时和使用前均应对外观质量进行检查。弯折钢筋不得敲直后作为受力钢筋使用。钢筋表面不应有颗粒状或片状老锈，以免影响钢筋强度和锚固性能。本条也适用于加工以后较长时期未使用而可能造成外观质量达不到要求的钢筋半成品的检查。

（三）钢筋加工

1．主控项目

（1）受力钢筋的弯钩和弯折应符合下列规定：

① HPB235 级钢筋末端应做 180°弯钩，其弯弧内直径不应小于钢筋直径的 2.5 倍，弯钩的弯后平直部分长度不应小于钢筋直径的 3 倍；

② 当设计要求钢筋末端需做 135°弯钩时，HRB335 级、HRB400 级钢筋的弯弧内直径不应小于钢筋直径的 4 倍，弯钩的弯后平直部分长度应符合设计要求；

③ 钢筋做不大于 90°的弯折时，弯折处的弯弧内直径不应小于钢筋直径的 5 倍。

检查数量：按每工作班同一类型钢筋、同一加工设备抽查不应少于 3 件。

检验方法：钢尺检查。

（2）除焊接封闭式箍筋外，箍筋的末端应做弯钩，弯钩形式应符合设计要求；当设计无具体要求时，应符合下列规定：

① 箍筋弯钩的弯弧内直径除应满足本规范第 5.3.1 条的规定外，尚应不小于受力钢筋直径。

② 对一般结构，箍筋弯钩的弯折角度不应小于 90°；对有抗震等要求的结构，应为 135°。

③ 对一般结构，箍筋弯后平直部分长度不宜小于箍筋直径的 5 倍；对有抗震等要求的结构，不应小于箍筋直径的 10 倍。

检查数量：按每工作班同一类型钢筋、同一加工设备抽查不应少于 3 件。

检验方法：钢尺检查。

根据构件受力性能的不同要求，合理配置箍筋有利于保证混凝土构件的承载力，特别是对配筋率较高的柱、受扭的梁和有抗震设防要求的结构构件更为重要。

④ 卷钢筋和直条钢筋调直后的断后伸长率、重量负偏差应符合表 3-29 的规定（采用无延伸功能的机械设备调直的钢筋，可不进行本条规定的检验）。

表 3-29　盘卷钢筋和直条钢筋调直后的断后伸长率、重量负偏差要求

钢筋牌号	断后伸长率 A(%)	重量负偏差(%)		
		直径 6～12 mm	直径 14～20 mm	直径 22～50 mm
HPB235、HPB300	≥21	≤10	—	—
HRB335、HRBF335	≥16	≤8	≤6	≤5
HRB400、HRBF400	≥15			
RRB400	≥13			
HRB500、HRBF500	≥14			

　　检查数量:同一厂家、同一牌号、同一规格调直钢筋,重量不大于 30 t 为一批;每批见证取 3 个试件。

　　检验方法:3 个试件先进行重量偏差检验,再取其中 2 个试件经时效处理后进行力学性能检验。检验重量偏差时,试件切口应平滑且与长度方向垂直,长度不应小于 500 mm。长度和重量的量测精度分别不应低于 1 mm 和 1 g。

　　2. 一般项目

　　(1) 钢筋调直宜采用机械方法,也可采用冷拉方法。当采用冷拉方法调直钢筋时,HPB235 级钢筋的冷拉率不宜大于 4%,HRB335 级、HRB400 级和 RRB400 级钢筋的冷拉率不宜大于 1%。

　　检查数量:按每工作班同一类型钢筋、同一加工设备抽查不应少于 3 件。

　　检验方法:观察、钢尺检查。

　　盘条供应的钢筋使用前需要调直。调直宜优先采用机械方法,以有效控制调直钢筋的质量;也可采用冷拉方法,但应控制冷拉伸长率,以免影响钢筋的力学性能。

　　(2) 钢筋加工的形状、尺寸应符合设计要求,其偏差应符合表 3 - 30 的规定。

　　检查数量:每工作班按同一类型钢筋、同一加工设备抽查不应少于 3 件。

　　检验方法:钢尺检查。

表 3 - 30　钢筋加工的允许偏差

项　　目	允许偏差(mm)
受力钢筋顺长度方向全长的净尺寸	±10
弯起钢筋的弯折位置	±20
箍筋内净尺寸	±5

　　(3) 钢筋宜采用无延伸功能的机械设备进行调直,也可采用冷拉方法调直。当采用冷拉方法调直时,HPB300 光圆钢筋的冷拉率不宜大于 4%;HRB335、HRB400、HRB500、HRBF335、HRBF400、HRBF500 及 RRB400 带肋钢筋的冷拉率不宜大于 1%。

　　检查数量:每工作班按同一类型钢筋、同一加工设备抽查不应少于 3 件。

　　检验方法:观察,钢尺检查。

　　(四) 钢筋连接

　　1. 主控项目

　　(1) 纵向受力钢筋的连接方式应符合设计要求。

　　检查数量:全数检查。

　　检验方法:观察。

　　(2) 在施工现场,应按国家现行标准《钢筋机械连接通用技术规程》(JGJ107)、《钢筋焊接及验收规程》(JGJ18)的规定抽取钢筋机械连接接头、焊接接头试件作力学性能检验,其质量应符合有关规程的规定。

　　检查数量:按有关规程确定。

　　检验方法:检查产品合格证、接头力学性能试验报告。

对钢筋机械连接和焊接,除应按相应规定进行形式、工艺检验外,还应从结构中抽取试件进行力学性能检验。

2. 一般项目

(1) 钢筋的接头宜设置在受力较小处。同一纵向受力钢筋不宜设置两个或两个以上接头。接头末端至钢筋弯起点的距离不应小于钢筋直径的 10 倍。

检查数量:全数检查。

检验方法:观察,钢尺检查。

受力钢筋的连接接头宜设置在受力较小处,同一钢筋在同一受力区段内不宜多次连接,以保证钢筋的承载、传力性能。

(2) 在施工现场,应按国家现行标准《钢筋机械连接通用技术规程》(JGJ107)、《钢筋焊接及验收规程》(JGJ18)的规定对钢筋机械连接接头、焊接接头的外观进行检查,其质量应符合有关规程的规定。

检查数量:全数检查。

检验方法:观察。

(3) 当受力钢筋采用机械连接接头或焊接接头时,设置在同一构件内的接头宜相互错开。

纵向受力钢筋机械连接接头及焊接接头连接区段的长度为 $35d$(d 为纵向受力钢筋的较大直径)且不小于 500 mm,凡接头中点位于该连接区段长度内的接头均属于同一连接区段。同一连接区段内,纵向受力钢筋机械连接及焊接的接头面积百分率为该区段内有接头的纵向受力钢筋截面面积与全部纵向受力钢筋截面面积的比值。

同一连接区段内,纵向受力钢筋的接头面积百分率应符合设计要求;当设计无具体要求时,应符合下列规定:

① 在受拉区不宜大于 50%;

② 接头不宜设置在有抗震设防要求的框架梁端、柱端的箍筋加密区;当无法避开时,对等强度高质量机械连接接头,不应大于 50%;

③ 直接承受动力荷载的结构构件中,不宜采用焊接接头;当采用机械连接接头时,不应大于 50%。

检查数量:在同一检验批内,对梁、柱和独立基础,应抽查构件数量的 10%,且不少于 3件;对墙和板,应按有代表性的自然间抽查 10%且不少于 3 间;对大空间结构,墙可按相邻轴线间高度 5m 左右划分检查面,板可按纵横轴线划分检查面,抽查 10%,且均不少于3 面。

检验方法:观察、钢尺检查。

(4) 同一构件中相邻纵向受力钢筋的绑扎搭接接头宜相互错开。绑扎搭接接头中钢筋的横向净距不应小于钢筋直径,且不应小于 25 mm。

钢筋绑扎搭接接头连接区段的长度为 $1.3l_1$(l_1 为搭接长度),凡搭接接头中点位于该连接区段长度内的搭接接头均属于同一连接区段。同一连接区段内,纵向钢筋搭接接头面积百分率为该区段内有搭接接头的纵向受力钢筋截面面积与全部纵向受力钢筋截面面积的比值,如图 3-3 所示。

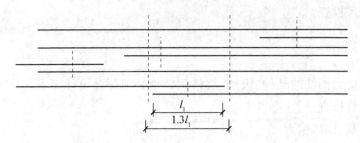

图 3-3　钢筋绑扎搭接接头连接区段及接头面积百分率

注:图中所示搭接接头同一连接区段内的搭接钢筋为两根,当各钢筋直径相同时,接头面积百分率为50%。

同一连接区段内,纵向受拉钢筋搭接接头面积百分率应符合设计要求;当设计无具体要求时,应符合下列规定:

① 对梁类、板类及墙类构件,不宜大于 25%;

② 对柱类构件,不宜大于 50%;

③ 当工程中确有必要增大接头面积百分率时,对梁类构件,不应大于 50%;对其他构件,可根据实际情况放宽。

纵向受力钢筋绑扎搭接接头的最小搭接长度应符合表 3-31 的规定。

表 3-31　纵向受力钢筋绑扎搭接接头的最小搭接长度

钢筋类型		混凝土强度等级			
		C15	C20~C25	C30~C35	≥C40
光圆钢筋	HPB235	$45d$	$35d$	$30d$	$25d$
带肋钢筋	HRB335	$55d$	$45d$	$35d$	$30d$
	HRB400 RRB400	—	$55d$	$40d$	$35d$

检查数量:在同一检验批内,对梁、柱和独立基础,应抽查构件数量的 10%,且不少于 3 件;对墙和板,应按有代表性的自然间抽查 10%,且不少于 3 间;对大空间结构,墙可按相邻轴线间高度 5 m 左右划分检查面,板可按纵、横轴线划分检查面,抽查 10%,且均不少于 3 面。

检验方法:观察、钢尺检查。

(5) 在梁、柱类构件的纵向受力钢筋搭接长度范围内,应按设计要求配置箍筋。当设计无具体要求时,应符合下列规定:

① 箍筋直径不应小于搭接钢筋较大直径的 0.25 倍;

② 受拉搭接区段的箍筋间距不应大于搭接钢筋较小直径的 5 倍,且不应大于 100 mm;

③ 受压搭接区段的箍筋间距不应大于搭接钢筋较小直径的 10 倍,且不应大于 200 mm;

④ 当柱中纵向受力钢筋直径大于 25 mm 时,应在搭接接头两个端面外 100 mm 范围内各设置两个箍筋,其间距宜为 50 mm。

检查数量:在同一检验批内,对梁、柱和独立基础,应抽查构件数量的 10%,且不少于 3 件;对墙和板,应按有代表性的自然间抽查 10%,且不少于 3 间;对大空间结构,墙可按相邻轴线间高度 5 m 左右划分检查面,板可按纵、横轴线划分检查面,抽查 10%,且均不少于 3 面。

检验方法：钢尺检查。

（五）钢筋安装

1. 主控项目

钢筋安装时，受力钢筋的品种、级别、规格和数量必须符合设计要求。

检查数量：全数检查。

检验方法：观察、钢尺检查。

2. 一般项目

钢筋安装位置的允许偏差应符合表 3-32 的规定。

检查数量：在同一检验批内，对梁、柱和独立基础，应抽查构件数量的 10%，且不少于 3 件；对墙和板，应按有代表性的自然间抽查 10%，且不少于 3 间；对大空间结构，墙可按相邻轴线间高度 5 m 左右划分检查面，板可按纵、横轴线划分检查面，抽查 10%，且均不少于 3 面。

表 3-32　钢筋安装位置的允许偏差和检验方法

项　　目			允许偏差（mm）	检验方法
绑扎钢筋网	长、宽		±10	钢尺检查
	网眼尺寸		±20	钢尺量连续三档，取最大值
绑扎钢筋骨架	长		±10	钢尺检查
	宽、高		±5	钢尺检查
受力钢筋	间距		±10	钢尺量两端、中间各一点
	排距		±5	取最大值
	保护层厚度	基础	±10	钢尺检查
		柱、梁	±5	钢尺检查
		板、墙、壳	±3	钢尺检查
绑扎箍筋、横向钢筋间距			±20	钢尺量连续三档，取最大值
钢筋弯起点位置			20	钢尺检查
预埋件	中心线位置		5	钢尺检查
	水平高差		+3,0	钢尺和塞尺检查

注：1. 检查预埋件中心线位置时，应沿纵、横两个方向量测，并取其中的较大值；
　　2. 表中梁类、板类构件上部纵向受力钢筋保护层厚度的合格点率应达到 90% 及以上，且不得有超过表中数值 1.5 倍的尺寸偏差。

三、预应力分项工程

预应力分项工程是预应力筋、锚具、夹具、连接器等材料的进场检验，后张法预留管道设置或预应力筋布置，预应力筋张拉、放张、灌浆直至封锚保护等一系列技术工作和完成实体的总称。由于预应力施工工艺复杂，专业性较强，质量要求较高，故预应力分项工程所含检验项目较多，且规定较为具体。根据具体情况，预应力分项工程可与混凝土结构一同验收，也可单独验收。

（一）一般规定

（1）后张法预应力工程的施工应由具有相应资质等级的预应力专业施工单位承担。

后张法预应力施工是一项专业性强、技术含量高、操作要求严的作业，故应由获得有关部门批准的预应力专项施工资质的施工单位承担。预应力混凝土结构施工前，专业施工单位应根据设计图纸，编制预应力施工方案。当设计图纸深度不具备施工条件时，预应力施工单位应予以完善，并经设计单位审核后实施。

（2）预应力筋张拉机具设备及仪表，应定期维护和校验。张拉设备应配套标定，并配套使用。张拉设备的标定期限不应超过半年。当在使用过程中出现反常现象时或在千斤顶检修后，应重新标定。

注：① 张拉设备标定时，千斤顶活塞的运行方向应与实际张拉工作状态一致；

② 压力表的精度不应低于 1.5 级，标定张拉设备用的试验机或测力计精度不应低于 ±2%。

（3）在浇筑混凝土之前，应进行预应力隐蔽工程验收，其内容包括：

① 预应力筋的品种、规格、数量、位置等；

② 预应力筋锚具和连接器的品种、规格、数量、位置等；

③ 预留孔道的规格、数量、位置、形状及灌浆孔、排气兼泌水管等；

④ 锚固区局部加强构造等。

（二）原材料

1. 主控项目

（1）预应力筋进场时，应按现行国家标准《预应力混凝土用钢绞线》（GB/T5224）等的规定抽取试件作力学性能检验，其质量必须符合有关标准的规定。

检查数量：按进场的批次和产品的抽样检验方案确定。

检验方法：检查产品合格证、出厂检验报告和进场复验报告。

常用的预应力筋有钢丝、钢绞线、热处理钢筋等，其质量应符合相应的现行国家标准《预应力混凝土用钢丝》（GB/T5223）、《预应力混凝土用钢绞线》（GB/T5224）、《预应力混凝土用热处理钢筋》（GB4463）等的要求。预应力筋是预应力分项工程中最重要的原材料，进场时应根据进场批次和产品的抽样检验方案确定检验批，进行进场复验。由于各厂家提供的预应力筋产品合格证内容与格式不尽相同，为统一及明确有关内容，要求厂家除了提供产品合格证外，还应提供反映预应力筋主要性能的出厂检验报告，两者也可合并提供。进场复验可仅作主要的力学性能试验。

（2）无黏结预应力筋的涂包质量应符合无黏结预应力钢绞线标准的规定。

检查数量：每 60 t 为一批，每一批抽取一组试件。

检验方法：观察，检查产品合格证、出厂检验报告和进场复验报告。

无黏结预应力筋的涂包质量对保证预应力筋防腐及准确地建立预应力非常重要。涂包质量的检验内容主要有涂包层油脂用量、护套厚度及外观。当有工程经验，并经观察确认质量有保证时，可仅作外观检查。

（3）预应力筋用锚具、夹具和连接器应按设计要求采用，其性能应符合现行国家标准《预应力筋用锚具、夹具和连接器》（GB/T14370）等的规定。

检查数量:按进场批次和产品的抽样检验方案确定。

检验方法:检查产品合格证、出厂检验报告和进场复验报告。

注:对锚具用量较少的一般工程,如供货方提供有效的试验报告,可不做静载锚固性能试验。

(4)孔道灌浆用水泥应采用普通硅酸盐水泥,其质量应符合规定要求。

检查数量:按进场批次和产品的抽样检验方案确定。

检验方法:检查产品合格证、出厂检验报告和进场复验报告。

孔道灌浆一般采用素水泥浆。由于普通硅酸盐水泥浆的泌水率较小,故规定应采用普通硅酸盐水泥配制水泥浆。水泥浆中掺入外加剂可改善其稠度、泌水率、膨胀率、初凝时间、强度等特性,但预应力筋对腐蚀较为敏感,故水泥和外加剂中均不能含有对预应力筋有害的化学成分。孔道灌浆所采用水泥和外加剂数量较少的一般工程,如果由使用单位提供近期采用的相同品牌和型号的水泥及外加剂的检验报告,也可不作水泥和外加剂性能的进场复验。

2. 一般项目

(1)预应力筋使用前应进行外观检查,其质量应符合下列要求:

① 有黏结预应力筋展开后应平顺,不得有弯折,表面不应有裂纹、小刺、机械损伤、氧化铁皮和油污等。

② 无黏结预应力筋护套应光滑、无裂缝,无明显褶皱。

检查数量:全数检查。

检验方法:观察。

注:无黏结预应力筋护套轻微破损者应外包防水塑料胶带修补,严重破损者不得使用。

预应力筋进场后可能由于保管不当引起锈蚀、污染等,故使用前应进行外观质量检查。对有黏结预应力筋,可按各相关标准进行检查。对无黏结预应力筋,若出现护套破损,不仅影响密封性,而且增加预应力摩擦损失,故应根据不同情况进行处理。

(2)预应力筋用锚具、夹具和连接器使用前应进行外观检查,其表面应无污物、锈蚀、机械损伤和裂纹。

检查数量:全数检查。

检验方法:观察。

当锚具、夹具及连接器进场入库时间较长时,可能造成锈蚀、污染等,影响其使用性能,故使用前应重新对其外观进行检查。

(3)预应力混凝土用金属螺旋管的尺寸和性能应符合国家现行标准《预应力混凝土用金属螺旋管》(JG/T3013)的规定。

检查数量:按进场批次和产品的抽样检验方案确定。

检验方法:检查产品合格证、出厂检验报告和进场复验报告。

注:对金属螺旋管用量较少的一般工程,当有可靠依据时,可不做径向刚度、抗渗漏性能的进场复验。

(4)预应力混凝土用金属螺旋管在使用前应进行外观检查,其内外表面应清洁,无锈蚀,不应有油污、孔洞和不规则的褶皱,咬口不应有开裂或脱扣。

检查数量:全数检查。

检验方法：观察。

目前，后张法预应力工程中多采用金属螺旋管预留孔道。金属螺旋管的刚度和抗渗性能是很重要的质量指标，但试验较为复杂。当使用单位能提供近期采用的相同品牌和型号金属螺旋管的检验报告或有可靠工程经验时，也可不做(3)、(4)两项检验。由于金属螺旋管经运输、存放可能出现伤痕、变形、锈蚀、污染等，故使用前应进行外观质量检查。

（三）制作与安装

1. 主控项目

(1) 预应力筋安装时，其品种、级别、规格、数量必须符合设计要求。

检查数量：全数检查。

检验方法：观察，钢尺检查。

(2) 先张法预应力施工时应选用非油质类模板隔离剂，并应避免沾污预应力筋。

检查数量：全数检查。

检验方法：观察。

先张法预应力施工时，油质类隔离剂可能沾污预应力筋，严重影响黏结力，并且会污染混凝土表面，影响装修工程质量，故应避免。

(3) 施工过程中应避免电火花损伤预应力筋，受损伤的预应力筋应予以更换。

检查数量：全数检查。

检验方法：观察。

预应力筋若遇电火花损伤，容易在张拉阶段脆断，故应避免。施工时应避免将预应力筋作为电焊的一极。受电火花损伤的预应力筋应予以更换。

2. 一般项目

(1) 预应力筋下料应符合下列要求：

① 预应力筋应采用砂轮锯或切断机切断，不得采用电弧切割；

② 当钢丝束两端采用镦头锚具时，同一束中各根钢丝长度的极差不应大于钢丝长度的1/5 000，且不应大于 5 mm。当成组张拉长度不大于 10 m 的钢丝时，同组钢丝长度的极差不得大于 2 mm。

检查数量：每工作班抽查预应力筋总数的 3%，且不少于 3 束。

检验方法：观察、钢尺检查。

预应力筋常采用无齿锯或机械切断机切割。当采用电弧切割时，电弧可能损伤高强度钢丝、钢绞线，引起预应力筋拉断，故应禁止采用。对同一束中各钢丝下料长度的极差（最大值与最小值之差）的规定，仅适用于钢丝束两端均采用镦头锚具的情况，目的是为了保证同一束中各钢丝的预加力均匀一致。

(2) 预应力筋端部锚具的制作质量应符合下列要求：

① 挤压锚具制作时压力表油压应符合操作说明书的规定，挤压后预应力筋外端应露出挤压套筒 1~5 mm；

② 钢绞线压花锚成形时，表面应清洁、无油污，梨形头尺寸和直线段长度应符合设计要求；

③ 钢丝镦头的强度不得低于钢丝强度标准值的 98%。

检查数量：对挤压锚，每工作班抽查 5%，且不应少于 5 件；对压花锚，每工作班抽查 3 件；

对钢丝镦头,每批钢丝检查 6 个镦头试件。

检验方法:观察、钢尺检查,检查镦头强度试验报告。

(3) 后张法有黏结预应力筋预留孔道的规格、数量、位置和形状除应符合设计要求外,尚应符合下列规定:

① 预留孔道的定位应牢固,浇筑混凝土时不应出现移位和变形;

② 孔道应平顺,端部的预埋锚垫板应垂直于孔道中心线;

③ 成孔用管道应密封良好,接头应严密且不得漏浆;

④ 灌浆孔的间距:对预埋金属螺旋管不宜大于 30m;对抽芯成形孔道不宜大于 12m;

⑤ 在曲线孔道的曲线波峰部位应设置排气兼泌水管,必要时可在最低点设置排水孔;

⑥ 灌浆孔及泌水管的孔径应能保证浆液畅通。

检查数量:全数检查。

检验方法:观察、钢尺检查。

浇筑混凝土时,预留孔道定位不牢固会发生移位,影响建立预应力的效果。为确保孔道成形质量,除应符合设计要求外,还应符合本条对预留孔道安装质量作出的相应规定。对后张法预应力混凝土结构中预留孔道的灌浆孔及泌水管等的间距和位置要求,是为了保证灌浆质量。

(4) 预应力筋束形控制点的竖向位置允许偏差应符合表 3-33 的规定。

表 3-33　束形控制点的竖向位置允许偏差

截面高(厚)度(mm)	$h \leqslant 300$	$300 < h \leqslant 1\,500$	$h > 1\,500$
允许偏差	±5	±10	±15

检查数量:在同一检验批内,抽查各类型构件中预应力筋总数的 5%,且对各类型构件均不少于 5 束,每束不应少于 5 处。

检验方法:钢尺检查。

注:束形控制点的竖向位置偏差合格点率应达到 90% 及以上,且不得有超过表中数值 1.5 的尺寸偏差。

(5) 无黏结预应力筋的铺设除应符合规范第 6.3.7 条的规定外,尚应符合下列要求:

① 无黏结预应力筋的定位应牢固,浇筑混凝土时不应出现移位和变形;

② 端部的预埋锚垫板应垂直于预应力筋;

③ 内埋式固定端垫板不应重叠,锚具与垫板应贴紧;

④ 无黏结预应力筋成束布置时应能保证混凝土密实并能裹住预应力筋;

⑤ 无黏结预应力筋的护套应完整,局部破损处应采用防水胶带缠绕紧密。

检查数量:全数检查。

检验方法:观察。

(6) 浇筑混凝土前穿入孔道的后张法有黏结预应力筋,宜采取防止锈蚀的措施。

检查数量:全数检查。

检验方法:观察。

后张法施工中,当浇筑混凝土前将预应力筋穿入孔道时,预应力筋需经支模、混凝土浇筑、养护并达到设计要求的强度后才能张拉。在此期间,孔道内可能会有浇筑混凝土时渗进的水或从喇叭管口流入的养护水、雨水等,若时间过长,可能引起预应力筋锈蚀,故应根据工程具体情况采取必要的防锈措施。

（四）张拉和放张

1. 主控项目

（1）预应力筋张拉或放张时,混凝土强度应符合设计要求;当设计无具体要求时,不应低于设计混凝土立方体抗压强度标准值的75%。

检查数量:全数检查。

检验方法:检查同条件养护试件试验报告。

过早地对混凝土施加预应力,会引起较大的收缩和徐变预应力损失,同时可能因局部承压过大而引起混凝土损伤。

（2）预应力筋的张拉力、张拉或放张顺序及张拉工艺应符合设计及施工技术方案的要求,并应符合下列规定:

① 当施工需要超张拉时,最大张拉应力不应大于国家现行标准《混凝土结构设计规范》GB50010 的规定;

② 张拉工艺应能保证同一束中各根预应力筋的应力均匀一致;

③ 后张法施工中,当预应力筋是逐根或逐束张拉时,应保证各阶段不出现对结构不利的应力状态;同时宜考虑后批张拉预应力筋所产生的结构构件的弹性压缩对先批张拉预应力筋的影响,确定张拉力;

④ 先张法预应力筋放张时,宜缓慢放松锚固装置,使各根预应力筋同时缓慢放松;

⑤ 当采用应力控制法张拉时,应校核预应力筋的伸长值;实际伸长值与设计计算理论伸长值的相对允许偏差为±6%。

检查数量:全数检查。

检验方法:检查张拉记录。

预应力筋张拉应使各根预应力筋的预加力均匀一致,主要是指有黏结预应力筋张拉时应整束张拉,使各预应力筋同步受力,应力均匀;而无黏结预应力筋和扁锚预应力筋通常是单根张拉的。预应力筋的张拉顺序、张拉力及设计计算伸长值均应由设计确定,施工时应遵照执行。实际施工时,为了部分抵消预应力损失等,可采取超张拉方法,但最大张拉应力不应大于现行国家标准《混凝土结构设计规范》(GB50010)的规定。后张法施工中,梁或板中的预应力筋一般是逐根或逐束张拉的,后批张拉的预应力筋所产生的混凝土结构构件的弹性压缩对先批张拉预应力筋的预应力损失的影响与梁、板的截面,预应力筋配筋量及束长等因素有关,一般影响较小时可不计。如果影响较大,可将张拉力统一增加一定值。实际张拉时通常采用张拉力控制方法,但为了确保张拉质量,还应对实际伸长值进行校核,相对允许偏差±6%是基于工程实践提出的,有利于保证张拉质量。

（3）预应力筋张拉锚固后实际建立的预应力值与工程设计规定检验值的相对允许偏差为±5%。

检查数量:对先张法施工,每工作班抽查预应力筋总数的1%,且不少于3根;对后张法施工,在同一检验批内,抽查预应力筋总数的3%,且不少于5束。

检验方法:对先张法施工,检查预应力筋应力检测记录;对后张法施工,检查见证张拉记录。

预应力筋张拉锚固后,实际建立的预应力值与量测时间有关。相隔时间越长,预应力损失值越大,故检验值应由设计通过计算确定。

预应力筋张拉后实际建立的预应力值对结构受力性能影响很大,必须予以保证。先张法施工中可以用应力测定仪器直接测定张拉锚固后预应力筋的应力值;后张法施工中预应力筋的实际应力值较难测定,故可用见证张拉代替预加力值测定。见证张拉是指监理工程师或建设单位代表现场见证下的张拉。

(4)张拉过程中应避免预应力筋断裂或滑脱;当发生断裂或滑脱时,必须符合下列规定:

① 对后张法预应力结构构件,断裂或滑脱的数量严禁超过同一截面预应力筋总根数的3%,且每束钢丝不得超过一根;对多跨双向连续板,其同一截面应按每跨计算;

② 对先张法预应力结构构件,在浇筑混凝土前发生断裂或滑脱的预应力筋必须予以更换。

检查数量:全数检查。

检验方法:观察,检查张拉记录。

2. 一般项目

(1)锚固阶段张拉端预应力筋的内缩量应符合设计要求;当设计无具体要求时,应符合表3-34的规定。

检查数量:每工作班抽查预应力筋总数的3%,且不少于3束。

检验方法:钢尺检查。

表3-34　张拉端预应力筋的内缩量限值

锚具类别		内缩量限值(mm)
支承式锚具(镦头锚具等)	螺帽缝隙	1
	每块后加垫板的缝隙	1
锥塞式锚具		5
夹片式锚具	有顶压	5
	无顶压	6～8

实际工程中,由于锚具种类、张拉锚固工艺及放张速度等各种因素的影响,内缩量可能有较大波动,导致实际建立的预应力值出现较大偏差。因此,应控制锚固阶段张拉端预应力筋的内缩量。当设计对张拉端预应力筋的内缩量有具体要求时,应按设计要求执行。

(2)先张法预应力筋张拉后与设计位置的偏差不得大于5mm,且不得大于构件截面短边边长的4%。

检查数量:每工作班抽查预应力筋总数的3%,且不少于3束。

检验方法:钢尺检查。

(五)灌浆及封锚

1. 主控项目

(1)后张法有黏结预应力筋张拉后应尽早进行孔道灌浆,孔道内水泥浆应饱满、密实。

检查数量:全数检查。

检验方法:观察,检查灌浆记录。

预应力筋张拉后处于高应力状态,对腐蚀非常敏感,所以应尽早进行孔道灌浆。灌浆是对预应力筋的永久性保护措施。故要求水泥浆饱满、密实,完全裹住预应力筋。灌浆质量的检验应着重于现场观察检查,必要时采用无损检查或凿孔检查。

(2) 锚具的封闭保护应符合设计要求;当设计无具体要求时,应符合下列规定:

① 应采取防止锚具腐蚀和遭受机械损伤的有效措施;

② 凸出式锚固端锚具的保护层厚度不应小于 50 mm;

③ 处于正常环境时,外露预应力筋的保护层厚度不应小于 20 mm;处于易受腐蚀的环境时,不应小于 50 mm。

检查数量:在同一检验批内,抽查预应力筋总数的 5%,且不少于 5 处。

检验方法:观察,钢尺检查。

封闭保护应遵照设计要求执行,并在施工技术方案中作出具体规定。后张预应力筋的锚具多配置在结构的端面,所以常处于易受外力冲击和雨水浸入的状态,此外,预应力筋张拉锚固后,锚具及预应力筋处于高应力状态,为确保暴露于结构外的锚具能够永久性地正常工作,不致受外力冲击和雨水浸入而破损或腐蚀,应采取防止锚具锈蚀和遭受机械损伤的有效措施。

2. 一般项目

(1) 后张法预应力筋锚固后的外露部分宜采用机械方法切割,其外露长度不宜小于预应力筋直径的 1.5 倍,且不宜小于 30 mm。

检查数量:在同一检验批内,抽查预应力筋总数的 3%,且不少于 5 束。

检验方法:观察,钢尺检查。

锚具外多余预应力筋常采用无齿锯或机械切断机切断。实际工程中,也可采用氧-乙炔焰切割方法切断多余预应力筋,但为了确保锚具正常工作及考虑切断时热影响可能波及锚具部位,应采取锚具降温等措施。考虑到锚具正常工作及可能的热影响,因此对预应力筋外露部分长度作出了规定。切割位置不宜距离锚具太近,同时也不应影响构件安装。

(2) 灌浆用水泥浆的水灰比不应大于 0.45,搅拌后 3 h 泌水率不宜大于 2%,且不应大于 3%。泌水应能在 24 h 内全部重新被水泥吸收。

检查数量:同一配合比检查一次。

检验方法:检查水泥浆性能试验报告。

规定灌浆用水泥浆水灰比的限值,其目的是为了在满足必要的水泥浆稠度的同时,尽量减小泌水率,以获得饱满、密实的灌浆效果。水泥浆中水的泌出往往造成孔道内的空腔,并引起预应力筋腐蚀。

(3) 灌浆用水泥浆的抗压强度不应小于 30 N/mm^2。

检查数量:每工作班留置一组边长为 70.7 mm 的立方体试件。

检验方法:检查水泥浆试件强度试验报告。

注:① 一组试件由 6 个试件组成,试件应标准养护 28 d;

② 抗压强度为一组试件的平均值,当一组试件中抗压强度最大值或最小值与平均值相差超过 20%时,应取中间 4 个试件强度的平均值。

四、混凝土分项工程

混凝土分项工程是从水泥、砂、石、水、外加剂、矿物掺合料等原材料进场检验、混凝土配合比设计及称量、拌制、运输、浇筑、养护、试件制作直至混凝土达到预定强度等一系列技术工作和完成实体的总称。

（一）一般规定

（1）结构构件的混凝土强度应按现行国家标准《混凝土强度检验评定标准》（GBJ107）的规定分批检验评定。

对采用蒸汽法养护的混凝土结构构件，其混凝土试件应先随同结构构件同条件蒸汽养护，再转入标准条件养护共 28 d。

当混凝土中掺用矿物掺合料时，确定混凝土强度时的龄期可按现行国家标准《粉煤灰混凝土应用技术规范》（GBJ146）等的规定取值。

（2）检验评定混凝土强度用的混凝土试件尺寸及强度的尺寸换算系数应按表 3-35 取用；其标准成型方法、标准养护条件及强度试验方法应符合普通混凝土力学性能试验方法标准的规定。

表 3-35　混凝土试件尺寸及强度的尺寸换算系数

骨料最大粒径（mm）	试件尺寸（mm）	强度的尺寸换算系数
≤31.5	100×100×100	0.95
≤40	150×150×150	1.00
≤63	200×200×200	1.05

注：对强度等级为 C60 及以上的混凝土试件，其强度的尺寸换算系数可通过试验确定。

混凝土试件强度的试验方法应符合普通混凝土力学性能试验方法标准的规定。混凝土试件的尺寸应根据骨料的最大粒径确定。当采用非标准尺寸的试件时，其抗压强度应乘以相应的尺寸换算系数。

（3）结构构件拆模、出池、出厂、吊装、张拉、放张及施工期间临时负荷时的混凝土强度，应根据同条件养护的标准尺寸试件的混凝土强度确定。

由于同条件养护试件具有与结构混凝土相同的原材料、配合比和养护条件，能有效代表结构混凝土的实际质量。在施工过程中，根据同条件养护试件的强度来确定结构构件拆模、出池、出厂、吊装、张拉、放张及施工期间临时负荷时的混凝土强度，是行之有效的方法。

（4）当混凝土试件强度评定不合格时，可采用非破损或局部破损的检测方法，按国家现行有关标准的规定对结构构件中的混凝土强度进行推定，并作为处理的依据。

当混凝土试件强度评定不合格时，可根据国家现行有关标准采用回弹法、超声回弹综合法、钻芯法、后装拔出法等推定结构的混凝土强度。应指出，通过检测得到的推定强度可作为判断结构是否需要处理的依据。

（5）混凝土的冬期施工应符合国家现行标准《建筑工程冬期施工规程》（JGJ104）和施工技术方案的规定。

室外日平均气温连续 5 d 稳定低于 5℃时，混凝土分项工程应采取冬期施工措施，具体要求应符合国家现行标准《建筑工程冬期施工规程》(JGJ104)的有关规定。

（二）原材料

1. 主控项目

（1）水泥进场时应对其品种、级别、包装或散装仓号、出厂日期等进行检查，并应对其强度、安定性及其他必要的性能指标进行复验，其质量必须符合现行国家标准《硅酸盐水泥、普通硅酸盐水泥》(GB175)的规定。

当在使用中对水泥质量有怀疑或水泥出厂超过三个月（快硬硅酸盐水泥超过一个月）时，应进行复验，并按复验结果使用。

钢筋混凝土结构、预应力混凝土结构中，严禁使用含氯化物的水泥。

检查数量：按同一生产厂家、同一等级、同一品种、同一批号且连续进场的水泥，袋装不超过200 t为一批，散装不超过500 t为一批，每批抽样不少于一次。

检验方法：检查产品合格证、出厂检验报告和进场复验报告。

水泥进场时，应根据产品合格证检查其品种、级别等，并有序存放，以免造成混料错批。强度、安定性等是水泥的重要性能指标，进场时应作复验，其质量应符合现行国家标准《硅酸盐水泥、普通硅酸盐水泥》(GB175)、《矿渣硅酸盐水泥、火山灰质硅酸盐水泥及粉煤灰硅酸盐水泥》(GB1344)、《复合硅酸盐水泥》(GB12958)等的要求。水泥是混凝土的重要组成成分，若其中含有氯化物，可能引起混凝土结构中钢筋的锈蚀，故应严格控制。

（2）混凝土中掺用外加剂的质量及应用技术应符合现行国家标准《混凝土外加剂》(GB8076)、《混凝土外加剂应用技术规范》(GB50119)等的规定。

预应力混凝土结构中，严禁使用含氯化物的外加剂。钢筋混凝土结构中，当使用含氯化物的外加剂时，混凝土中氯化物的总含量应符合现行国家标准《混凝土质量控制标准》(GB50164)的规定。

检查数量：按进场的批次和产品的抽样检验方案确定。

检验方法：检查产品合格证、出厂检验报告和进场复验报告。

混凝土外加剂种类较多，且均有相应的质量标准，使用时其质量及应用技术应符合国家现行标准《混凝土外加剂》(GB8076)、《混凝土外加剂应用技术规范》(GBJ50199)、《混凝土速凝剂》(JC472)、《混凝土泵送剂》(JC473)、《混凝土防水剂》(JC474)、《混凝土防冻剂》(JV475)、《混凝土膨胀剂》(JC476)等的规定。外加剂的检验项目、方法和批量应符合相应标准的规定。若外加剂中含有氯化物，同样可能引起混凝土结构中钢筋的锈蚀，故应严格控制。

（3）混凝土中氯化物和碱的总含量应符合现行国家标准《混凝土结构设计规范》(GB50010)和设计的要求。

检验方法：检查原材料试验报告和氯化物、碱的总含量计算书。

混凝土中氯化物、碱的总含量过高，可能引起钢筋锈蚀和碱骨料反应，严重影响结构构件受力性能和耐久性。

2. 一般项目

（1）混凝土中掺用矿物掺合料的质量应符合现行国家标准《用于水泥和混凝土中的粉煤灰》(GB1596)等的规定。矿物掺合料的掺量应通过试验确定。

检查数量：按进场的批次和产品的抽样检验方案确定。

检验方法：检查出厂合格证和进场复验报告。

混凝土掺合料的种类主要有粉煤灰、粒化高炉矿渣粉、沸石粉、硅灰和复合掺合料等,有些目前尚没有产品质量标准。对各种掺合料,均应提出相应的质量要求,并通过试验确定其掺量。工程应用时,尚应符合国家现行标准《粉煤灰混凝土应用技术规范》(GBJ146)、《粉煤灰在混凝土和砂浆中应用技术规程》(JGJ28)、《用于水泥与混凝土中粒化高炉矿渣粉》(GB/T18046)等的规定。

(2)普通混凝土所用的粗、细骨料的质量应符合国家现行标准《普通混凝土用碎石或卵石质量标准及检验方法》(JGJ53)、《普通混凝土用砂质量标准及检验方法》(JGJ52)的规定。

检查数量:按进场的批次和产品的抽样检验方案确定。

检验方法:检查进场复验报告。

注:① 混凝土用的粗骨料,其最大颗粒粒径不得超过构件截面最小尺寸的1/4,且不得超过钢筋最小净间距的3/4。

② 对混凝土实心板,骨料的最大粒径不宜超过板厚的1/3,且不得超过 40 mm。

(3)拌制混凝土宜采用饮用水;当采用其他水源时,水质应符合国家现行标准《混凝土拌合用水标准》(JGJ63)的规定。

检查数量:同一水源检查不应少于一次。

检验方法:检查水质试验报告。

考虑到今后生产中利用工业处理水的发展趋势,除采用饮用水外,也可采用其他水源,但其质量应符合国家现行标准《混凝土拌合用水标准》(JGJ63)的要求。

(三)配合比设计

1. 主控项目

(1)混凝土应按国家现行标准《普通混凝土配合比设计规程》(JGJ55)的有关规定,根据混凝土强度等级、耐久性和工作性等要求进行配合比设计。

对有特殊要求的混凝土,其配合比设计尚应符合国家现行有关标准的专门规定。

检验方法:检查配合比设计资料。

混凝土应根据实际采用的原材料进行配合比设计并按普通混凝土拌合物性能试验方法等标准进行试验、试配,以满足混凝土强度、耐久性和工作性(坍落度等)的要求,不得采用经验配合比。同时,应符合经济、合理的原则。

2. 一般项目

(1)首次使用的混凝土配合比应进行开盘鉴定,其工作性应满足设计配合比的要求。开始生产时应至少留置一组标准养护试件,作为验证配合比的依据。

检验方法:检查开盘鉴定资料和试件强度试验报告。

实际生产时,对首次使用的混凝土配合比应进行开盘鉴定,并至少留置一组 28 d 标准养护试件,验证混凝土的实际质量与设计要求的一致性。施工单位应注意积累相关资料,有利于提高配合比设计水平。

(2)混凝土拌制前,应测定砂、石含水率并根据测试结果调整材料用量,提出施工配合比。

检查数量:每工作班检查一次。

检验方法:检查含水率测试结果和施工配合比通知单。

混凝土生产时,砂、石的实际含水率可能与配合比设计时存在差异,故规定应测定实际含水率并相应地调整材料用量。

（四）混凝土施工

1. 主控项目

（1）结构混凝土的强度等级必须符合设计要求。用于检查结构构件混凝土强度的试件，应在混凝土的浇筑地点随机抽取。取样与试件留置应符合下列规定：

① 每拌制 100 盘且不超过 100 m³ 的同配合比的混凝土，取样不得少于一次；

② 每工作班拌制的同一配合比的混凝土不足 100 盘时，取样不得少于一次；

③ 当一次连续浇筑超过 100 m³ 时，同一配合比的混凝土每 200 m³ 取样不得少于一次；

④ 每一楼层、同一配合比的混凝土，取样不得少于一次；

⑤ 每次取样应至少留置一组标准养护试件，同条件养护试件的留置组数应根据实际需要确定。

检验方法：检查施工记录及试件强度试验报告。

（2）对有抗渗要求的混凝土结构，其混凝土试件应在浇筑地点随机取样。同一工程、同一配合比的混凝土，取样不应少于一次，留置组数可根据实际需要确定。

检验方法：检查试件抗渗试验报告。

由于相同配合比的抗渗混凝土因施工造成的差异不大，故规定了对有抗渗要求的混凝土结构应按同一工程、同一配合比取样不少于一次。由于影响试验结果的因素较多，需要时可多留置几组试件。抗渗试验应符合现行国家标准《普通混凝土长期性能和耐久性能试验方法》（GBJ82）的规定。

（3）混凝土原材料每盘称量的允许偏差应符合表 3-36 的规定。

表 3-36　原材料每盘称量的允许偏差

材料名称	允许偏差
水泥、掺合料	±2%
粗、细骨料	±3%
水、外加剂	±2%

注：1. 各种衡器应定期校验，每次使用前应进行零点校核，保持计量准确；
　　2. 当遇雨天含水率有显著变化时，应增加含水率检测次数，并及时调整水和骨料的用量。

检查数量：每工作班抽查不应少于一次。

检验方法：复称。

各种衡器应定期校验，以保持计量准确。生产过程中应定期测定骨料的含水率，当遇雨天施工或其他原因致使含水率发生显著变化时，应增加测定次数，以便及时调整用水量和骨料用量，使其符合设计配合比的要求。

（4）混凝土运输、浇筑及间歇的全部时间不应超过混凝土的初凝时间。同一施工段的混凝土应连续浇筑，并应在底层混凝土初凝之前将上一层混凝土浇筑完毕。

当底层混凝土初凝后浇筑上一层混凝土时，应按施工技术方案中对施工缝的要求进行处理。

检查数量：全数检查。

检验方法：观察，检查施工记录。

混凝土的初凝时间与水泥品种、凝结条件、掺用外加剂的品种和数量等因素有关,应由试验确定。当施工环境气温较高时,还应考虑气温对混凝土初凝时间的影响。规定混凝土应连续浇筑并在底层初凝之前将上一层浇筑完毕,主要是为了防止扰动已初凝的混凝土而出现质量缺陷。当因停电等意外原因造成底层混凝土已初凝时,则应在继续浇筑混凝土之前,按照施工技术方案对混凝土接槎的要求进行处理,使新旧混凝土结合紧密,保证混凝土结构的整体性。

2. 一般项目

(1) 施工缝的位置应在混凝土浇筑前按设计要求和施工技术方案确定。施工缝的处理应按施工技术方案执行。

检查数量:全数检查。

检验方法:观察,检查施工记录。

混凝土施工缝不应随意留置,其位置应事先在施工技术方案中确定。确定施工缝位置的原则为:尽可能留置在受剪力较小的部位;留置部位应便于施工。承受动力作用的设备基础,原则上不应留置施工缝,当必须留置时,应符合设计要求并按施工技术方案执行。

(2) 后浇带的留置位置应按设计要求和施工技术方案确定。后浇带混凝土浇筑应按施工技术方案进行。

检查数量:全数检查。

检验方法:观察,检查施工记录。

混凝土后浇带对避免混凝土结构的温度收缩裂缝等有较大作用。混凝土后浇带位置应按设计要求留置,后浇带混凝土的浇筑时间、处理方法等也应事先在技术方案中确定。

(3) 混凝土浇筑完毕后,应按施工技术方案及时采取有效的养护措施,并应符合下列规定:

① 应在浇筑完毕后的 12 h 内对混凝土加以覆盖并保湿养护;

② 对采用硅酸盐水泥、普通硅酸盐水泥或矿渣硅酸盐水泥拌制的混凝土,混凝土浇水养护的时间不得少于 7 d;对掺用缓凝型外加剂或有抗渗要求的混凝土,不得少于 14 d;

③ 浇水次数应能保持混凝土处于湿润状态,混凝土养护用水应与拌制用水相同;

④ 采用塑料布覆盖养护的混凝土,其敞露的全部表面应覆盖严密,并应保持塑料面布内有凝结水;

⑤ 混凝土强度达到 1.2N/mm^2 前,不得在其上踩踏或安装模板及支架。

注:① 当日平均气温低于 5℃时,不得浇水;

② 当采用其他品种水泥时,混凝土的养护时间应根据所采用水泥的技术性能确定;

③ 混凝土表面不便浇水或使用塑料布时,宜涂刷养护剂;

④ 对大体积混凝土的养护,应根据气候条件按施工技术方案采取控温措施。

检查数量:全数检查。

检查方法:观察,检查施工记录。

养护条件对于混凝土强度的增长有重要影响。在施工过程中,应根据原材料、配合比、浇筑部位和季节等具体情况,制定合理的施工技术方案,采取有效的养护措施,保证混凝土强度正常增长。

五、现浇结构分项工程

现浇结构分项工程以模板、钢筋、预应力、混凝土四个分项工程为依托,是拆除模板后的混凝土结构实物外观质量、几何尺寸检验等一系列技术工作的总称。现浇结构分项工程可按楼层、结构缝或施工段划分检验批。

（一）一般规定

（1）现浇结构的外观质量缺陷,应由监理(建设)单位、施工单位等各方根据其对结构性能和使用功能影响的严重程度,按表3-37的规定确定。

表3-37　现浇结构外观质量缺陷

名称	现象	严重缺陷	一般缺陷
露筋	构件内钢筋未被混凝土包裹而外露	纵向受力钢筋有露筋	其他钢筋有少量露筋
蜂窝	混凝土表面缺少水泥砂浆而形成石子外露	构件主要受力部位有蜂窝	其他部位有少量蜂窝
孔洞	混凝土中孔穴深度和长度均超过保护层厚度	构件主要受力部位有孔洞	其他部位有少量孔洞
夹渣	混凝土中夹有杂物且深度超过保护层厚度	构件主要受力部位有夹渣	其他部位有少量夹渣
疏松	混凝土中局部不密实	构件主要受力部位有疏松	其他部位有少量疏松
裂缝	缝隙从混凝土表面延伸至混凝土内部	构件主要受力部位有影响结构性能或使用功能的裂缝	其他部位有少量不影响结构性能或使用功能的裂缝
连接部位缺陷	构件连接处混凝土缺陷及连接钢筋的连接件松动	连接部位有影响结构传力性能的缺陷	连接部位有基本不影响结构传力性能的缺陷
外形缺陷	缺棱掉角、棱角不直、翘曲不平、飞边凸肋等	清水混凝土构件有影响使用功能或装饰效果的外形缺陷	其他混凝土构件有不影响使用功能的外形缺陷
外表缺陷	构件表面麻面、掉皮、起砂、沾污等	具有重要装饰效果的清水混凝土构件有外表缺陷	其他混凝土构件有不影响使用功能的外表缺陷

对现浇结构外观质量的验收,采用检查缺陷,并对缺陷的性质和数量加以限制的方法进行。各种缺陷的数量限制可由各地根据实际情况作出具体规定。当外观质量缺陷的严重程度超过本条规定的一般缺陷时,可按严重缺陷处理。在具体实施中,外观质量缺陷对结构性能和使用功能等的影响程度,应由监理(建设)单位、施工单位等各方共同确定。对于具有重要装饰效果的清水混凝土,考虑到其装饰效果属于主要使用功能,故将其表面外形缺陷、外表缺陷确定为严重缺陷。

（2）现浇结构拆模后,应由监理(建设)单位、施工单位对外观质量和尺寸偏差进行检查,作出记录,并应及时按施工技术方案对缺陷进行处理。

现浇结构拆模后,施工单位应及时会同监理(建设)单位对混凝土外观质量和尺寸偏差进行检查,并作出记录。不论何种缺陷都应及时进行处理,并重新检查验收。

（二）外观质量

1．主控项目

现浇结构的外观质量不应有严重缺陷。

对已经出现的严重缺陷，应由施工单位提出技术处理方案，并经监理（建设）单位认可后进行处理。对经处理的部位，应重新检查验收。

检查数量：全数检查。

检验方法：观察，检查技术处理方案。

外观质量的严重缺陷通常会影响到结构性能、使用功能或耐久性。对已经出现的严重缺陷，应由施工单位根据缺陷的具体情况提出技术处理方案，经监理（建设）单位认可后进行处理，并重新检查验收。

2．一般项目

现浇结构的外观质量不宜有一般缺陷。

对已经出现的一般缺陷，应由施工单位按技术处理方案进行处理，并重新检查验收。

检查数量：全数检查。

检验方法：观察，检查技术处理方案。

外观质量的一般缺陷通常不会影响到结构性能、使用功能，但有碍观瞻。故对已经出现的一般缺陷，也应及时处理，并重新检查验收。

（三）尺寸偏差

1．主控项目

（1）现浇结构不应有影响结构性能和使用功能的尺寸偏差。混凝土设备基础不应有影响结构性能和设备安装的尺寸偏差。

对超过尺寸允许偏差且影响结构性能和安装、使用功能的部位，应由施工单位提出技术处理方案，并经监理（建设）单位认可后进行处理。对经处理的部位，应重新检查验收。

检查数量：全数检查。

检验方法：量测，检查技术处理方案。

过大的尺寸偏差可能影响结构构件的受力性能、使用功能，也可能影响设备在基础上的安装、使用。验收时，应根据现浇结构、混凝土设备基础尺寸偏差的具体情况，由监理（建设）单位、施工单位等各方共同确定尺寸偏差对结构性能和安装使用功能的影响程度。对超过尺寸允许偏差且影响结构性能和安装、使用功能的部位，应由施工单位根据尺寸偏差的具体情况提出技术处理方案，经监理（建设）单位认可后进行处理，并重新检查验收。

2．一般项目

（1）现浇结构和混凝土设备基础拆模后的尺寸偏差和检验方法应符合表 3-38、表 3-39的规定。

检查数量：按楼层、结构缝或施工段划分检验批。在同一检验批内，对梁、柱和独立基础，应抽查构件数量的 10%，且不少于 3 件；对墙和板，应按有代表性的自然间抽查 10%，且不少于 3 间；对大空间结构，墙可按相邻轴线高度 5 m 左右划分检查面，板可按纵、横轴线划分检查面，抽查 10%，且均不少于 3 面；对电梯井，应全数检查；对设备基础，应全数检查。

表 3-38　现浇结构尺寸偏差和检验方法

项　目			允许偏差(mm)	检验方法
轴线位置	基础		15	钢尺检查
	独立基础		10	
	墙、柱、梁		8	
	剪力墙		5	
垂直度	层高	≤5 m	8	经纬仪或吊线、钢尺检查
		>5 m	10	经纬仪或吊线、钢尺检查
	全高(H)		$H/1\,000$ 且≤30	经纬仪、钢尺检查
标高	层高		±10	水准仪或拉线、钢尺检查
	全高		±30	
截面尺寸			+8,-5	钢尺检查
电梯井	井筒长、宽对定位中心线		+25	钢尺检查
	井筒全高(H)垂直度		$H/1\,000$ 且≤30	经纬仪、钢尺检查
表面平整度			8	2 m 靠尺和塞尺检查
预埋设施中心线位置	预埋件		10	钢尺检查
	预埋螺栓		5	
	预埋管		5	
预留洞中心线位置			15	钢尺检查

注:检查轴线、中心线位置时,应沿纵、横两个方向量测,并取其中的较大值。

表 3-39　混凝土设备基础尺寸允许偏差和检验方法

项　目		允许偏差(mm)	检验方法
坐标位置		20	钢尺检查
不同平面的标高		0,-20	水准仪或拉线、钢尺检查
平面外形尺寸		±20	钢尺检查
凸台上平面外形尺寸		0,-20	钢尺检查
凹穴尺寸		+20,0	钢尺检查
平面水平度	每米	5	水平尺、塞尺检查
	全长	10	水准仪或拉线、钢尺检查
垂直度	每米	5	经纬仪或吊线、钢尺检查
	全高	10	
预埋地脚螺栓	标高(顶部)	+20,0	水准仪或拉线、钢尺检查
	中心距	±2	钢尺检查

（续表）

项　目		允许偏差（mm）	检验方法
预埋地脚螺栓孔	中心线位置	10	钢尺检查
	深度	+20,0	钢尺检查
	孔垂直度	10	吊线、钢尺检查
预埋活动地脚螺栓锚板	标高	+20,0	水准仪或拉线、钢尺检查
	中心线位置	5	钢尺检查
	带槽锚板平整度	5	钢尺、塞尺检查
	带螺纹孔锚板平整度	2	钢尺、塞尺检查

注：检查坐标、中心线位置时，应沿纵、横两个方向量测，并取其中的较大值。

第四节　防水工程质量控制

建筑工程防水是建筑产品的一项重要功能，它关系到建筑物的使用寿命、使用环境及卫生条件，影响到人们的生产活动、工作及生活质量。防水工程在建筑施工中属关键项目和隐蔽工程，对保证工程质量具有重要地位。建筑物的防水工程按其构造做法可分为两大类，即刚性防水和柔性防水。刚性防水又可分为结构构件的自防水和刚性防水材料防水，结构构件的自防水主要是依靠建筑物构件（如屋面板、墙体、底板等）材料自身的密实性及某些构造措施（如坡度、伸缩缝并辅以油膏嵌缝、埋设止水带等），起到自身防水的作用；刚性防水材料防水则是在建筑构件上抹防水砂浆、浇筑掺有外加剂的细石混凝土或预应力混凝土等以达到防水的目的。柔性防水则是在建筑构件上使用柔性材料（如铺设防水卷材、涂布防水涂料等）作防水层。按建筑工程不同部位，又可分为：屋面防水、地下防水、卫生间防水等。近年来，新型防水材料及其应用技术发展迅速，并朝着由多层向单层、由热施工向冷施工、由适用范围单一向适用范围广泛的方向发展。

一、屋面防水工程

（一）基本规定

（1）屋面工程应根据建筑物的性质、重要程度、使用功能要求以及防水层合理使用年限，按不同等级进行设防，并应符合表 3 - 40 的要求。

表 3 - 40　屋面防水等级和设防要求

项目	屋面防水等级			
	Ⅰ	Ⅱ	Ⅲ	Ⅳ
建筑物类型	特别重要或对防水有特殊要求的建筑	重要的建筑和高层建筑	一般的建筑	非永久性的建筑
防水层合理使用年限	25 年	15 年	10 年	5 年

（续表）

项目	屋面防水等级			
	Ⅰ	Ⅱ	Ⅲ	Ⅳ
防水层选用材料	宜选用合成高分子防水卷材、高聚物改性沥青防水卷材、金属板材、合成高分子防水涂料、细石混凝土等材料	宜选用高聚物改性沥青防水卷材、合成高分子防水卷材、金属板材、合成高分子防水涂料、细石混凝土、平瓦、油毡瓦等材料	宜选用三毡四油沥青防水卷材、高聚物改性沥青防水卷材、合成高分子防水卷材、金属板材、高聚物改性沥青防水涂料、合成高分子防水涂料、细石混凝土、平瓦、油毡瓦等材料	可选用二毡三油沥青防水卷材、高聚物改性沥青防水涂料等材料
设防要求	三道或三道以上防水设防	二道防水设防	一道防水设防	一道防水设防

根据不同的屋面防水等级和防水层合理使用年限，分别选用高、中、低档防水材料，进行一道或多道设防，作为设计人员进行屋面工程设计时的依据。屋面防水层多道设防时，可采用同种卷材或涂膜复合等。所谓一道防水设防，是具有单独防水能力的一个防水层次。

（2）屋面工程应根据工程特点、地区自然条件等，按照屋面防水等级的设防要求，进行防水构造设计，重要部位应有详图。对屋面保温层的厚度，应通过计算确定。

（3）屋面工程施工前，施工单位应进行图纸会审，并应编制屋面工程施工方案或技术措施。

（4）屋面工程施工时，应建立各道工序的自检、交接检和专职人员检查的"三检"制度，并有完整的检查记录。每道工序完成，应经监理单位（或建设单位）检查验收，合格后方可进行下道工序的施工。

屋面工程各道工序之间，常常因上道工序存在的问题未解决，而被下道工序所覆盖，给屋面防水留下质量隐患。因此，必须加强按工序、层次进行检查验收，即在操作人员自检合格的基础上，进行工序间的交接检和专职质量人员的检查，检查结果应有完整的记录，然后经监理单位（或建设单位）进行检查验收后，方可进行下一工序的施工，以达到消除质量隐患的目的。

（5）屋面工程的防水层应由资质审查合格的防水专业队伍进行施工。作业人员应持有当地建设行政主管部门颁发的上岗证。

防水工程施工，实际上是对防水材料的一次再加工，必须由防水专业队伍进行施工，才能确保防水工程的质量。本条文所指的是由当地建设行政主管部门对防水施工企业的规模、技术水平、业绩等综合考核后颁发资质证书的防水专业队伍。操作人员应经过防水专业培训，达到符合要求的操作技术水平，由当地建设行政主管部门发给上岗证。对非防水专业队伍或非防水工施工的工程，当地质量监督部门应责令其停止施工。

（6）屋面工程所采用的防水、保温隔热材料应有产品合格证书和性能检测报告，材料的品种、规格、性能等应符合现行国家产品标准和设计要求。

防水、保温隔热材料除应有产品合格证和性能检测报告等出厂质量证明文件外，还应有经当地建设行政主管部门所指定的该产品抽样检验认证的试验报告，其质量必须符合国家产品标准和设计要求。为了控制防水、保温材料的质量，对进入现场的材料应按有关规定进行抽样复试。如发现不合格的材料已进入现场,应责令其清退出场,决不允许使用到工程上。

(7)当下道工序或相邻工程施工时,对屋面已完成的部分应采取保护措施。

对屋面工程的成品保护是一个非常重要的问题,很多工程在屋面施工完成后,又上人去进行其他作业,如安装天线、安装广告支架、堆放脚手架工具等,造成防水层的局部破坏而出现渗漏。所以,对于防水层施工完成后的成品保护应引起重视。

(8)伸出屋面的管道、设备或预埋件等,应在防水层施工前安设完毕。屋面防水层完工后,不得在其上凿孔打洞或重物冲击。

因为,如果在防水层施工完毕后再上人去安装,凿孔打洞或重物冲击,都会破坏防水层的整体性,从而导致屋面渗漏。

(9)屋面工程完工后,应按本规范的有关规定对细部构造、接缝、保护层等进行外观检验,并应进行淋水或蓄水检验。

屋面工程必须做到无渗漏,才能保证使用的要求。无论是防水层本身还是屋面细部构造,通过外观检验只能看到表面的特征是否符合设计和规范的要求。只有经过雨后或持续淋水2 h后,使屋面处于工作状态下经受实际考验,才能观察出屋面工程是否有渗漏。有可能做蓄水检验的屋面,其蓄水时间不应小于24 h。

(10)屋面的保温层和防水层严禁在雨天、雪天和五级风及其以上时施工。施工环境气温宜符合表3-41的要求。

表 3 - 41   屋面保温层和防水层施工环境气温

项目	施工环境气温
黏结保温层	热沥青不低于−10℃;水泥砂浆不低于5℃
沥青防水卷材	不低于5℃
高聚物改性沥青防水卷材	冷黏法不低于5℃;热熔法不低于−10℃
合成高分子防水卷材	冷黏法不低于5℃;热风焊接法不低于−10℃
高聚物改性沥青防水涂料	溶剂型不低于−5℃,水溶型不低于5℃
合成高分子防水涂料	溶剂型不低于−5℃,水溶型不低于5℃
刚性防水层	不低于5℃

(11)屋面工程各子分部工程和分项工程的划分,应符合表3-42的要求。

表 3 - 42   屋面工程各子分部工程和分项工程的划分

分部工程	子分部工程	分项工程
屋面工程	卷材防水屋面	保温层,找平层,卷材防水层,细部构部
	涂膜防水屋面	保温层,找平层,涂膜防水层,细部构部
	刚性防水屋面	细石混凝土防水层,密封材料嵌缝,细部构造
	瓦屋面	平瓦屋面,油毡瓦屋面,金属板材屋面,细部构造
	隔热屋面	架空屋面,蓄水屋面,种植屋面

(12)屋面工程各分项工程的施工质量检验批量应符合下列规定:

① 卷材防水屋面、涂膜防水屋面、刚性防水屋面、瓦屋面和隔热屋面工程,应按屋面面积每 100 m² 抽查一处,每处 10 m²,且不得少于 3 处。

② 接缝密封防水,每 50 m 应抽查一处,每处 5 m,且不得少于 3 处。

③ 细部构造根据分项工程的内容,应全部进行检查。

细部构造,是屋面工程中最容易出现渗漏的薄弱环节。据调查表明,在渗漏的屋面工程中,70% 以上是节点渗漏。所以,对于细部构造每一个地方都是不允许渗漏的。如水落口不管有多少个,一个也不允许渗漏;天沟、檐沟必须保证纵向找坡符合设计要求,才能排水畅通、沟中不积水。

(二)卷材防水屋面工程

1. 屋面找平层

(1) 本节适用于防水层基层采用水泥砂浆、细石混凝土或沥青砂浆的整体找平层。

卷材屋面防水层要求基层有较好的结构整体性和刚度,目前大多数建筑均以钢筋混凝土结构为主,故应采用水泥砂浆、细石混凝土找平层或沥青砂浆找平层作为防水层的基层。

(2) 找平层的厚度和技术要求应符合表 3-43 的规定。

表 3-43　找平层的厚度和技术要求

类别	基层种类	厚度(mm)	技术要求
水泥砂浆找平层	整体混凝土	15~20	1:2.5~1:3(水泥:砂)体积比,水泥强度等级不低于 32.5 级
	整体或板状材料保温层	20~25	
	装配式混凝土板,松散材料保温层	20~30	
细石混凝土找平层	松散材料保温层	30~35	混凝土强度等级不低于 C20
沥青砂浆找平层	整体混凝土	15~20	1:8(沥青:砂)质量比
	装配式混凝土板,整体或板状材料保温层	20~25	

(3) 找平层的基层采用装配式钢筋混凝土板时,应符合下列规定:

① 板端、侧缝应用细石混凝土灌缝,其强度等级不应低于 C20;

② 板缝宽大于 40 mm 或上窄下宽时,板缝内应设置构造钢筋;

③ 板端缝应进行密封处理。

当板缝过宽或上窄下宽时,灌缝的混凝土干缩受振动后容易掉落,故需在缝内配筋。板端缝处是变形最大的部位,板在长期荷载下的挠曲变形会导致板与板间的接头缝隙增大,故强调此处必须进行密封处理。

(4) 找平层的排水坡度应符合设计要求。平屋面采用结构找坡不应小于 3%,采用材料找坡宜为 2%;天沟、檐沟纵向找坡不应小于 1%,沟底水落差不得超过 200 mm。

注:屋面防水应以防为主,以排为辅。在完善设防的基础上,应将水迅速排走,减少渗水的机会,所以正确的排水坡度很重要。平屋面在建筑功能许可情况下应尽量做成结构找坡,坡度应尽量大些,过小时施工不易准确,所以规定不应小于 3%。材料找坡时,为了减轻屋面负荷,坡度规定宜为 2%。天沟、檐沟的纵向坡度不能过小,否则施工时找坡困难而造成积水,防水层长期被水浸泡会加速损坏。沟底的落差不超过 200 mm,即水落口离天沟分水线不得超过

200 mm 的要求。

（5）基层与突出屋面结构（女儿墙、山墙、天窗壁、变形缝、烟囱等）的交接处和基层的转角处，找平层均应做成圆弧形，圆弧半径应符合表 3-44 的要求。内部排水的水落口周围，找平层应做成略低的凹坑。

表 3-44　转角处圆弧半径

卷材种类	圆弧半径(mm)
沥青防水卷材	100～150
高聚物改性沥青防水卷材	50
合成高分子防水卷材	20

基层与突出屋面结构的交接处以及基层的转角处是防水层应力集中的部位，转角处圆弧半径的大小会影响卷材的粘贴。沥青卷材防水层的转角处圆弧半径仍沿用过去传统的作法，而高聚物改性沥青防水卷材和合成高分子防水卷材柔性好且薄，因此防水层的转角处圆弧半径可以减小。

（6）找平层宜设分格缝，并嵌填密封材料。分格缝应留设在板端缝处，其纵横缝的最大间距：水泥砂浆或细石混凝土找平层，不宜大于 6 m；沥青砂浆找平层，不宜大于 4 m。

由于找平层收缩和温差的影响，水泥砂浆或细石混凝土找平层应预先留设分格缝，使裂缝集中于分格缝中，减少找平层大面积开裂的可能；沥青砂浆在低温时收缩更大，所以间距规定较小。同时，为了变形集中，分格缝应留在结构变形最易发生负弯矩的板端处。

2. 主控项目

（1）找平层的材料质量及配合比，必须符合设计要求。

（2）屋面（含天沟、檐沟）找平层的排水坡度，必须符合设计要求。

检验方法：用水平仪（水平尺）、拉线和尺量检查。

屋面找平层是铺设卷材、涂膜防水层的基层。在调研中发现平屋面（坡度 3‰～5‰）、天沟、檐沟，由于排水坡度过小或找坡不正确，常会造成屋面排水不畅或积水现象。基层找坡正确，能将屋面上的雨水迅速排走，延长防水层的使用寿命。

3. 一般项目

（1）基层与突出屋面结构的交接处和基层的转角处，均应做成圆弧形，且整齐平顺。

检验方法：观察和尺量检查。

（2）水泥砂浆、细石混凝土找平层应平整、压光，不得有疏松、起砂、起皮现象；沥青砂浆找平层不得有拌和不匀、蜂窝现象。

检验方法：观察检查。

由于目前一些施工单位对找平层质量不够重视，致使水泥砂浆、细石混凝土找平层的表面有疏松、起砂、起皮和裂缝现象，直接影响防水层和基层的粘贴质量或导致防水层开裂。对找平层的质量要求，除排水坡度满足设计要求外，并规定找平层要在收水后二次压光，使表面坚固、平整；水泥砂浆终凝后，应采取浇水、覆盖浇水、喷养护剂、涂刷冷底子油等手段充分养护，保护砂浆中的水泥充分水化，确保找平层质量。

沥青砂浆找平层，除强调配合比准确外，施工中应注意拌和均匀和表面密实。找平层表面不密实会产生蜂窝现象，使卷材胶结材料或涂膜的厚度不均匀，直接影响防水层的质量。

（3）找平层分缝的位置和间距应符合设计要求。

检验方法：观察和尺量检查。

调查分析认为，卷材、涂膜防水层的不规则拉裂，是由于找平层的开裂造成的，而水泥砂浆找平层的开裂又是难以避免的。找平层合理分格后，可将变形集中到分格缝处。规范规定找平层分格缝应设在板端缝处，其纵横缝的最大间距：水泥砂浆或细石混凝土找平层，不宜大于6 m；沥青砂浆找平层，不宜大于4 m。因此，找平层分格缝的位置和间距应符合设计要求。

（4）找平层表面平整度的允许偏差为5 mm。

检验方法：用2 m靠尺和楔形塞尺检查。

（三）屋面保温层

1. 基本规定

（1）本节适用于松散、板状材料或整体现浇（喷）保温层。

（2）保温层应干燥，封闭式保温层的含水率应相当于该材料在当地自然风干状态下的平衡含水率。

保温材料受潮后，其孔隙中存在水蒸气和水，而水的导热系数（$\lambda=0.5$）比静态空气的导热系数（$\lambda=0.02$）要大20多倍，因此材料的导热系数也必然增大，若材料孔隙中的水分受冻成冰，冰的导热系数（$\lambda=2.0$）相当于水的导热系数的4倍，则材料的导热系数更大。研究实验表明，当材料的含水率增加1%时，其导热系数则相应能够增大5%左右，而当材料的含水率从干燥状态（含水率$\omega=0$）增加到20%时，其导热系数则几乎增大一倍。还需特别指出的是，材料在干燥状态下，其导热系数是随温度的降低而减少；而材料在潮湿状态下，当温度降到0℃以下，其中的水分冷却成冰，则材料的导热系数必然增大。

含水率对导热系数的影响颇大，特别是负温度下更使导热系数增大，为保证建筑物的保温效果，就有必要限制保温层含水率。保温材料在自然环境下，因空气的湿度而具有一定的含水率。由于每一个地区的环境湿度不同，定出一个统一含水率标准是不可能的，因此，只要将自然干燥不浸水的保温材料用于保温层即可。

（3）屋面保温层干燥有困难时，应采用排气措施。

当屋面保温层（指正置式或封闭式）含水率过大、且不易干燥时，则应该采取措施进行排气。排气目的是：① 因为保温材料含水率过大，保温性能降低，达不到设计要求。② 当气温升高，水分蒸发，产生气体膨胀后，使防水层鼓泡而破坏。

（4）倒置式屋面应采用吸水率小、长期浸水不腐烂的保温材料。保温层上应用混凝土等块材、水泥砂浆或卵石做保护层；卵石保护层与保温层之间，应干铺一层无纺聚酯纤维布作隔离层。

倒置式屋面是将保温层置于防水层的上面，保温层的材料必须是低吸水率的材料和长期浸水不腐烂的材料。目前符合上述要求的有闭泡沫玻璃、聚苯泡沫板、硬质聚氨酯泡沫板几种保温材料。

倒置式屋面保温层直接暴露在大气中，为了防止紫外线的直接照射、人为的损害，以及防止保温层泡雨水后上浮，故在保温层上应采用混凝土块、水泥砂浆或卵石作保护层。

（5）松散材料保温层施工应符合下列规定：

① 铺设松散材料保温层的基层应平整、干燥和干净。

② 保温层含水率应符合设计要求。

③ 松散保温材料应分层铺设并压实,压实的程度与厚度应经试验确定。

④ 保温层施工完成后,应及时进行找平层和防水层的施工;雨季施工时,保温层应采取遮盖措施。

（6）板状材料保温层施工应符合下列规定:

① 板状材料保温层的基层应平整、干燥和干净。

② 板状保温材料应紧靠在需保温的基层表面上,并应铺平垫稳。

③ 分层铺设的板块上下层接缝应相互错开;板间缝隙应采用同类材料嵌填密实。

④ 粘贴的板状保温材料应贴严、粘牢。

板状保温材料也要求基层干燥,铺设时要求基层平整,铺板要平,缝隙要严,避免产生冷桥。

（7）整体现浇（喷）保温层施工应符合下列规定:

① 沥青膨胀蛭石、沥青膨胀珍珠岩宜用机械搅拌,并应色泽一致,无沥青团;压实程度根据试验确定,其厚度应符合设计要求,表面应平整。

② 硬质聚氨酯泡沫塑料应按配比准确计量,发泡厚度均匀一致。

整体现浇（喷）保温层施工主要有两种材料,一种是沥青膨胀蛭石（珍珠岩）,一种是硬泡聚氨酯,它们都是吸水率低的材料。而水珍珠岩、水泥蛭石施工后,其含水率可达 100% 以上,且吸水率也很大,不能保证功能,故目前已不再使用。保证现浇保温层质量的关键,是表面平整和厚度满足设计要求。

2. 主控项目

（1）保温材料的规程表现密度、导热系数以及板材的强度、吸水率,必须符合设计要求。

检验方法:检查出厂合格证、质量检验报告和现场抽样复验报告。

（2）保温层的含水率必须符合设计要求。

检验方法:检查现场抽样检验报告。

3. 一般项目

（1）保温层的铺设应符合下列要求:

① 松散保温材料。分层铺设,压实适当,表面平整,找坡正确。

② 板状保温材料。紧贴（靠）基层,铺平垫稳,拼缝严密,找坡正确。

③ 整体现浇保温层。拌和均匀,分层铺设,压实适当,表面平整,找坡正确。

检验方法:观察检查。

（2）保温层厚度的允许偏差:松散保温材料和整体现浇保温层分别为 +10%,-5%;板状保温材料为 +5%,且不得大于 4 mm。

检验方法:用钢针插入和尺量检查。

（3）当倒置式屋面保护层采用卵石铺压时,卵石应分布均匀,卵石的质（重）量应符合设计要求。

检验方法:观察检查和按堆积密度计算其质（重）量。

（四）卷材防水层

1. 一般规定

（1）本节适用于防水等级为 Ⅰ～Ⅳ 级的屋面防水。

屋面防水多道设防时,可采用同种卷材叠层或不同卷材和涂膜复合及刚性防水和卷材复合等。采取复合使用虽增加品种对施工和采购带来不便,但对材性互补保证防水可靠性是有利的,应予提倡。

(2)卷材防水层应采用高聚物沥青防水卷材、合成高分子防水卷材或沥青防水卷材。所选用的基层处理剂、接缝胶黏剂、密封材料等配套材料应与铺贴的卷材材性相容。

如今卷材品种繁多、材性各异,所以规定选用的基层处理剂、接缝胶黏剂、密封材料等应与铺贴的卷材材性相容,使之黏结良好、封闭严密,不受腐蚀等侵害。

(3)在坡度大于25%的屋面上采用卷材作防水层时,应采取固定措施。固定点应密封严密。卷材屋面坡度超过25%时,常发生下滑现象,故应采取防止下滑措施。防止卷材下滑的措施除采取满黏法外,目前还有钉压固定等方法,固定点亦应封闭严密。

(4)铺设屋面隔汽层和防水层前,基层必须干净、干燥。

干燥程度的简易检验方法,是净1 m² 卷材平坦地干铺在找平层上,静置3~4 h后掀开检查,找平层覆盖部位与卷材上未见水印即可铺设。

为使卷材防水层与基层黏结良好,避免卷材防水层发生鼓泡现象,基层必须干净、干燥。由于我国地域广阔、气候差异甚大,不可能制定统一的含水率限制,而铺贴卷材的基层含水率是与当地的相对湿度有关,应采用相当于当地湿度的平衡含水率。目前许多企业和地方标准中规定含水率为8%~15%,如定得过小干燥有困难,过大则保证不了质量。

(5)卷材铺贴方向应符合下列规定:

① 屋面坡度小于3%时,卷材宜平行屋脊铺贴。

② 屋面坡度在3%~15%时,卷材可平行或垂直屋脊铺贴。

③ 屋面坡度大于15%或屋面受震动时,沥青防水卷材应垂直屋脊铺贴,高聚物改性沥青防水卷材和合成高分子防水卷材可平行或垂直屋脊铺贴。

卷材铺贴方向主要是针对沥青防水卷材规定的。考虑到沥青软化点较低,防水层较厚,屋面坡度较大时需垂直屋脊方向铺贴,防止发生流淌。高聚物改性沥青防水卷材和合成高分子防水卷材耐温性好,厚度较薄,不存在流淌问题,故对铺贴方向不予限制。

(6)卷材厚度选用应符合表3-45的规定。

表3-45　卷材厚度选用表

屋面防水等级	设防道数	合成高分子防水卷材	高聚物改性沥青防水卷材	沥青防水卷材
Ⅰ级	三道或三道以上设防	不应小于1.5 mm	不应小于3 mm	—
Ⅱ级	二道设防	不应小于1.2 mm	不应小于3 mm	—
Ⅲ级	一道设防	不应小于1.2 mm	不应小于4 mm	三毡四油
Ⅳ级	一道设防	—	—	二毡三油

表3-45中厚度数据,是按照我国现实水平和参考国外的资料确定的。卷材的厚度在防水层的施工、使用过程,对保证屋面防水工程质量起关键作用。同时还应考虑到人们的踩踏、机具的压扎、穿刺、自然老化等,均要求卷材有足够厚度。

(7)铺贴卷材采用搭接法时,上下层及相邻两幅卷材的搭接缝应错开。各种卷材搭接宽度应符合表3-46的要求。

表 3 - 46　卷材搭接宽度(mm)

卷材种类 \ 铺贴方法	短边搭接		长边搭接	
	满黏法	空铺、点黏、条黏法	满黏法	空铺、点黏、条黏法
沥青防水卷材	100	150	70	100
高聚物改性沥青防水卷材	80	100	80	100
合成高分子防水卷材　胶黏剂	80	100	80	100
合成高分子防水卷材　胶黏带	50	60	50	60
合成高分子防水卷材　单缝焊	60,有效焊接宽度不小于 25			
合成高分子防水卷材　双缝焊	80,有效焊接宽度 10×2+空腔宽			

(8) 冷黏法铺贴卷材应符合下列规定:

① 胶黏剂涂刷应均匀,不露底,不堆积。

② 根据胶黏剂的性能,应控制胶黏剂涂刷与卷材铺贴的间隔时间。

③ 铺贴的卷材下面的空气应排尽,并辊压黏结牢固。

④ 铺贴卷材应平整顺直,搭接尺寸准确,不得扭曲、折皱。

⑤ 接缝口应用密封材料封严,宽度不应小于 10 mm。

采用冷黏法铺贴卷材时,胶黏剂的涂刷质量对保证卷材防水施工质量关系极大,涂刷不均匀、有堆积或漏涂现象,不但影响卷材的黏结力,还会造成材料浪费。

根据胶黏剂的性能和施工环境要求不同,有的可以在涂刷后立即粘贴,有的要待干后粘贴,间隔时间还和气温、湿度、风力等因素有关。因此,要求控制好间隔时间。

卷材防水搭接的黏结质量,关键是搭接宽度和黏结密封性能。搭接缝平直、不扭曲,才能使搭接起码的保证;涂满胶黏剂、黏结牢固、溢出胶黏剂,才能证明黏结牢固、封闭严密。为保证搭接尺寸,一般在已铺卷材上以规定搭接宽度弹出粉线作为标准。卷材铺贴后,要求接缝口用宽 10mm 的密封材料封严,以提高防水层的密封抗渗性能。

(9) 热熔法铺贴卷材应符合下列规定:

① 火焰加热器加热卷材应均匀,不得过分加热或烧穿卷材。

② 卷材表面热熔后应立即滚铺卷材,卷材下面的空气应排尽,并辊压黏结牢固,不得空鼓。

③ 卷材接缝部位必须溢出热熔的改性沥青胶。

④ 铺贴的卷材应平整顺直,搭接尺寸准确,不得扭曲、折皱。

(10) 自黏法铺贴卷材应符合下列规定:

① 铺贴卷材前基层表面应均匀涂刷基层处理剂,干燥后应及时铺贴卷材。

② 铺贴卷材时,应将自黏胶底面的隔离纸全部撕净。

③ 卷材下面的空气应排尽,并辊压黏结牢固。

④ 铺贴的卷材应平整顺直,搭接尺寸准确,不得扭曲、折皱。搭接部位宜采用热风加热,随即粘贴牢固。

⑤ 接缝口应用密封材料封严,宽度不应小于 10 mm。

上述规定了自黏法铺贴卷材的施工要点。首先将隔离纸撕净,否则不能实现完全粘贴。

为了提高卷材与基层的黏结性能,基层应涂刷处理剂,并及时铺贴卷材。为保证接缝黏结性能,搭接部位提倡采用热风加热,尤其在温度较低时,这一措施就更为必要。

采用这种铺贴工艺,考虑到施工的可靠度、防水层的收缩,以及外力使缝口翘边开缝的可能,要求接缝口密封材料封严,以提高其密封抗渗的性能。

在铺贴立面或大坡面卷材时,立面和大坡面处卷材容易下滑,可采用加热方法使自黏卷材与基层黏结牢固,必要时还应采用钉压固定等措施。

(11)卷材热风焊接施工应符合下列规定:

① 焊接前卷材的铺设应平整顺直,搭接尺寸准确,不得扭曲、折皱。

② 卷材的焊接面应清扫干净,无水滴、油污及附着物。

③ 焊接时应先焊长边搭接缝,后焊短边搭接缝。

④ 控制热风加热温度和时间,焊接处不得有漏焊、跳焊、焊焦或焊接不牢现象。

⑤ 焊接时不得损害非焊接部位的卷材。

上述对热塑性卷材(如 PVC 卷材等)采用热风焊枪进行焊接的施工要点作出规定。为确保卷材接缝的焊接质量,要求焊接前卷材的铺设应正确,不得扭曲。

为使接缝焊接牢固、封闭严密,应将接缝表面的油污、尘土、水滴等附着物擦拭干净后,才能进行焊接施工。同时,焊接速度与热风温度、操作人员的熟练程度关系极大,焊接施工时必须严格控制,决不能出现漏焊、跳焊、焊焦或焊接不牢等现象。

(12)沥青玛碲脂的配制和使用应符合下列规定:

① 配制沥青玛碲脂的配合比应视使用条件、坡度和当地历年极端最高气温,并根据所用的材料经试验确定;施工中应按确定的配合比严格配料,每工作班应检查软化点和柔韧性。

② 热沥青玛碲脂的加热应低于 240℃,使用应高于 190℃。

③ 冷沥青玛碲脂使用时应搅匀,稠度太大时可加少量溶剂稀释搅匀。

④ 沥青玛碲脂应涂刮均匀,不得过厚或堆积。

黏结层厚度:热沥青玛碲脂宜为 1~1.5 mm,冷沥青玛碲脂宜为 0.5~1 mm。

面层厚度:热沥青玛碲脂宜为 2~3 mm,冷沥青玛碲脂宜为 1~1.5 mm。

粘贴各层沥青防水卷材和黏结绿豆砂保护层采用沥青玛碲脂,其标号应根据屋面的使用条件、坡度和当地历年极端最高气温按表 3-47 选用。

表 3-47　沥青玛碲脂选用标号

屋面坡度	历年极端最高气温	沥青玛碲脂标号
2%~3%	小于 38℃ 38~41℃ 41~45℃	S—60 S—65 S—70
3%~15%	小于 38℃ 38~41℃ 41~45℃	S—65 S—70 S—75
15%~25%	小于 38℃ 38~41℃ 41~45℃	S—75 S—80 S—85

注:① 卷材防水层上有块体保护层或整体刚性保护层时,沥青玛碲脂标号可按表 3-47 降低 5 号;

② 屋面受其他热源影响(如高温车间等)或屋面坡度超过 25%时,应将沥青玛碲脂的标号适当提高。

沥青玛碲脂应根据所用的材料经计算和试验确定：

① 配制沥青玛碲脂用的沥青，可采用 10 号、30 号的建筑石油沥青和 60 号甲、60 号乙的道路石油沥青或其熔合物。

② 选择沥青玛碲脂的配合成分时，应先选配具有所需软化点的一种沥青或两种沥青的熔合物。

③ 在配制沥青玛碲脂的石油沥青中，可掺入 10%～25% 的粉状填充料或掺入 5%～10% 的纤维填充料。填充料宜采用滑石粉、板岩粉、云母粉、石棉粉。填充料的含水率不宜大于 3%。粉状填充料应全部通过 0.21 mm（900 孔/cm²）孔径的筛子，其中大于 0.085 mm（4 900 孔/cm²）的颗粒不超过 15%。

沥青玛碲脂的质量要求，应符合表 3-48 的规定。

为确保沥青卷材防水层的质量，所选用的沥青玛碲脂应按配合比严格配料，每个工作班均应检查软化点和柔韧性。至于玛碲脂耐热度和相对应的软化点关系数据，应由试验部门根据原材料试配后确定。热沥青玛碲脂的加热不得超过 240℃，否则会因油分挥发加速玛碲脂的老化，影响玛碲脂的黏结性能；热沥青玛碲脂的使用温度也不得低于 190℃，否则会因黏度增加而不便于涂刷均匀，影响了玛碲脂对卷材的黏结性。同时，规定了冷、热沥青玛碲脂黏结层和面层的厚度，并要求涂刷均匀不得过厚或堆积，确保沥青卷材防水层的质量。

表 3-48 沥青玛碲脂的质量要求

标号 指标名称	S—60	S—65	S—70	S—75	S—80	S—85
耐热度	用 2 mm 厚的沥青玛碲脂粘合两张沥青油纸，在不低于下列温度（℃）中，在 1∶1 坡度上停放 5 h 后，沥青玛碲脂不应流淌，油纸不应滑动。					
	60	65	70	75	80	85
柔韧性	涂在沥青油纸上的 2 mm 厚的沥青玛碲脂层，在 18±2℃ 时围绕下列直径（mm）的圆棒，用 2 s 的时间以均衡速度弯成半周，沥青玛碲脂不应有裂纹。					
	10	15	15	20	25	30
黏结力	用手将两张粘贴在一起的油纸慢慢地一次撕开，从油纸和沥青玛碲脂粘贴面的任何一面的撕开部分，应不大于面积的 1/2。					

（13）天沟、檐沟、檐口、泛水和立面卷材收头的端部应裁齐，塞入预留凹槽内，用金属压条钉压固定，最大钉距不应大于 900 mm，并用密封材料嵌填封严。

天沟、檐口、泛水和立面卷材的收头端部处理十分重要，如果处理不当容易存在渗漏隐患。为此，必须要求把卷材收头的端部裁齐，塞入预留凹槽内，采用黏结或压条（垫片）钉压固定，最大钉距不应大于 900 mm，凹槽内应用密封材料封严。

（14）卷材防水层完工并经验收合格后，应做好成品保护。保护层的施工应符合下列规定：

① 绿豆砂应清洁、预热、铺撒均匀，并使其与沥青玛碲脂黏结，不得有未黏结的绿豆砂。

② 云母或蛭石保护层不得有粉料，撒铺应均匀，不得露底，多余的云母或蛭石应清除。

③ 水泥砂浆保护层的表面应抹平压光，并设表面分格缝，分格面积宜为 1 m²。

④ 块体材料保护层应留设分格缝，分格面积不宜大于 100 m²，分格缝宽度不宜小于 20 mm。

⑤ 细石混凝土保护层，混凝土应密实，表面抹平压光，并留设分格缝，分格面积不大于

36 m²。

⑥ 浅色涂料保护层应与卷材黏结牢固,厚薄均匀,不得漏涂。

⑦ 水泥砂浆、块材或细石混凝土保护层与防水之间应设置隔离层。

⑧ 刚性保护层与女儿墙、山墙之间应预留宽度为 30 mm 的缝隙,并用密封材料嵌填严密。

为防止紫外光线对卷材防水层的直接照射,延长其使用年限,规定卷材防水层应做保护层,并按保护层所采用材料不同有不同的要求。

用绿豆砂做保护层,系传统的做法。据全国调查,许多工程因未能认真按规范施工而不能确保防水工程质量。绿豆砂保护层应铺撒均匀、黏结牢固,才能真正起到保护层的作用。由于近年来出现了冷玛碲脂,这种胶结材料适用以云母或蛭石做保护层,根据调研效果可靠、工艺可行,故将其列入本规范。

水泥砂浆保护层由于水泥砂浆自身的干缩或温度变化影响,往往产生严重龟裂,且裂缝宽度较大,以致碎裂、脱落。根据工程实践经验,在水泥砂浆保护层上划分表面分格缝,将裂缝均匀分布在分格缝内,避免了大面积表面龟裂,故在规范中列入了这一项行之有效的规定。

用块体材料做保护层时,在调研中发现往往因温度升高、膨胀致使块体隆起。因此,本规范作出对块体材料保护层应留设分格缝的规定。

对现浇细石混凝土保护层分格面积作出了明确的规定。分格缝过密会对施工带来了困难,也不容易确保质量,故根据全国一些单位的实践经验,将分格面积定为 36 m²。

浅色涂料保护层要求将卷材表面清理干净,均匀涂刷保护涂料,确保涂层的质量要求。

根据历次对屋面工程的调查,发现许多工程的水泥砂浆、块材、细石混凝土等刚性保护层与女儿墙均未留空隙。当高温季节,刚性保护层热胀顶推女儿墙,有的还将女儿墙推裂造成渗漏;而在刚性保护层与女儿墙间留出空隙的屋面,均未见有推裂女儿墙的现象。故规定了刚性保护层与女儿墙之间应预留 30 mm 以上空隙,并用密封材料封闭严密。另外,还强调在刚性保护层与柔性防水层之间设置隔离层的必要性,保证刚性保护层胀缩变形时不致损坏防水层。

2. 主控项目

(1) 卷材防水层所用卷材及其配套材料,必须符合设计要求。

检验方法:检查出厂合格证、质量检验报告和现场抽样复验报告。

沥青防水卷材是我国传统防水材料,已制订较完整技术标准,产品质量应符合国标《石油沥青低胎油毡》(GB326—1989)的要求。

国内新型防水材料发展很快。近年来,我国普遍应用并获得较好效果的高聚物改性沥青防水卷材,产品质量应符合国标《弹性体沥青防水卷材》(GB18242—2000),《塑性体沥青防水卷材》(GB18243—2000)和行标《改性沥青聚乙烯胎防水卷材》(JC/T633—1996)的要求。目前国内合成高分子防水卷材的种类主要为:三元乙丙、氯化聚乙烯橡胶共混、聚氯乙烯、氯化聚乙烯和纤维增强氯化聚乙烯等产品,这些材料在国内使用也比较多,而且比较成熟。产品质量应符合国标《高分子防水材料》(GB18173.1—2000)第一部分片材的要求。

对卷材的胶黏剂提出基本质量要求,合成高分子胶黏剂浸水保持率是一项重要性能指标,为保证屋面整体防水性能,规定浸水 168 h 后胶黏剂剥离强度保持不应低于 70%。

(2) 卷材防水层不得有渗漏或积水现象。

检验方法:雨后或淋水、蓄水检验。

防水是屋面的主要功能之一,若卷材防水层出现渗漏或积水现象,将是最大的弊病。检验屋面有无渗漏和积水、排水系统是否畅通,可在雨后或持续淋水 2 h 以后进行。有可能作蓄水检验的屋面,其蓄水时间不应少于 24 h。

(3) 卷材防水层在天沟、檐沟、檐口、水落口、泛水、变形缝和伸出屋面管道的防水构造,必须符合设计要求。

检验方法:检查隐蔽工程验收记录。

天沟、檐沟、檐口、水落口、泛水、变形缝和伸出屋面管道等处,是当前屋面防水工程渗漏最严重的部位。因此,卷材屋面的防水构造设计应符合下列规定:

① 应根据屋面的结构变形、温差变形、干缩变形和震动等因素,使节点设防能够满足基层变形的需要。

② 应采用柔性密封、防排结合、材料防水与构造防水相结合的作法。

③ 应采用防水卷材、防水涂料、密封材料和刚性防水材料等材性互补并用的多道设防(包括设置附加层)。

3. 一般项目

(1) 卷材防水层的搭接缝应黏(焊)结牢固,密封严密,不得有折皱、翘边和鼓泡等缺陷;防水层的收头应与基层黏结并固定牢固,缝口封严,不得翘边。

检验方法:观察检查。

根据全国历次调查发现,天沟、檐沟与屋面交接处常发生裂缝,在这个部位应增铺卷材或防水涂膜附加层。由于卷材铺贴较厚,檐沟卷材收头又在沟邦顶部,不采用固定措施就会由于卷材的弹性发生翘边胶落现象。

卷材在泛水处理应采用满黏,防止立面卷材下滑。收头密封形式还应根据墙体材料及泛水高度确定如下:

① 女儿墙较低,卷材铺到压顶下,上用金属或钢筋混凝土等盖压。

② 墙体为砖砌时,应预留凹槽将卷材收头压实,用压条钉压,密封材料封严,抹水泥砂或聚合物砂浆保护。凹槽距屋面找平层高度不应小于 250 mm。

③ 墙体为混凝土时,卷材的收头可采用金属压条钉压,并用密封材料封固。

(2) 卷材防水层上的撒布材料和浅色应铺撒或涂刷均匀,黏结牢固;水泥砂浆、块材或细石混凝土保护层与卷材防水层间应设置隔离层;刚性保护层的分格缝留置应符合设计要求。

检验方法:观察检查。

(3) 排汽屋面的排气道应纵横贯通,不得堵塞。排气管应安装牢固,位置正确,封闭严密。

检验方法:观察检查。

排汽屋面的排气道应纵横贯通,不得堵塞,并同与大气排气出口相通。找平层设置分格缝可兼做排气道,排气道间距宜为 6 m,纵横设置。屋面面积每 36 m² 宜设一个排气出口。

排气出口应埋设排气管,排气管应设置在结构层上,穿过保温层的管壁应设排气孔,以保证排气道的畅通。排气口亦可设在檐口下或屋面排气道交叉处。排气管的安装必须牢固、封闭严密,否则会使排气管变成了进水孔,造成屋面漏水。

(4) 卷材的铺贴方向应正确,卷材搭接宽度的允许偏差为 −10 mm。

检验方法:观察和尺量检查。

为保证卷材铺贴质量,本条文规定了卷材搭接宽度的允许偏差为 −10 mm,不考虑正偏差。通常卷材铺贴前施工单位应根据卷材搭接宽度和允许偏差,在现场弹出尺寸粉线作为标准去控制施工质量。

（五）刚性防水屋面工程

1. 细石混凝土防水层

（1）一般规定

① 本节适用于防水等级为Ⅰ～Ⅲ级的屋面防水;不适用于设有松散材料保温层的及受较大震动或冲击的和坡度大于15%的建筑屋面。

细石混凝土防水包括普通细石混凝土防水层和补偿收缩混凝土防水层。由于刚性防水材料的表观密度大、抗拉强度低、极限拉应变小,常因混凝土的干缩变形、温度变形及结构变形而产生裂缝。因此,对于屋面防水等级为Ⅱ级及其以上的重要建筑,只有在刚性与柔性防水材料结合做两道防水设防时方可使用。细石混凝土防水层所用材料易得、耐穿刺能力强、耐久性能好,维修方便,所以在Ⅲ级屋面中推广应用较为广泛。为了解决细石混凝土防水层裂缝问题,除采取设分格缝等构造措施外,还可加入膨胀剂拌制补偿收缩混凝土。对于混凝土防水层的基层,因松散材料保温层强度低、压缩变形大,易使混凝土防水层产生受力裂缝,故不得在松散材料保温层上做细石混凝土防水层。至于受较大震动或冲击的屋面,易使混凝土产生疲劳裂缝。当屋面坡度大于15%时,混凝土不易振捣密实,所以均不能采用细石混凝土防水层。

② 细石混凝土不得使用火山灰质水泥;当采用矿渣硅酸盐水泥时,应采用泌水性的措施。粗骨料含泥量不应大于1%,细骨料含泥量不应大于2%,混凝土水灰比不应大于0.55,每立方米混凝土水泥用量不得少于330 kg,含砂率宜为35%～40%,灰砂比宜为1∶2～1∶2.5,混凝土强度等级不应低于C20。

由于火山灰质水泥干缩率大、易开裂,所以在刚性防水屋面上不得采用。矿渣硅酸盐水泥泌水性大、抗渗性能差,应采用减少泌水性的措施。普通硅酸盐水泥早期强度高、干缩性小、性能较稳定、耐风化,同时比用其他品种水泥拌制的混凝土碳化速度慢,所以宜在刚性防水屋面上使用。

粗、细骨料的含泥量大小,直接影响细石混凝土防水层的质量。如粗、细骨料中的含泥量过大,则易导致混凝土产生裂纹。所以确定其含泥量要求时,应与强度等级等于或高于C30的普通混凝土相同。

提高混凝土的密实性,有利于提高混凝土的抗风化能力和减缓碳化速度,也有利于提高混凝土的抗渗性。混凝土水灰比是控制密实度的决定性因素,过多的水分蒸发后在混凝土中形成微小的孔隙,降低了混凝土的密实性,故本规范限定水灰比不得大于0.55。至于最小水泥用量、含砂率、灰砂比的限制,形成了足够的水泥砂浆包裹粗骨料表面,并充分堵塞骨料间的空隙,以保证混凝土的密实性和提高混凝土的抗渗性。

③ 混凝土中掺加膨胀剂、减水剂、防水剂等外加剂时,应按配合比准确掺加,投料顺序得当,并应用机械搅拌、机械振捣。

为了改善普通细石混凝土的防水性能,提倡在混凝土中加入膨胀剂、减水剂、防水剂等外加剂。外加剂掺量是关键的工艺参数,应按所选用的外加剂使用说明或通过试验确定掺量,并决定采用先掺法还是后掺法或同掺法,按配合比做到准确计量。细石混凝土应用机械充分搅拌均匀和振捣密实,以提高其防水性能。

④ 细石混凝土防水层的分格缝,应设在屋面板的支承端、屋面转折处、防水层与结构的交

接处,其纵横宜大于 6 m。分格缝内应嵌密封材料。

混凝土构件受温度影响产生热胀冷缩,以及混凝土本身的干缩及荷载作用下挠曲引起的角变位,都能导致混凝土构件的板端裂缝,而装配式混凝土屋面适应变形的能力更差。根据全国各地实践经验,在这些有规律的裂缝处设置分格缝,并用密封材料嵌填,以柔适变,刚柔结合,达到减少裂缝和增强防水的目的。分格缝的位置应设在变形较大或较易变形的屋面板支承端、屋面转折处、防水层与突出屋面结构的交接处。至于分格缝的间距,考虑到我国工业建筑柱网以 6 m 为模数,而民用建筑的开间模数多数也小于 6 m,所以规定分格缝宜大于 6 m。

⑤ 细石混凝土防水层的厚度不应小于 40 mm,并应配置双向钢筋网片。钢筋网片在分格缝处应断开,其保护层厚度不应小于 10 mm。

细石混凝土防水层的厚度,目前国内多采用 40 mm。如厚度小于 40 mm,则混凝土失水很快,水泥水化不充分,降低了混凝土的抗渗性能;另外由于混凝土防水层过薄,一些石子粒径可能超过防水层厚度的一半,上部砂浆收缩后容易在此处出现微裂而造成渗水的通道,故规定其厚度不应小于 40 mm。混凝土防水层中宜配置双向钢筋网片,当钢筋间距为 100~200 mm 时,可满足刚性防水屋面的构造及计算要求。分格缝处钢筋应断开,使各分格中的混凝土防水层能自由伸缩。

⑥ 细石混凝土防水层与立墙及突出屋面结构等交接处,均应做柔性密封处理;细石混凝土防水层与基层间宜设置隔离层。

刚性防水层与山墙、女儿墙以及突出屋面交接处变形复杂,易开裂而造成渗漏。同时,由于刚性防水层温度和干湿度变形,造成推裂女儿墙的现象在历次调研中均有发现,故规定在这些部位应留设缝隙,并用柔性密封材料进行处理,以防渗漏。

由于温差、干缩、荷载作用等因素,常使结构层发生变形、开裂而导致刚性防水层产生裂缝。根据施工单位的经验及有关资料表明,在刚性防水层与基层之间设置隔离层,这样防水层就可以自由伸缩,减少结构变形对刚性防水层产生的不利影响,故规定在刚性防水层与基层之间宜设置隔离层。补偿收缩混凝土防水层虽有一定的抗裂性,但在刚性防水层与基层之间仍以设置隔离层为佳。

（2）主控项目

① 细石混凝土的原材料及配合比必须符合设计要求。

检验方法:检查出厂合格证、质量检验报告、计量措施和现场抽样复验报告。

细石混凝土防水层的原材料质量、各组成材料的配合比,是确保混凝土抗渗性能的基本条件。如果原材料质量不好,配合比不准确,就不能确保细石混凝土的防水性能。

② 细石混凝土防水层不得有渗漏或积水现象。

检验方法:雨后或淋水、蓄水检验。

细石混凝土防水层应在雨后或淋水 2 h 后进行检查,使防水层经受雨淋的考验,观察有否渗漏,确保防水层的使用功能。

③ 细石混凝土防水层在天沟、檐沟、檐口、水落口、泛水、变形缝和伸出屋面管道的防水构造,必须符合设计要求。

检验方法:观察检查和检查隐蔽工程验收记录。

（3）一般项目

① 细石混凝土防水层应表面平整、压实抹光,不得有裂缝、起壳、起砂等缺陷。

检验方法:观察检查。

细石混凝土防水层应按每个分格板一次浇筑完成,严禁留施工缝。如果防水层留设施工缝,往往因接槎处理不好,形成渗水通道导致屋面渗漏。

混凝土抹压时不得在表面洒水,加水泥浆或撒干水泥,否则只能使混凝土表面产生一层浮浆,混凝土硬化后内部与表面的强度和干缩不一致,极易产生面层的收缩龟裂、脱皮现象,降低防水层的防水效果。混凝土收水后二次压光可以封闭毛细孔,提高抗渗性,是保证防水层表面密实的极其重要的一道工序。

混凝土的养护应在浇筑 12～24 h 后进行,养护时间不得少于 14 d,养护初期屋面不得上人。养护方法可采取洒水湿润,也可覆盖塑料薄膜、喷涂养护剂等,但必须保证细石混凝土处于充分的湿润状态。

② 细石混凝土防水层的厚度和钢筋位置应符合设计要求。

检验方法:观察和尺量检查。

目前国内的细石混凝土防水层厚度为 40～60 mm,如果厚度小于 40 mm,无法保证钢筋网片保护层厚度(规定不应小于 10 mm),从而降低了防水层的抗渗性能。双向钢筋网片配置直径 4～6 mm 的钢筋,间距宜为 100～200 mm,分格缝处的钢筋应断开,满足刚性屋面的构造要求。故规定细石混凝土防水层的厚度和钢筋位置应符合设计要求。

③ 细石混凝土分格缝的位置和间距应符合设计要求。

检验方法:观察和尺量检查。

为了避免因结构变形及混凝土本身变形而引起混凝土开裂,分格缝位置应设置在变形较大或较易变形的屋面板支承端、屋面转折处、防水层与突出屋面结构的交接处。本条文规定细石混凝土防水层分格缝的位置和间距应符合设计要求。

④ 细石混凝土防水层表面平整度的允许偏差为 5 mm。

检验方法:用 2 m 靠尺和楔形塞尺检查。

细石混凝土防水层的表面平整度,应用 2 m 直尺检查。每 100 m² 的屋面不应少于一处,每一屋面不应少于 3 处,面层与直尺间最大空隙不应大于 5 mm,空隙应平缓变化,每米长度不应多于一处。

2. 密封材料嵌缝

(1) 一般规定

① 本节适用于刚性防水屋面分格缝以及天沟、檐沟、泛水、变形缝等细部构造的密封处理。

屋面工程中构件与构件、构件与配件的拼接缝,以及天沟、檐沟、泛水、变形缝等细部构造的防水层收头,都是屋面渗漏水的主要通道,密封防水处理质量直接影响屋面防水的连续性和整体性。屋面密封防水处理不能视为独立的一道防水层,应与卷材防水屋面、涂膜防水屋面、刚性防水屋面以及隔热屋面配套使用,并且适用于防水等级为Ⅰ～Ⅲ级屋面。

② 密封防水部位的基层质量应符合下列要求:

a. 基层应牢固,表面应平整、密实,不得有蜂窝、麻面、起皮和起砂现象。

b. 嵌填密封材料的基层应干净、干燥。

如果接触密封材料的基层强度不够,或有蜂窝、麻面、起皮、起砂现象,都会降低密封材料与基层的黏结强度。基层不平整、不密实或嵌填密封材料不均匀,接缝时会造成密封材料局部拉环,失去密封防水的作用。

③ 密封防水处理连接部位的基层,应涂刷与密封材料相配套的基层处理剂。基层处理剂应配比准确,搅拌均匀。采用多组份基层处理剂时,应根据有效时间确定使用量。

改性沥青密封材料的基层处理剂一般现场配制,为保证基层处理剂的质量,配比应准确,搅拌应均匀。多组分基层处理剂属于反应固化型材料,配制时应根据固化前的有效时间确定一次使用量,用多少配制多少,未用完的材料不得下次使用。

基层处理剂涂刷完毕后再铺放背衬材料,将会对接缝壁的基层处理剂有一定的破坏,削弱基层处理剂的作用。这里需要说明的是,设计时应选择与背衬材料不相容的基层处理剂。

基层处理剂配制时一般均加有溶剂,当溶剂尚未完全挥发时嵌填密封材料,会影响密封材料与基层处理剂的黏结性能,降低基层处理剂的作用。因此,嵌填密封材料应待基层处理剂达到表干状态后方可进行。基层处理剂表干后应立即嵌填密封材料,否则基层处理剂被污染,也会削弱密封材料与基层处理剂的黏结强度。

④ 接缝处的密封材料底部应填放背衬材料,外露的密封材料上应设置保护层,其宽度不应小于 200 mm。

背衬材料应填塞在接缝处的密封材料底部,其作用是控制密封材料的嵌填深度,预防密封材料与缝的底部黏结而形成三面黏,避免应力集中和破坏密封防水。因此,背衬材料应尽量选择与密封材料不黏结或黏结力弱的材料。背衬材料的圆形、方形或片状,应根据实际需要决定,常用的有泡沫棒或油毡条。

⑤ 密封材料嵌填完成后不得碰损及污染,固化前不得踩踏。

嵌填完毕密封材料,一般应养护 2～3 d。接缝密封防水处理通常在下一道工序施工前,应对接缝部位的密封材料采取保护措施。如施工现场清扫、隔热层施工时,对已嵌填的密封材料宜采用卷材或木板保护,防止污染及碰损。因为密封材料嵌填对构造尺寸和形状都有一定的要求,未固化的材料不具备一定的弹性,踩踏后密封材料会发生塑性变形,导致密封材料构造尺寸不符合设计要求,所以嵌填的密封材料固化前不得踩踏。

(2) 主控项目

① 密封材料的质量必须符合设计要求。

检验方法:检查产品出厂合格证、配合比和现场抽样复验报告。

改性石油沥青密封材料按耐热度和低温柔性分为 Ⅰ 和 Ⅱ 类,质量要求依据《建筑防水沥青嵌缝油膏》(JC/T207—1996),Ⅰ 类产品代号为"702",即耐热度为 70℃,低温柔性为−20℃,适合北方地区使用;Ⅱ 类产品代号为"801",即耐热度为 80℃,低温柔性为−10℃,适合南方地区使用。

合成高分子密封材料分成两类:① 弹性体密封材料,如聚氨酯类、硅酮类、聚硫类密封材料,质量要求依据《聚氨酯建筑密封膏》(JC/T482—1992(1996));② 塑性体密封材料,如丙烯酸酯类、丁基橡胶类密封材料,质量要求依据《丙烯酸建筑密封膏》(JC/T484—1992(1996))。

② 密封材料的嵌填必须密实、连续、饱满,黏结牢固,无气泡、开裂、脱落等缺陷。

检验方法:观察检查。

采用改性石油沥青密封材料嵌填时应注意以下两点:

a. 热灌法施工应由下向上进行,并减少接头;垂直于屋脊的板缝宜先浇灌,同时在纵横交叉处宜沿平行于屋脊的两侧板缝各延伸浇灌 150 mm,并留用斜槎。密封材料熬制及浇灌温度应按不同材料要求严格控制。

b. 冷嵌法施工应先将少量密封材料批刮到缝槽两侧,分次将密封材料嵌填在缝内,用力压嵌密实,嵌填时密封材料与缝壁不得留有空隙,防止裹入空气。接头应采用斜槎。

采用合成高分子密封材料嵌填时,不管是用挤出枪还是用腻子刀施工,表面都不会光滑平直,可能还会出现凹陷、漏嵌填、孔洞、气泡等现象,故应在密封材料表干前进行修整。如果表干前不修整,表干后不易修整,且容易将成膜固化的密封材料破坏。

(3) 一般项目

① 嵌填密封材料的基层应牢固、干净、干燥,表面应平整、密实。

检验方法:观察检查。

② 密封防水接缝宽度的允许偏差为+10%,接缝深度为宽度的 0.5~0.7 倍。

检验方法:尺量检查。

屋面密封防水的接缝宽度规定不应大于 40 mm,且不应小于 10 mm。考虑到接缝宽度太窄密封材料不易嵌填,太宽造成材料浪费,故规定接缝宽度的允许偏差为+10%。如果接缝宽度不符合上述要求,应进行调整或用聚合物水泥砂浆处理;板缝为上窄下宽时,灌缝的混凝土脱落会造成密封材料流坠,应在板外侧做成台阶形,并配置适量的构造钢筋。

③ 嵌填的密封材料表面应平滑,缝边应顺直,无凹凸不平现象。

检查方法:观察检查。

(六) 平瓦屋面工程

1. 一般规定

(1) 本节适用于防水等级为Ⅱ、Ⅲ级以上、坡度不小于 20%的屋面。

平瓦主要是指传统的黏土机制平瓦和混凝土平瓦。平瓦屋面适用于不小于 20%的坡度,是基于瓦的特性及使用总结。

(2) 平瓦屋面与立墙及突出屋面结构等交接处,均应做泛水处理。天沟、檐沟的防水层,应采用合成高分子防水卷材、高聚物沥青防水卷材、沥青防水卷材、金属板材或塑料板材等材料铺设。

屋面与立墙及突出屋面结构等的交接处是瓦屋面防水的关键部位,应做好泛水处理;至于天沟、檐沟防水层采用什么样的材料与形式,需根据工程的综合条件要求而确定。

(3) 平瓦屋面的有关尺寸应符合下列要求:

① 脊瓦在两坡面瓦上的搭盖宽度,每边不小于 40 mm。

② 瓦伸入天沟、檐沟的长度为 50~70 mm。

③ 天沟、檐沟的防水层伸入瓦内宽度不小于 150 mm。

④ 瓦头挑出封檐板的长度为 50~70 mm。

⑤ 突出屋面的墙或烟囱的侧面瓦伸入泛水宽度不小于 50 mm。

2. 主控项目

(1) 平瓦及其脊瓦的质量必须符合设计要求。

检验方法:观察检查和检查出厂合格证和质量检验报告。

瓦在进入现场时,检查检验报告及外观检查是必不可少的。平瓦的质量必须符合有关标准,即《烧结瓦》(JC709—1998)和《混凝土平瓦》(HC746—1999)的规定。

(2) 平瓦必须铺置牢固。地震设防地区或坡度大于 50%的屋面,应采取固定加强措施。

检验方法：观察和手扳检查。

为了确保安全,针对大风、地震地区或坡度大于50％的平瓦屋面,应采用固定加强措施。有时几种因素应综合考虑,由设计上给出具体的规定。

3. 一般项目

（1）挂瓦条应分档均匀,铺钉平整、牢固;瓦面平整,行列整齐,搭接紧密,檐口平直。

检验方法:观察检查。

（2）脊瓦应搭盖正确,间距均匀,封固严密;屋脊和斜脊应顺直,无起伏现象。

检验方法:观察和手扳检查。

（3）泛水做法应符合设计要求,顺直整齐,结合严密,无渗漏。

检验方法:观察检查和雨后或淋水检验。

（七）架空隔热屋面工程

1. 一般规定

（1）架空隔热层的高度应按照屋面宽度或坡度大小的变化确定。如设计无要求,一般以100～300 mm为宜。当屋面宽度大于10 m时时,应设置通风屋脊。

架空隔热层的高度应根据屋面宽度和坡度大小来决定。屋面较宽时,风道中阻力增大,宜采用较高的架空层;屋面坡度较小时,宜采用较高的架空层。反之,可采用较低的架空层。根据调研情况有关架空高度相差较大,如广东用的混凝土"板凳"仅90 mm,江苏、浙江、安徽、湖南、湖北等地有的高达400 mm。考虑到太低了隔热效果不好,太高了通风效果并不能提高多少且稳定性不好。屋面设计若无要求,架空层的高度宜为100～300 mm。当屋面宽度大于10 m时,设置通风屋脊也是为了保证通风效果。

（2）架空隔热制品支座底面的卷材、涂膜防水层上应采用加强措施,操作时不得损坏已完工的防水层。

（3）架空隔热制品的质量应符合下列要求:

① 非上人屋面的黏土砖强度等级不应低于MU7.5;上人屋面的黏土砖强度不应低于MU10。

② 混凝土板的强度等级不应低于C20,板内宜加放钢丝网片。

2. 主控项目

架空隔热制品的质量必须符合设计要求,严禁有断裂和露筋等缺陷。

检验方法:观察检查和检查构件合格证或试验报告。

架空屋面是采用隔热制品覆盖在屋面防水层上,并架设一定高度的空间,利用空气流动加快散热起到隔热作用。架空隔热制品的质量必须符合设计要求,如使用有断裂和露筋等缺陷的制品,日长月久后会使隔热层受到破坏,对隔热效果带来不良影响。

对于隔热屋面来讲,架空板施工完对防水层也就是保护层了。因此,隔热制品的质量对屋面防水和隔热都起着重要作用。

3. 一般项目

（1）架空隔热制品的铺设应平整、稳固,缝隙勾填应密实;架空隔热制品距山墙或女儿墙不得小于250 mm,架空层中不得堵塞,架空高度及变形缝做法应符合设计要求。

检验方法:观察和尺量检查。

考虑到屋面在使用中要上人清扫等情况,要求架空隔热制品的铺设应做到平整和稳固,板缝应填密实,使板的刚度增大形成一个整体。架空隔热制品与山墙的距离不应小于 250 mm,主要是考虑在保证屋面膨胀变形的同时,防止堵塞和便于清理。当然间距也不应过大,太宽了将会降低架空隔热的作用。架空隔热层内的灰浆杂物应清扫干净,减少空气流动时的阻力。

（2）相邻两块制品的高低差不得大于 3 mm。

检验方法:用直尺和楔形塞尺检查。

相邻两块隔热制品的高低差为 3 mm,是为了不使架空隔热层表面有积水现象。

（八）细部构造

1. 一般规定

（1）本节适用于屋面的天沟、檐沟、檐口、泛水、水落口、变形缝、伸出屋面管道等防水构造。

屋面的天沟、檐沟、泛水、水落口、檐口、变形缝、伸出屋面管道等部位,是屋面工程中最容易出现渗漏的薄弱环节。据调查表明有 70% 的屋面渗漏都是由于节点部位的防水处理不当引起的。所以,对这些部位均应进行防水增强处理,并用重点质量检查验收。

（2）用于细部构造处理的防水卷材、防水涂料和密封材料的质量,均应符合本规范有关规定的要求。

用于细部构造的防水材料,由于品种多、用量少而作用非常大,所以对细部构造处理所用的防水材料,也应按照有关的材料标准进行检查验收。

（3）卷材或涂膜防水层在天沟、檐沟与屋面交接处、泛水、阴阳角等部位,应增加卷材或涂膜附加层。

天沟、檐沟与屋面交接处、泛水、阴阴角等部位,由于构件断面的变化和屋面的变形常会产生裂缝,对这些部位应做防水增强处理。

（4）天沟、檐沟的防水构造应符合下列要求:

① 沟内附加层在天沟、檐沟与屋面交接处宜空铺,空铺的宽度不应小于 200 mm。

② 卷材防水层应由沟底翻上至沟外檐顶部,卷材收头应用水泥钉固定,并用密封材料封严。

③ 涂膜收头应用防水涂料多遍涂刷或用密封材料封严。

④ 在天沟、檐沟与细石混凝土防水层的交接处,应留凹槽并用密封材料嵌填严密。

天沟、檐沟与屋面交接处的变形大,若采用满黏的防水层,防水层极易被拉裂,故该部位应作附加层,附加层宜空铺,空铺的宽度不应小于 200 mm。屋面采用刚性防水层时,应在天沟、檐沟与细石混凝土防水层预留凹槽,并用密封材料嵌填严密。

天沟、檐沟的混凝土在搁轩梁部位均会产生开裂现象,裂缝会延伸至檐沟顶端,所以防水层应从沟底上翻至外檐的顶部。为防止收头翘边,卷材防水层应用压条钉压固定,涂料防水层应增加涂刷遍数,必要时用密封材料封严。

（5）檐口的防水构造应符合下列要求:

① 铺贴檐口 800 mm 范围内的卷材应采取满黏法。

② 卷材收头应压入凹槽,采用金属压条钉压,并用密封材料封口。

③ 涂膜收头应用防水涂料多遍涂刷或用密封材料封严。

④ 檐口下端应抹出鹰嘴和滴水槽。

檐口部位的收头和滴水是檐口处理的关键。檐口 800 mm 范围内的卷材应采取满黏法铺贴,在距檐口边缘 50 mm 处预留凹槽,将防水层压入槽内,用金属压条钉压、密封材料封口。檐口下端用水泥砂浆抹出鹰嘴和滴水槽。

(6) 女儿墙泛水的防水构造应符合下列要求:

① 铺贴泛水处的卷材应采取满黏法。

② 砖墙上的卷材收头可直接铺压在女儿墙压顶下,压顶应做防水处理;也可压入砖墙凹槽内固定密封,凹槽距屋面找平层不应小于 250 mm,凹槽上部的墙体应做防水处理。

③ 涂膜防水层应直接涂刷至女儿墙的压顶下,收头处理应用防水涂料多遍涂刷封严,压顶应做防水处理。

④ 混凝土墙上的卷材收头应采用金属压条钉压,并用密封材料封严。

砖砌女儿墙、山墙常因抹灰和压顶开裂使雨水从裂缝渗入砖墙,沿砖墙流入室内,故砖砌女儿墙、山墙及压顶均应进行防水设防处理。

女儿墙泛水的收头若处理不当易产生翘边现象,使雨水从开口处渗入防水层下部,故应按设计要求进行收头处理。

(7) 水落口的防水构造应符合下列要求:

① 水落口杯上口的标高应设置在沟底的最低处。

② 防水层贴入水落口杯内不应小于 50 mm。

③ 水落口周围直径 500 mm 范围内的坡度小应小于 5%,并采用防水涂料或密封材料涂封,其厚度不应小于 2 mm。

④ 水落口杯与基层接触处应留宽 20 mm、深 20 mm 凹槽,并嵌填密封材料。

因为水落口与天沟、檐沟的材料不同,环境温度变化的热胀冷缩会使水落口与檐沟间产生裂缝,故水落口应固定牢固。水落口杯周围 500 mm 范围内,规定坡度不应小于 5% 以利排水,并采用防水涂料或密封材料涂封严密,避免水落口处开裂而产生渗漏。

(8) 变形缝的防水构造应符合下列要求:

① 变形缝的泛水高度不应小于 250 mm。

② 防水层应铺贴到变形缝两侧砌体的上部。

③ 变形缝内应填充聚苯乙烯泡沫塑料,上部填放衬垫材料,并用卷材封盖。

④ 变形缝顶部应加扣混凝土或金属盖板,混凝土盖板的接缝应用密封材料嵌填。

变形缝宽度变化大,防水层往往容易断裂,防水设防时应充分考虑变形的幅度,设置能满足变形要求的卷材附加层。

(9) 伸出屋面管道的防水构造应符合下列要求:

① 管道根部直径 500 mm 范围内,找平层应抹出高度不小于 30 mm 的圆台。

② 管道周围与平层或细石混凝土防水层之间,应预留 20 mm×20 mm 的凹槽,并用密封材料嵌填严密。

③ 管道根部四周应增设附加层,宽度和高度均不应小于 300 mm。

④ 管道上的防水层收头处应用金属箍紧固,并用密封材料封严。

伸出屋面管道通常采用金属或 PVC 管材,温差变化引起的材料收缩会使管壁四周产生裂纹,所以在管壁四周的找平层应预留凹槽用密封材料封严,并增设附加层。上翻至管壁的防水层应用金属箍或铁丝紧固,再用密封材料封严。

2. 主控项目

(1)天沟、檐沟的排水坡度,必须符合设计要求。

检验方法:用水平仪(水平尺)、拉线和尺量检查。

天沟、檐沟的排水坡度和排水方向应能保证雨水及时排走,充分体现防排结合的屋面工程设计思想。如果屋面长期积水或干湿交替,在天沟等低洼处易滋生青苔、杂草或发生霉烂,最后导致屋面渗漏。

(2)天沟、檐沟、檐口、水落口、泛水、变形缝和伸出屋面管道的防水构造,必须符合设计要求。

检验方法:观察检查和检查隐蔽工程验收记录。

屋面的天沟、檐沟、水落口、泛水、变形缝和伸出屋面管道的防水构造,是屋面工程最容易出现渗漏的薄弱环节。对屋面工程的综合治理,应该体现"材料是基础,设计是前提,施工是关键,管理维护要加强"的原则。因此,对屋面细部的防水构造施工必须符合设计要求。

(九)分部工程验收

(1)屋面工程施工应按工序或分项工程进行验收,构成分项工程的各检验批应符合相应质量标准的规定。

《建筑工程施工质量验收统一标准》规定分项工程可由若干检验批组成,分项工程划分成检验批进行验收,有助于及时纠正施工中出现的质量问题,确保工程质量,符合施工实际的需要。

分项工程检验批的质量应按主控项目和一般项目进行验收。主控项目是对建筑工程的质量起决定性作用的检验项目,本规范中黑体字标志的条文列为强制性条文,必须严格执行。本条规定屋面工程的施工质量,按构成分项工程各检验批应符合相应质量标准要求。分项工程检验批不符合质量标准要求时,应及时进行处理。

(2)屋面工程验收的文件和记录应按表3-49要求执行。

表 3-49 屋面工程验收的文件和记录

序号	项目	文件和记录
1	防水设计	设计图纸及会审记录,设计变更通知单和材料代用核定单
2	施工方案	施工方法、技术措施、质量保证措施
3	技术交底记录	施工操作要求及注意事项
4	材料质量证明文件	出厂合格证、质量检验报告和试验报告
5	中间检查记录	分项工程质量验收记录、隐蔽工程验收记录,施工检验记录、淋水或蓄水检验记录
6	施工日志	逐日施工情况
7	工程检验记录	抽样质量检验及观察检查
8	其他技术资料	事故处理报告、技术总结

屋面工程验收的文件和记录体现了施工全过程控制,必须做到真实、准确,不得有涂改和伪造,各级技术负责人签字后方为有效。

（3）屋面工程隐蔽验收记录应包括以下主要内容：

① 卷材、涂膜防水层的基层。

② 密封防水处理部位。

③ 天沟、檐沟、泛水和变形缝等细部做法。

④ 卷材、涂膜防水层的搭接宽度和附加层。

⑤ 刚性保护层与卷材、涂膜防水层之间设置的隔离层。

隐蔽工程是后续的工序或分项工程覆盖、包裹、遮挡的前一分项工程。例如防水层的基层，密封防水处理部位，天沟、檐沟、泛水和变形缝等细部构造，应经过检查符合质量标准后方可进行隐蔽，避免因质量问题造成渗漏或不易修复而直接影响防水效果。

（4）屋面工程质量应符合下列要求：

① 防水层不得有渗漏或积水现象。

② 使用的材料应符合设计要求和质量标准的规定。

③ 找平层表面应平整，不得有疏松、起砂、起皮现象。

④ 保温层的厚度、含水率和表观应符合设计要求。

⑤ 天沟、檐沟、泛水和变形缝等构造，应符合设计要求。

⑥ 卷材铺贴方法和搭接顺序应符合设计要求，搭接宽度正确，接缝严密，不得有折皱、鼓泡和翘边现象。

⑦ 涂膜防水层的厚度应符合设计要求，涂层无裂纹、折皱、流淌、鼓泡和露胎体现象。

⑧ 刚性防水层表面应平整、压光，不起砂，不起皮，不开裂。分格缝应平直，位置正确。

⑨ 嵌缝密封材料应与两侧基层粘牢，密封部位光滑、平直，不得有开裂、鼓泡、下塌现象。

⑩ 平瓦屋面的基层应平整、牢固，瓦片排列整齐、平直，搭接合理，接缝严密，不得有残缺瓦片。

本条规定找平层、保温层、防水层、密封材料嵌缝等分项施工质量的基本要求，主要用于分部工程验收时必须进行的观感质量验收。工程的观感质量应由验收人员通过现场检查，并共同确认。

（5）检查屋面有无渗漏、积水和排水系统是否畅通，应在雨后或持续淋水 2 h 后进行。

有可能作蓄水检验的屋面，其蓄水时间不应少于 24 h。

按《建筑工程施工质量验收统一标准》的规定，建筑工程施工质量验收时，对涉及结构安全和使用功能的重要分部工程应进行抽样检测。因此，屋面工程验收时，应检查屋面有无渗漏、积水和排水系统是否畅通，可在雨后或持续淋水 2 h 后进行。有可能作蓄水检验的屋面，其蓄水时间不应小于 24 h。检验后应填写安全和功能检验（检测）报告，作为屋面工程验收的文件和记录之一。

（6）屋面工程验收后，应填写分部工程质量验收记录，交建设单位和施工单位存档。

屋面工程完成后，应由施工单位先行自检，并整理施工过程中的有关文件和记录，确认合格后会同建设（监理）单位，共同按质量标准进行验收。分部工程的验收，应在分项、子分部工程通过验收的基础上，对必要的部位进行抽样检验和使用功能满足程度的检查。分部工程应由总监理工程师（建设单位项目负责人）组织施工技术质量负责人进行验收。

屋面工程竣工验收时，施工单位应按照表 3-49 的规定，将验收文件和记录提供总监理工程师（建设单位项目负责人）审查，核查无误后方可做为存档资料。

第五节　建筑装饰装修工程质量控制

一、建筑装饰装修概述

建筑装饰装修是指为保护建筑物的主体结构、完善建筑物的使用功能和美化建筑物,采用装饰装修材料或饰物,对建筑物的内外表面及空间进行的各种处理过程。关于建筑装饰装修,目前还有几种习惯性说法,如建筑装饰、建筑装修、建筑装潢等。从三个名词在正规文件中的使用情况来看,《建筑装饰工程施工及验收规范》(JGJ73—91)和《建筑工程质量检验评定标准》(GBJ301—88)沿用了"建筑装饰"一词,《建设工程质量管理条例》和《建筑内部装修设计防火规范》(GB5022—1995)沿用了"建筑装修"一词。从三个名词的含义来看,"建筑装饰"反映面层处理比较贴切,"装修"一词与基层处理,龙骨设置等工程内容更为符合。而装潢一词的本意是指裱画。另外,装饰装修一词在实际使用中越来越广泛。由于上述原因,本规范决定采用"装饰装修"一词对"建筑装饰装修"加以定义。本条所列"建筑装饰装修"术语的含义包括了目前使用的"建筑装饰"、"建筑装修"和"建筑装潢"。

（一）基本规定

（1）建筑装饰装修工程必须进行设计,并出具完整的施工图设计文件。

（2）承担建筑装饰装修工程设计的单位应具备相应的资质,并应建立质量管理体系。由于设计原因造成的质量问题应由设计单位负责。

（3）建筑装饰装修设计应符合城市规划、消防、环保、节能等有关规定。

（4）承担建筑装饰装修工程设计的单位应对建筑物进行必要的了解和实地勘察,设计深度应满足施工要求。

（5）建筑装饰装修工程设计必须保证建筑物的结构安全和主要使用功能。当涉及主体和承重结构改动或增加荷载时,必须由原结构设计单位或具备相应资质的设计单位核查有关原始资料,对既有建筑结构的安全性进行核验、确认。

随着我国经济的快速发展和人民生活水平的提高,建筑装饰装修行业已经成为一个重要的新兴行业,年产值已超过1 000亿元人民币,从业人数达到500多万人。建筑装饰装修行业为公众营造出了美丽、舒适的居住和活动空间,为社会积累了财富,已成为现代生活中不可或缺的一个组成部分。但是,在装饰装修活动中也存在一些不规范甚至相当危险的做法。例如,为了扩大使用面积随意拆改承重墙等。为了保证在任何情况下,建筑装饰装修活动本身不会导致建筑物安全度降低,或影响到建筑物的主要使用功能如防水、采暖、通风、供电、供水、供燃气等,特制订本条。

（6）建筑装饰装修工程的防火、防雷和抗震设计应符合现行国家标准的规定。

（7）当墙体或吊顶内的管线可能产生冰冻或结露时,应进行防冻或防结露设计。

（二）材料

（1）建筑装饰装修工程所用材料的品种、规格和质量应符合设计要求和国家现行标准的规定。当设计无要求时应符合国家现行标准的规定。严禁使用国家明令淘汰的材料。

（2）建筑装饰装修工程所用材料的燃烧性能应符合现行国家标准《建筑内部装修设计防火规范》（GB50222）、《建筑设计防火规范》（GBJ16）和《高层民用建筑设计防火规范》（GB50045）的规定。

（3）建筑装饰装修工程所用材料应符合国家有关建筑装饰装修材料有害物质限量标准的规定。

（4）所有材料进场时应对品种、规格、外观和尺寸进行验收。材料包装应完好，应有产品合格证书、中文说明书及相关性能的检测报告，进口产品应按规定进行商品检验。

（5）进场后需要进行复验的材料种类及项目应符合本规范各章的规定。同一厂家生产的同一品种、同一类型的进场材料应至少抽取一组样品进行复验，当合同另有约定时应按合同执行。

对进场材料进行复验，是为保证建筑装饰装修工程质量采取的一种确认方式。在目前建筑材料市场假冒伪劣现象较多的情况下，进行复验有助于避免不合格材料用于装饰装修工程，也有助于解决提供样品与供货质量不一致的问题。在确定建筑装饰装修工程项目时，考虑了三个因素，一是保证安全和主要使用功能，二是尽量减少复验发生的费用，三是尽量选择检测同期较短的项目。关于抽样数量的规定是最低要求，为了达到控制质量的目的，在抽取样品时应首先选取有疑问的样品，也可以由双方商定增加抽样数量。

（6）当国家规定或合同约定应对材料进行见证检测时，或对材料的质量发生争议时，应进行见证检测。

（7）承担建筑装饰装修材料检测的单位应具备相应的资质，并应建立质量管理体系。

（8）建筑装饰装修工程所使用的材料在运输、储存和施工过程中，必须采取有效措施防止损坏、变质和污染环境。

（9）建筑装饰装修工程所使用的材料应按设计要求进行防火、防腐和防虫处理。

建筑装饰装修工程采用大量的木质材料，包括木材和各种各样的人造木板，这些材料不经防火处理往往达不到防火要求。与建筑装饰装修工程有关的防火规范主要是《建筑内部装修设计防火规范》（GB50222），《建筑设计防火规范》（GBJ16）和《高层民用建筑设计防火规范》（GB50045）也有相关规定。设计人员按上述规范给出所用材料的燃烧性能及处理方法后，施工单位应严格按设计进行选材和处理，不得调换材料或减少处理步骤。

（10）现场配制的材料如砂浆、胶黏剂等，应按设计要求或产品说明书配制。

（三）施工

（1）承担建筑装饰装修工程施工的单位应具备相应的资质，并应建立质量管理体系。施工单位应编制施工组织设计并应经过审查批准。施工单位应按有关的施工工艺标准或经审定的施工技术方案施工，并应对施工全过程实行质量控制。

（2）承担建筑装饰装修工程施工的人员应有相应岗位的资格证书。

（3）建筑装饰装修工程的施工质量应符合设计要求和本规范的规定，由于违反设计文件和本规范的规定施工造成的质量问题应由施工单位负责。

（4）建筑装饰装修工程施工中，严禁违反设计文件擅自改动建筑主体、承重结构或主要使用功能；严禁未经设计确认和有关部门批准擅自拆改水、暖、电、燃气、通讯等配套设施。

（5）施工单位应遵守有关环境保护的法律法规，并应采取有效措施控制施工现场的各种粉尘、废气、废弃物、噪声、振动等对周围环境造成的污染和危害。

（6）施工单位应遵守有关施工安全、劳动保护、防火和防毒的法律法规，应建立相应的管理制度，并应配备必要的设备、器具和标识。

（7）建筑装饰装修工程应在基体或基层的质量验收合格后施工。对既有建筑进行装饰装修前，应对基层进行处理并达到本规范的要求。

基体或基层的质量是影响建筑装饰装修工程质量的一个重要因素。例如，基层有油污可能导致抹灰工程和涂饰工程出现脱层、起皮等质量问题；基体或基层强度不够可能导致饰面层脱落，甚至造成坠落伤人的严重事故。为了保证质量，避免返工应严格遵守本条。

（8）建筑装饰装修工程施工前应有主要材料的样板或样板间（件），并应经有关各方确认。

一般来说，建筑装饰装修工程的装饰装修效果难以用语言准确、完整的表述出来；有时，某些施工质量问题也需要有一个更直观的评判依据。因此，在施工前，通常应根据工程情况制作样板间、样板件或封存材料样板。样板间适用于宾馆客房、住宅、写字楼办公室等工程，样板件适用于外墙饰面或室内公共活动场所，主要材料样板是指建筑装饰装修工程中采用的壁纸、涂料、石材等涉及颜色、光泽、图案花纹等评判指标的材料。不管采用哪种方式，都应由建设方、施工方、供货方等有关各方确认。

（9）墙面采用保温材料的建筑装饰装修工程，所用保温材料的类型、品种、规格及施工工艺应符合设计要求。

（10）管道、设备等的安装及高度应在建筑装饰装修工程施工前完成，当必须同步进行时，应在饰面层施工前完成。装饰装修工程不得影响管道、设备等的使用和维修。涉及燃气管道的建筑装饰装修工程必须符合有关安全管理的规定。

（11）建筑装饰装修工程的电器安装应符合设计要求和国家现行标准的规定。严禁不经穿管直接埋设电线。

（12）室内外装饰装修工程施工的环境条件应满足施工工艺的要求。施工环境温度不应低于5℃。当必须在低于5℃气温下施工时，应采取保证工程质量的有效措施。

（13）建筑装饰装修工程施工过程中应做好半成品、成品的保护，防止污染和损坏。

（14）建筑装饰装修工程验收前应将施工现场清理干净。

二、抹灰工程

（一）一般规定

（1）本章适用于一般抹灰、装饰抹灰和清水砌体勾缝等分项工程的质量验收。

（2）抹灰工程验收时应检查下列文件和记录：

① 抹灰工程的施工图、设计说明及其他设计文件。

② 材料的产品合格证书、性能检测报告、进场验收记录和复验报告。

③ 隐蔽工程验收记录。

④ 施工记录。

（3）抹灰工程应对水泥的凝结时间和安定性进行复验。

（4）抹灰工程应对下列隐蔽工程项目进行验收：

① 抹灰总厚度大于或等于35 mm时的加强措施。

② 不同材料基体交接处的加强措施。

(5) 各分项工程的检验批应按下列规定划分：

① 相同材料、工艺和施工条件的室外抹灰工程每 500～1 000 m² 应划为一个检验批，不足 500 m² 也应划为一个检验批。

② 相同材料、工艺和施工条件的室内抹灰工程每 50 个自然间（大面积房间和走廊按抹灰面积 30 m² 为一间）应划分为一个检验批，不足 50 间也应划分为一个检验批。

根据《建筑工程施工质量验收统一标准》(GB50300—2008)关于检验批划分的规定，及装饰装修工程的特点，对原标准予以修改。室外抹灰一般是上下层连续作业，两层之间是完整的装饰面，没有层与层之间的界限，如果按楼层划分检验批不便于检查。另一方面各建筑物的体量和层高不一致，即使是同一建筑其层高也不完全一致，按楼层划分检验批量的概念难以确定。因此，规定室外按相同材料、工艺和施工条件每 500～1 000 m² 划分为一个检验批。

(6) 检查数量应符合下列规定：

① 室内每个检验批应至少抽查 10%，并不得少于 3 间，不足 3 间时应全数检查。

② 室外每个检验批每 100 m² 应至少抽查一处，每处不得小于 10 m²。

(7) 外墙抹灰工程施工前应先安装钢木门窗框、护栏等，并应将墙上的施工孔洞堵塞密实。

(8) 抹灰用的石灰膏的熟化期不应少于 15 d；罩面用的磨细石灰粉的熟化期不应少于 3 d。

(9) 室内墙面、柱面和门洞口的阳角做法应符合设计要求。设计无要求时，应采用 1∶2 水泥砂浆做护角，其高度不应低于 2 m，每侧宽度不应小于 50 mm。

(10) 当要求抹灰层具有防水、防潮功能时，应采用防水砂浆。

(11) 各种砂浆抹灰层，在凝结前应防止快干、水冲、撞击、振动和受冻，在凝结后应采取措施防止沾污和损坏。水泥砂浆抹灰层应在湿润条件下养护。

(12) 外墙和顶棚的抹灰层与基层之间及各抹灰层之间必须黏结牢固。

经调研发现混凝土（包括预制混凝土）顶棚基体抹灰，由于各种因素的影响，抹灰层脱落的质量事故时有发生，严重危及人身安全，引起了有关部门的重视。如北京市为解决混凝土顶棚基体表面抹灰层脱落的质量问题，要求各建筑施工单位不得在混凝土顶棚基体表面抹灰，用腻子找平即可，5 年来取得了良好的效果。

（二）一般抹灰工程

本节适用于石灰砂浆、水泥砂浆、水泥混合砂浆、聚合物水泥砂浆和麻刀石灰、纸筋石灰、石膏灰等一般抹灰工程的质量验收。一般抹灰工程所分的普通抹灰和高级抹灰，当设计无要求时，按普通抹灰验收。

《建筑装饰装修工程质量验收规范》(GB50210—2008)将《建筑装饰工程施工及验收规范》(JGJ73—91)中一般抹灰工程所分的普通抹灰、中级抹灰和高级抹灰三级合并为普通抹灰和高级抹灰两级，主要是由于普通抹灰和中级抹灰的主要工序和表面质量基本相同，故将原中级抹灰的主要工序和表面质量作为普通抹灰的要求。抹灰等级应由设计单位按照国家有关规定，根据技术、经济条件和装饰美观的需要来确定，并在施工图中注明。

1. 一般抹灰工程的主控项目

(1) 抹灰前基层表面的尘土、污垢、油渍等应清除干净，并应洒水润湿。

检验方法：检查施工记录。

(2) 一般抹灰所用材料的品种和性能应符合设计要求。水泥的凝结时间和安定性复验应合格。砂浆的配合比应符合设计要求。

检验方法:检查产品合格证书、进场验收记录、复验报告和施工记录。

材料质量是保证抹灰工程质量的基础,因此,抹灰工程所用材料如水泥、砂、石灰膏、石膏、有机聚合物等应符合设计要求及国家现行产品标准的规定,并应有出厂合格证;材料进场时应进行现场验收,不合格的材料不得用在抹灰工程上,对影响抹灰工程质量与安全的主要材料的某些性能如水泥的凝结时间和安定性,进行现场抽样复验。

(3)抹灰工程应分层进行。当抹灰总厚度大于或等于 35 mm 时,应采取加强措施。不同材料基体交接处表面的抹灰,应采取防止开裂的加强措施,当采用加强网时,加强网与各基体的搭接宽度不应小于 100 mm。

检验方法:检查隐蔽工程验收记录和施工记录。

抹灰厚度过大时,容易产生起鼓、脱落等质量问题;不同材料基体交接处,由于吸水和收缩性不一致,接缝处表面的抹灰层容易开裂,上述情况均应采取加强措施,切实保证抹灰工程的质量。

(4)抹灰层与基层之间及各抹灰层之间必须黏结牢固,抹灰层应无脱层、空鼓,面层应无爆灰和裂缝。

检验方法:观察,用小锤轻击检查,检查施工记录。

抹灰工程的质量关键是黏结牢固,无开裂、空鼓与脱落。如果黏结不牢,出现空鼓、开裂、脱落等缺陷,会降低对墙体保护作用,且影响装饰效果。经调研分析,抹灰层之所以出现开裂、空鼓和脱落等质量问题,主要原因是基体表面清理不干净,如:基体表面尘埃及疏松物、脱模剂和油渍等影响抹灰黏结牢固的物质未彻底清除干净;基体表面光滑,抹灰前未作毛化处理;抹灰前基体表面浇水不透,抹灰后砂浆中的水分很快被基体吸收,使砂浆质量不好,使用不当;一次抹灰过厚,干缩率较大等,都会影响抹灰层与基体的黏结。

2.一般抹灰工程的一般项目

(1)一般抹灰工程的表面质量应符合下列规定:

① 普通抹灰表面应光滑、洁净、接槎平整,分格缝应清晰。

② 高级抹灰表面应光滑、洁净、颜色均匀、无抹纹,分格缝和灰线应清晰美观。

检验方法:观察,手摸检查。

(2)护角、孔洞、槽、盒周围的抹灰表面应整齐、光滑;管道后面的抹灰表面应平整。

检验方法:观察。

(3)抹灰层的总厚度应符合设计要求;水泥砂浆不得抹在石灰砂浆层上;罩面石膏灰不得抹在水泥砂浆层上。

检验方法:检查施工记录。

(4)抹灰分格缝的设置应符合设计要求,宽度和深度应均匀,表面应光滑,棱角应整齐。

检验方法:观察,尺量检查。

(5)有排水要求的部位应做滴水线(槽)。滴水线(槽)应整齐顺直,滴水线应内高外低,滴水槽宽度和深度均不应小于 10 mm。

检验方法:观察,尺量检查。

(6)一般抹灰工程质量的允许偏差和检验方法应符合表 3-50 的规定。

表 3-50　一般抹灰的允许偏差和检验方法

项次	项目	允许偏差		检验方法
		普通抹灰	高级抹灰	
1	立面垂直度	4	3	用 2 m 垂直检测尺检查
2	表面平整度	4	3	用 2 m 靠尺和塞尺检查
3	阴阳角方正	4	3	用直角检测尺检查
4	分格条(缝)直线度	4	3	用 5 m 线,不足 5 m 拉通线,用钢直尺检查
5	墙裙、勒脚上口直线度	4	3	拉 5 m 线,不足 5 m 拉通线,用钢直尺检查

注:1. 普通抹灰,本表第 3 项阴角方正可不检查;
　　2. 顶棚抹灰,本表第 2 项表面平整度可不检查,但应平顺。

三、门窗工程

(一) 一般规定

(1) 本章适用于木门窗制作安装、金属安装、塑料门窗安装、特种门安装、门窗玻璃安装等分项工程的质量验收。

(2) 门窗工程验收时应检查下列文件和记录:

① 门窗工程的施工图、设计说明及其他设计文件。

② 材料的产品合格证书、性能检测报告、进场验收记录和复验报告。

③ 特种门及其附件的生产许可文件。

④ 隐蔽工程验收记录、施工记录。

(3) 门窗工程应对下列材料及其性能指标进行复验:

① 人造木板的甲醛含量。

② 建筑外墙金属窗、塑料窗的抗风性能、空气渗透性能和雨水渗漏性能。

(4) 门窗工程应对下列隐蔽工程项目进行验收:

① 预埋件和锚固件。

② 隐蔽部位的防腐、嵌填处理。

(5) 各分项工程的检验批应按下列规定划分:

① 同一品种、类型和规格的木门窗、金属门窗、塑料门窗及门窗玻璃每 100 樘应划分为一个检验批,不足 100 樘也应划分为一个检验批。

② 同一品种、类型和规格的特种门每 50 樘应划分为一个检验批,不足 50 樘也应划分为一个检验批。

本条规定了门窗工程检验批划分的原则。即进场门窗应按品种、类型、规格各自组成检验批,并规定了各种门窗组成检验批的不同数量。

本条所称门窗品种通常是指门窗的制作材料,如实木门窗、铝合金门窗、塑料门窗等;门窗类型是指门窗的功能或开启方式,如平开窗、立转窗、自动门、推拉门等;门窗规格指门窗的尺寸。

(6) 检查数量应符合下列规定:

① 木门窗、金属门窗、塑料门窗及门窗玻璃,每个检验批应至少抽查 5%,并不得少于 3

樘,不足 3 樘时应全数检查;高层建筑的外窗,每个检验批应至少抽查 10%,并不得少于 6 樘,不足 6 樘时应全数检查。

② 特种门每个检验批应至少抽查 50%,并不得少于 10 樘,不足 10 樘时应全数检查。

本条对各种检验批的检查数量作出规定。考虑到对高层建筑(10 层及 10 层以上的居住建筑和建筑高度超过 24 m 的公共建筑)的外窗各项性能要求应更为严格,故每个检验批的检查数量增加一倍。此外,由于特种门的重要性明显高于普通门,数量则较普通门为少,为保证特种门的功能,规定每个检验批抽样检查的数量应比普通门大。

(7) 门窗安装前,应对门窗洞口尺寸进行检验。

本条规定了安装门窗前应对门窗洞口尺寸进行检查,除检查单个门窗洞口尺寸外,还应对能够通视的成排或成列的门窗洞口进行目测或拉通线检查。如果发现明显偏差,应向有关管理人员反映,采取处理措施后再安装门窗。

(8) 金属门窗和塑料门窗安装应采用预留洞口的方法施工,不得采用边安装边砌口或先安装后砌口的方法施工。

安装金属门窗和塑料门窗,我国规范历来规定应采用预留洞口的方法施工,不得采用边安装边砌口或先安装后砌口的方法施工,其原因主要是防止门窗框受挤压变形和表面保护层受损。木门窗安装也宜采用预留洞口的方法施工。采用先安装后砌口的方法施工时,则应注意避免门窗框在施工中受损、受挤压变形或受到污染。

(9) 木门窗与砖石砌体、混凝土或抹灰层接触处应进行防腐处理并应设置防潮层,埋入砌体或混凝土中的木砖应进行防腐处理。

(10) 当金属窗或塑料窗组合时,其拼樘料的尺寸、规格、壁厚应符合设计要求。

组合门窗拼樘料不仅起连接作用,而且是组合窗的重要受力部件,故对其材料应严格要求,其规格、尺寸、壁厚等应由设计给出,并应使组合窗能够承受该地区的瞬时风压值。

(11) 建筑外门窗的安装必须牢固。在砌体上安装门窗严禁用射钉固定。

门窗安装是否牢固既影响使用功能又影响安全,其重要性尤其以外墙门窗更为显著。故本条规定,不管采用何种方法固定,建筑外墙门窗必须确保安装牢固,并将此条列为强制性条文。内墙门窗安装也必须牢固,本规范将内墙门窗安装牢固的要求列入主控项目而非强制性条文。考虑到砌体中砖、砌块以及灰缝的强度较低,受冲击容易破碎,故规定在砌体上安装门窗时严禁用射钉固定。

(12) 特种门安装除应符合设计要求和本规范规定外,还应符合有关专业标准和主管部门的规定。

(二) 金属门窗安装工程

本节适用于钢门窗、铝合金门窗、涂色镀锌钢板门窗等金属门窗安装工程质量的验收。

1. 主控项目

(1) 金属门窗的品种、类型、规格、尺寸、性能、开启方向、安装位置、连接方式及铝合金门窗的型材壁厚应符合设计要求。金属门窗的防腐处理及嵌填、密封处理应符合设计要求。

检验方法:观察,尺量检查,检查产品合格证书、性能检测报告、进场验收记录和复验报告,检查隐蔽工程验收记录。

(2) 金属门窗框和副框的安装必须牢固。预埋件的数量、位置、埋设方式、与框的连接方式必须符合设计要求。

检验方法:手扳检查,检查隐蔽工程验收记录。

(3)金属门窗扇必须安装牢固,并应开关灵活、关闭严密,无倒翘。推拉门窗必须有防脱落措施。

检验方法:观察,开启和关闭检查,手扳检查。

推拉门窗扇意外脱落容易造成安全方面的伤害,对高层建筑情况更为严重,故规定推拉门窗扇必须有防脱落措施。

(4)金属门窗配件的型号、规格、数量应符合设计要求,安装应牢固,位置应正确,功能应满足使用要求。

检验方法:观察,开启和关闭检查,手扳检查。

2. 一般项目

(1)金属门窗表面应洁净、平整、光滑、色泽一致、无锈蚀。大面应无划痕、碰伤。漆膜或保护层应连续。

检验方法:观察。

(2)铝合金门窗推拉门窗扇开关力应不大于 100 N。

检验方法:用弹簧秤检查。

(3)金属门窗框与墙体之间的缝隙应嵌填饱满,并采用密封胶密封。密封胶表面应光滑、顺直,无裂纹。

检验方法:观察,轻敲门窗框检查,检查隐蔽工程验收记录。

(4)金属门窗扇的橡胶密封条或毛毡密封条应安装完好,不得脱槽。

检验方法:观察,开启和关闭检查。

(5)有排水孔的金属门窗,排水孔应畅通,位置和数量应符合设计要求。

检验方法:观察。

(6)钢门窗安装的留缝限值、允许偏差和检验方法应符合表 3-51 的规定。

表 3-51　钢门窗安装的留缝限值、允许偏差和检验方法

项次	项目		留缝限值(mm)	允许偏差(mm)	检验方法
1	门窗槽口宽度、高度	≤1 500 mm	—	2.5	用钢尺检查
		>1 500 mm	—	3.5	
2	门窗槽口对角线长度差	≤2 000 mm		5	用钢尺检查
		>2 000 mm		6	
3	门窗框的正、侧面垂直度		—	3	用1 m垂直检测尺检查
4	门窗横框的水平度		—	3	用1 m水平尺和塞尺检查
5	门窗横框标高		—	5	用钢尺检查
6	门窗竖向偏离中心		—	4	用钢尺检查
7	双层门窗内外框间距		—	5	用钢尺检查
8	门窗框、扇配合间隙		≤2	—	用塞尺检查
9	无下框时门扇与地面间留缝		4~8	—	用塞尺检查

（7）铝合金门窗安装的允许偏差和检验方法应符合表 3-52 的规定。

表 3-52　铝合金门窗安装的允许偏差和检验方法

项次	项目		允许偏差（mm）	检验方法
1	门窗槽口宽度、高度	≤1 500 mm	1.5	用钢尺检查
		>1 500 mm	2	
2	门窗槽口对角线长度差	≤2 000 mm	3	用钢尺检查
		>2 000 mm	4	
3	门窗框的正、侧面垂直度		2.5	用垂直检测尺检查
4	门窗横框的水平度		2	用 1 m 水平尺和塞尺检查
5	门窗横框标高		5	用钢尺检查
6	门窗竖向偏离中心		5	用钢尺检查
7	双层门窗内外框间距		4	用钢尺检查
8	推拉门窗扇与框搭接量		1.5	用钢直尺检查

（8）涂色镀锌钢板门窗安装的允许偏差和检验方法应符合表 3-53 的规定。

表 3-53　涂色镀锌钢板门窗安装的允许偏差和检验方法

项次	项目		允许偏差（mm）	检验方法
1	门窗槽口宽度、高度	≤1 500 mm	2	用钢尺检查
		>1 500 mm	3	
2	门窗槽口对角线长度差	≤2 000 mm	4	用钢尺检查
		>2 000 mm	5	
3	门窗框的正、侧面垂直度		3	用垂直检测尺检查
4	门窗横框的水平度		3	用 1 m 水平尺和塞尺检查
5	门窗横框标高		5	用钢尺检查
6	门窗竖向偏离中心		5	用钢尺检查
7	双层门窗内外框间距		4	用钢尺检查
8	推拉门窗扇与框搭接量		2	用钢直尺检查

（三）塑料门窗安装工程

本节适用于塑料门窗安装工程的质量验收。

1. 主控项目

（1）塑料门窗的品种、类型、规格、尺寸、开启方向、安装位置、连接方式及嵌填密封处理应符合设计要求，内衬增强型钢的壁厚及设置应符合国家现行产品标准的质量要求。

检验方法：观察，尺量检查，检查产品合格证书、性能检测报告、进场验收记录和复验报告，检查隐蔽工程验收记录。

（2）塑料门窗框、副框和扇的安装必须牢固。固定片或膨胀螺栓的数量与位置应正确，连接方式应符合设计要求。固定点应距窗角、中横框、中竖框 150～200 mm,固定点间距应不大于 600 mm。

检验方法:观察,手扳检查,检查隐蔽工程验收记录。

(3) 塑料门窗拼樘料内衬增加型钢的规格、壁厚必须符合设计要求,型钢应与型材内腔紧密吻合,其两端必须与洞口固定牢固。窗框必须与拼樘料连接紧密,固定点间距应不大于 600 mm。

检验方法:观察,手扳检查,尺量检查,检查进场验收记录。

拼樘料的作用不仅是连接多樘窗,而且起着重要的固定作用。故本规范从安全角度,对拼樘料作出了严格要求。

(4) 塑料门窗扇应开关灵活、关闭严密,无倒翘。推拉门窗扇必须有防脱落措施。

检验方法:观察,开启和关闭检查,手扳检查。

(5) 塑料门窗配件的型号、规格、数量应符合设计要求,安装应牢固,位置应正确,功能应满足使用要求。

检验方法:观察,手扳检查;尺量检查。

(6) 塑料门窗框与墙体间缝隙应采用闭孔弹性材料嵌填饱满,表面应采用密封胶密封。密封胶应黏结牢固,表面应光滑、顺直、无裂纹。

检验方法:观察,检查隐蔽工程验收记录。

塑料门窗的线性膨胀系数较大,由于温度升降易引起门窗变形或在门窗框与墙体间出现裂缝,为了防止上述现象,特规定塑料门窗框与墙体间缝隙应采用伸缩性能较好的闭孔弹性材料嵌填,并用密封胶密封。采用闭孔材料则是为了防止材料吸水导致连接件锈蚀,影响安装强度。

2. 一般项目

(1) 塑料门窗表面应洁净、平整、光滑,大面应无划痕、碰伤。

检验方法:观察。

(2) 塑料门窗扇的密封条不得脱槽。旋转窗间隙应基本均匀。

(3) 塑料门窗扇的开关力应符合下列规定:

① 平开门窗扇平铰链的开关力应不大于 80 N;滑撑铰链的开关力应不大于 80 N,并不小于 30 N。

② 推拉门窗扇的开关力应不大于 100 N。

检验方法:观察,用弹簧秤检查。

(4) 玻璃密封条与玻璃槽口的接缝应平整,不得卷边、脱槽。

检验方法:观察。

(5) 排水孔应畅通,位置和数量应符合设计要求。

检验方法:观察。

(6) 塑料门窗安装的允许偏差和检验方法应符合表 3-54 的规定。

表 3 - 54　塑料门窗安装的允许偏差和检验方法

项次	项目		允许偏差(mm)	检验方法
1	门窗槽口宽度、高度	≤1 500 mm	2	用钢尺检查
		>1 500 mm	3	
2	门窗槽口对角线长度差	≤2 000 mm	3	用钢尺检查
		>2 000 mm	5	
3	门窗框的正、侧面垂直度		3	用 1 m 垂直检测尺检查
4	门窗横框的水平度		3	用 1 m 水平尺和塞尺检查
5	门窗横框标高		5	用钢尺检查
6	门窗竖向偏离中心		5	用钢直尺检查
7	双层门窗内外框间距		4	用钢尺检查
8	同樘平开门窗相邻扇高度差		2	用钢尺检查
9	平开门窗铰链部位配合间隙		+2,—1	用塞尺检查
10	推拉门窗扇与框搭接量		+1.5,—2.5	用钢尺检查
11	推拉门窗扇与竖框平等度		2	用 1 m 水平尺和塞尺检查

（四）门窗玻璃安装工程

本节适用于平板、吸热、反射、中空、夹层、夹丝、磨砂、钢化、压花玻璃等玻璃安装工程的质量验收。

1. 主控项目

（1）玻璃的品种、规格、尺寸、色彩、图案和涂膜朝向应符合设计要求。单块玻璃大于 1.5 m² 时应使用安全玻璃。

检验方法:观察,检查产品合格证书、性能检测报告和进场验收记录。

（2）门窗玻璃裁割尺寸应正确。安装后的玻璃应牢固,不得有裂纹、损伤和松动。

检验方法:观察,轻敲检查。

（3）玻璃的安装方法应符合设计要求。固定玻璃的钉子或钢丝卡的数量、规格应保证玻璃安装牢固。

检验方法:观察,检查施工记录。

（4）镶钉木压条接触玻璃处,应与裁口边缘平齐。木压条应互相紧密连接,并与裁口边缘紧贴,割角应整齐。

检验方法:观察。

（5）密封条与玻璃、玻璃槽口的接触应紧密、平整。密封胶与玻璃、玻璃槽口的边缘应黏结牢固、接缝平齐。

检验方法:观察。

（6）带密封条的玻璃压条,其密封条必须与玻璃全部贴紧,压条与型材之间应无明显缝隙,压条接缝应不大于 0.5 mm。

检验方法:观察,尺量检查。

2. 一般项目

(1) 玻璃表面应洁净,不得有腻子、密封胶、涂料等污渍。中空玻璃内外表面均应洁净,玻璃中空层内不得有灰尘和水蒸气。

检验方法:观察。

(2) 门窗玻璃不应直接接触型材。单面镀膜玻璃的镀膜层及磨砂玻璃的磨砂面应朝向室内。中空玻璃的单面镀膜玻璃应在最外层,镀膜层应朝向室内。

检验方法:观察。

为防止门窗的框、扇型材胀缩、变形时导致玻璃破碎,门窗玻璃不应直接接触型材。为保护镀膜玻璃上的镀膜层及发挥镀膜层的作用,单面镀膜玻璃的镀膜层应朝向室内。双层玻璃的单面镀膜玻璃应在最外层,镀膜层应朝向室内。

(3) 腻子应填抹饱满、黏结牢固,腻子边缘与裁口应平齐。固定玻璃的卡子不应在腻子表面显露。

检验方法:观察。

四、饰面板(砖)工程

(一) 一般规定

(1) 本章适用于饰面板安装、饰面砖粘贴等分项工程的质量验收。

饰面板工程采用的石材有花岗石、大理石、青石板和人造石材;采用的瓷板有抛光板和磨边板两种,面积不大于 $1.2 m^2$,不小于 $0.5 m^2$;金属饰面板有钢板、铝板等品种;木材饰面板主要用于内墙裙。陶瓷面砖主要包括釉面瓷砖、外墙面砖、陶瓷锦砖、陶瓷壁画、劈裂砖等;玻璃面砖主要包括玻璃锦砖、彩色玻璃面砖、釉面玻璃等。

(2) 饰面板(砖)工程验收时应检查下列文件和记录:

① 饰面板(砖)工程的施工图、设计说明及其他设计文件。

② 材料的产品合格证书、性能检测报告、进场验收记录和复验报告。

③ 后置埋件的现场拉拔检测报告。

④ 外墙饰面砖样板件的黏结强度检测报告。

⑤ 隐蔽工程验收记录。

⑥ 施工记录。

(3) 饰面板(砖)工程应对下列材料及其性能指标进行复验:

① 室内用花岗石的放射性。

② 粘贴用水泥的凝结时间、安定性和抗压强度。

③ 外墙陶瓷面砖的吸水率。

④ 寒冷地区外墙陶瓷面砖的抗冻性。

本条规定仅对人身健康和结构安全有密切关系的材料指标进行复验。天然石材中花岗石的放射性超标的情况较多,故规定对室内用花岗石的放射性进行检测。

(4) 饰面板(砖)工程应对下列隐蔽工程项目进行验收:

① 预埋件(或后置埋件)。

② 连接节点。

③ 防水层。

（5）各分项工程的检验批应按下列规定划分：

① 相同材料、工艺和施工条件的室内饰面板（砖）工程每 50 间（大面积房间和走廊按施工面积 30 m² 为一间）应划分为一个检验批，不足 50 间也应划分为一个检验批。

② 相同材料、工艺和施工条件的室外饰面板（砖）工程每 500～1 000 m² 应划分为一个检验批，不足 500 m² 也应划分为一个检验批。

（6）检查数量应符合下列规定：

① 室内每个检验批应至少抽查 10％，并不得少于 3 间，不足 3 间时应全数检查。

② 室外每个检验批每 100 m² 应至少抽查一处，每处不得小于 10 m²。

（7）外墙饰面粘贴前和施工过程中，均应在相同基层上做样板件，并对样板件的饰面砖黏结强度进行检验，其检验方法和结果判定应符合《建筑工程饰面砖黏结强度检验标准》（JGJ110）的规定。

《外墙饰面砖工程施工及验收规程》（JGJ126—2000）中 6.0.6 条第 3 款规定："外墙饰面砖工程，应进行黏结强度检验。其取样数量、检验方法、检验结果判定均应符合现行行业标准《建筑工程饰面砖黏结强度检验标准》（JGJ110）的规定。"由于该方法为破坏性检验，破损饰面砖不易复原，且检验操作有一定难度，在实际验收中较少采用。故本条规定在外墙饰面砖粘贴前和施工过程中均应制作样板件并做黏结强度试验。

（8）饰面板（砖）工程的抗震缝、伸缩缝、沉降缝等部位的处理应保证缝的使用功能和饰面的完整性。

（二）饰面板安装工程

本节适用于内墙饰面板安装工程和高度不大于 24 m、抗震设防烈度不大于 7 度的外墙饰面板安装工程的质量验收。

1. 主控项目

（1）饰面板的品种、规格、颜色和性能应符合设计要求，木龙骨、木饰面板和塑料饰面板的燃烧性能等级应符合设计要求。

检验方法：观察，检查产品合格证书、进场验收记录和性能检测报告。

（2）饰面板孔、槽的数量、位置和尺寸应符合设计要求。

检验方法：检查进场验收记录和施工记录。

（3）饰面板安装工程的预埋件（或后置埋件）、连接件的数量、规格、位置、连接方法和防腐处理必须符合设计要求。后置埋件的现场拉拔强度必须符合设计要求。饰面板安装必须牢固。

检验方法：手扳检查，检查进场验收记录、现场拉拔检测报告、隐蔽工程验收记录和施工记录。

2. 一般项目

（1）饰面板表面应平整、洁净、色泽一致，无裂痕和缺损。石材表面应无泛碱等污染。

检验方法：观察。

（2）饰面板嵌缝应密实、平直，宽度和深度应符合设计要求，嵌填材料色泽应一致。

检验方法：观察，尺量检查。

（3）采用湿作业法施工的饰面板工程，石材应进行了碱背涂处理。饰面板与基体之间的灌注材料应饱满、密实。

检验方法：用小锤轻击检查，检查施工记录。

采用传统的湿作业法安装天然石材时，由于水泥砂浆在水化时析出大量的氢氧化钙，泛到石材表面，产生不规则的花斑，俗称泛碱现象，严重影响建筑物室内外石材饰面的装饰效果。因此，在天然石材安装前，应对石材饰面采用"防碱背涂剂"进行背涂处理。

（4）饰面板上的孔洞应套割吻合，边缘应整齐。

检验方法：观察。

（5）饰面板安装的允许偏差和检验方法应符合表 3 - 55 的规定。

表 3 - 55　饰面板安装的允许偏差和检验方法

项次	项目	允许偏差（mm）							检验方法
		石材			瓷板	木材	塑料	金属	
		光面	剁斧石	蘑菇石					
1	立面垂直度	2	3	3	2	1.5	2	2	用 2 m 垂直检测尺检查
2	表面平整度	2	3	—	1.5	1	3	3	用 2 m 靠尺和塞尺检查
3	阴阳角方正	2	4	4	2	1.5	3	3	用直角检测尺检查
4	接缝直线度	2	4	4	2	1	1	1	拉 5 m 线，不足 5 m 拉通线，用钢直尺检查
5	墙裙、勒脚上口直线度	2	3	3	2	2	2	2	拉 5 m 线，不足 5 m 拉通线，用钢直尺检查
6	接缝高低差	0.5	3	—	0.5	0.5	1	1	用钢直尺和塞尺检查
7	接缝宽度	1	2	2	1	1	1	1	用钢直尺检查

（三）饰面砖粘贴工程

本节适用于风墙饰面砖粘贴工程和高度不大于 100 m、抗震设防烈度不大于 8 度、采用满黏法施工的外墙饰面砖粘贴工程的质量验收。

1. 主控项目

（1）饰面砖的品种、规格、图案颜色和性能应符合设计要求。

检验方法：观察，检查产品合格证书、进场验收记录、性能检测报告和复验报告。

（2）饰面砖粘贴工程的找平、防水、黏结和勾缝材料及施工方法应符合设计要求及国家现行产品标准和工程技术标准的规定。

检验方法：检查产品合格证书、复验报告和隐蔽工程验收记录。

（3）饰面砖粘贴必须牢固。

检验方法：检查样板件黏结强度检测报告和施工记录。

（4）满黏法施工的饰面砖工程应无空鼓、裂缝。

检验方法：观察，用小锤轻击检查。

2. 一般项目

（1）饰面砖表面应平整、洁净、色泽一致，无裂痕和缺损。

检验方法：观察。

（2）阴阳角处搭接方式、非整砖使用部位应符合设计要求。

检验方法:观察。

(3)墙面突出物周围的饰面砖应整砖套割吻合,边缘应整齐。墙裙、贴脸突出墙面的厚度应一致。

检验方法:观察,尺量检查。

(4)饰面砖接缝应平直、光滑,嵌填应连续、密实;宽度和深度应符合设计要求。

检验方法:观察,尺量检查。

(5)有排水要求的部位应做滴水线(槽)。滴水线(槽)应顺直,流水坡向应正确,坡度应符合设计要求。

检验方法:观察,用水平尺检查。

(6)饰面砖粘贴的允许偏差和检验方法应符合表3-56的规定。

表3-56 饰面砖粘贴的允许偏差和检验方法

项次	项目	允许偏差(mm)		检验方法
		外墙面砖	内墙面砖	
1	立面垂直度	3	2	用2m垂直检测尺检查
2	表面平整度	4	3	用2m靠尺和塞尺检查
3	阴阳角方正	3	3	用直角检测尺检查
4	接缝干线度	3	2	拉5m线,不足5m拉通线,用钢直尺检查
5	接缝高低差	1	0.5	用钢直尺和塞尺检查
6	接缝宽度	1	1	用钢直尺检查

五、涂饰工程

(一)一般规定

(1)本章适用于水性涂料涂饰、溶剂型涂料涂饰、美术涂饰等分项工程的质量验收。

(2)涂饰工程验收时应检查下列文件和记录:

① 涂饰工程的施工图、设计说明及其他设计文件。

② 材料的产品合格证书、性能检测报告和进场验收记录。

③ 施工记录。

(3)各分项工程的检验批应按下列规定划分:

① 室外涂饰工程每一栋楼的同类涂料涂饰的墙面每500~1 000 m² 应划分为一个检验批,不足500 m² 也应划分为一个检验批。

② 室内涂饰工程同类涂料涂饰墙面每50间(大面积房间和走廊按涂饰面积30 m² 为一间)应划分为一个检验批,不足50间也应划分为一个检验批。

(4)检查数量应符合下列规定:

① 室外涂饰工程每100 m² 应至少检查一处,每处不得小于10 m²。

② 室内涂饰工程每个检验批应至少抽查10%,并不得少于3间,不足3间时应全数检查。

（5）涂饰工程的基层处理应符合下列要求：

① 新建筑物的混凝土或抹灰层基层在涂饰涂料前应涂刷抗碱封闭底漆。

② 旧墙面在涂饰涂料前应清除疏松的旧装修层，并涂刷界面剂。

③ 混凝土或抹灰基层涂刷溶剂型涂料时，含水率不得大于 8%；涂刷乳液型涂料时，含水率不得大于 10%。木材基层的含水率不得大于 12%。

④ 基层腻子应平整、坚实、牢固、无粉化、起皮和裂缝；内墙腻子的黏结强度应符合《建筑室内用腻子》(JG/T3049)的规定。

⑤ 厨房、卫生间墙面必须使用耐水腻子。

同类型的涂料对混凝土或抹灰基层含水率的要求不同，涂刷溶剂涂料时，参照国际一般做法规定不大于 8%；涂刷乳液型涂料时，基层含水率控制在 10%以下时装饰质量较好，同时，国内外建筑涂料产品标准对基层含水率的要求均在 10%左右，故规定涂刷乳液型涂料时基层含水率不大于 10%。

（6）水性涂料涂饰工程施工的环境温度应在 5～35℃之间。

（7）涂饰工程应在涂层养护期满后进行质量验收。

（二）水性涂料涂饰工程

本节适用于乳液型涂料、无机涂料、水溶性涂料等水性涂料涂饰工程的质量验收。

1. 主控项目

（1）水性涂料涂饰工程所用涂料的品种、型号和性能应符合设计要求。

检验方法：检查产品合格证书、性能检测报告和进场验收记录。

（2）水性涂料涂饰工程的颜色、图案应符合设计要求。

检验方法：观察。

（3）水性涂料涂饰工程应涂饰均匀、黏结牢固，不得漏涂、透底、起皮和掉粉。

检验方法：观察，手摸检查。

（4）水性涂料涂饰工程的基层处理应符合一般规定中第 5 条的要求。

检验方法：观察，手摸检查，检查施工记录。

2. 一般项目

（1）薄涂料的涂饰质量和检验方法应符合表 3-57 的规定。

表 3-57　薄涂料的涂饰质量和检验方法

项次	项　目	普通涂饰	高级涂饰	检验方法
1	颜色	均匀一致	均匀一致	观察
2	泛碱、咬色	允许少量轻微	不允许	
3	流坠、疙瘩	允许少量轻微	不允许	
4	砂眼、刷纹	允许少量轻微砂眼、刷纹通顺	无砂眼，无刷纹	
5	装饰线、分色线直线度允许偏差(mm)	2	1	拉 5m 线，不足 5m 拉通线，用钢直尺检查

（2）厚涂料的涂饰质量和检验方法应符合表3-58的规定。

表3-58 厚涂料的涂饰质量和检验方法

项次	项目	普通涂饰	高级涂饰	检验方法
1	颜色	均匀一致	均匀一致	
2	泛碱、咬色	允许少量轻微	不允许	观察
3	点状分布	—	疏密均匀	

（3）复合涂料的涂饰质量和检验方法应符合表3-59的规定。

表3-59 复合涂料的涂饰质量和检验方法

项次	项目	质量要求	检验方法
1	颜色	均匀一致	
2	泛碱、咬色	不允许	观察
3	喷点疏密程度	均匀,不允许连片	

（4）涂层与其他装修材料和设备衔接处应吻合,界面应清晰。

检验方法：观察。

（三）溶剂型涂料涂饰工程

本节适用于丙烯酸酯涂料、聚氨酯丙烯酸涂料、有机硅丙烯酸涂料等溶剂型涂料涂饰工程的质量验收。

1. 主控项目

（1）溶剂型涂料涂饰工程所选用涂料的品种、型号和性能应符合设计要求。

检验方法：检查产品合格证书、性能检测报告和进场验收记录。

（2）溶剂型涂料涂饰工程的颜色、光泽、图案应符合设计要求。

检验方法：观察。

（3）溶剂型涂料涂饰工程应涂饰均匀、黏结牢固,不得漏涂、透底、起皮和反锈。

检验方法：观察,手摸检查。

（4）溶剂型涂料涂饰工程的基层处理应符合一般规定中第5条的要求。

检验方法：观察,手摸检查,检查施工记录。

2. 一般项目

色漆的涂饰质量和检验方法应符合表3-60的规定。

表3-60 色漆的涂饰质量和检验方法

项次	项目	普通涂饰	高级涂饰	检验方法
1	颜色	均匀一致	均匀一致	观察
2	光泽、光滑	光泽基本均匀 光滑无挡手感	光泽均匀一致光滑	观察、手摸检查
3	刷纹	刷纹通顺	无刷纹	观察

（续表）

项次	项目	变通涂饰	高级涂饰	检验方法
4	裹棱、流坠、皱皮	明显处不允许	不允许	观察
5	装饰线、分色线直线度允许偏差（mm）	2	1	拉5m线,不足5m拉通线,用钢直尺检查

注：1. 无光色漆不检查光泽。
　　2. 清漆的涂饰质量和检验方法应符合表3-61的规定。

表3-61　清漆的涂饰质量和检验方法

项次	项目	普通涂饰	高级涂饰	检验方法
1	颜色	基本一致	均匀一致	观察
2	木纹	棕眼刮平、木纹清楚	棕眼刮平、木纹清楚	观察
3	光泽、光滑	光泽基本均匀光滑无挡手感	光泽均匀一致光滑	观察、手摸检查
4	刷纹	无刷纹	无刷纹	观察
5	裹棱、流坠、皱皮	明显处不允许	不允许	观察

3. 涂层与其他装修材料和设备衔接处应吻合,界面应清晰

检验方法：观察。

六、细部工程

（一）一般规定

（1）本章适用于下列分项工程的质量验收：

① 橱柜制作与安装。

② 窗帘盒、窗台板、散热器罩制作与安装。

③ 门窗套制作与安装。

④ 护栏和扶手制作与安装。

⑤ 花饰制作与安装。

（2）细部工程验收时应检查下列文件和记录

① 施工图、设计说明及其他设计文件。

② 材料的产品合格证书、性能检测报告、进场验收记录和复验报告。

③ 隐蔽工程验收记录。

④ 施工记录。

验收时检查施工图、设计说明及其他设计文件,有利于强化设计的重要性,为验收提供依据,避免口头协议造成扯皮。材料进场验收、复验、隐蔽工程验收、施工记录是施工过程控制的重要内容,是工程质量的保证。

（3）细部工程应对人造木板的甲醛含量进行复验。

人造木板的甲醛含量过高会污染室内环境,进行复验有利于核查是否符合要求。

（4）细部工程应对下列部位进行隐蔽工程验收：

① 预埋件（或后置埋件）。

② 护栏与预埋件的连接节点。

（5）各分项工程的检验批应按下列规定划分

① 同类制品每50间（处）应划分为一个检验批，不足50间（处）也应划分为一个检验批。

② 每部楼梯应划分为一个检验批。

（二）橱柜制作与安装工程

（1）本节适用于位置固定的壁柜、吊柜等橱柜制作与安装工程的质量验收。

本条适用于位置固定的壁柜、吊柜等橱柜制作、安装工程的质量验收。不包括移动式橱柜和家具的质量验收。

（2）检查数量应符合下列规定：

每个检验批至少抽查3间（处），不足3间（处）时应全数检查。

1. 主控项目

（1）橱柜制作与安装所用材料的材质和规格、木材的燃烧性能等级和含水率、花岗石的放射性及人造木板的甲醛含量应符合设计要求及国家现行标准的有关规定。

检验方法：观察，检查产品合格证书、进场验收记录、性能检测报告和复验报告。

（2）橱柜安装预埋件或后置埋件的数量、规格、位置应符合设计要求。

检验方法：检查隐蔽工程验收记录和施工记录。

（3）橱柜的造型、尺寸、安装位置、制作和固定方法应符合设计要求，橱柜安装必须牢固。

检验方法：观察，尺量检查，手扳检查。

（4）橱柜配件的品种、规格应符合设计要求。配件应齐全，安装应牢固。

检验方法：观察，手扳检查，检查进场验收记录。

（5）橱柜的抽屉和柜门应开关灵活、回位正确。

检验方法：观察，开启和关闭检查。

橱柜抽屉、柜门开闭频繁，应灵活、回位正确。

2. 一般项目

（1）橱柜表面应平整、洁净、色泽一致，不得有裂缝、翘曲及损坏。

检验方法：观察。

（2）橱柜裁口应顺直、拼缝应严密。

检验方法：观察。

（3）橱柜安装的允许偏差和检验方法应符合表3-62的规定。

表3-62　橱柜安装的允许偏差和检验方法

项次	项目	允许偏差（mm）	检验方法
1	外型尺寸	3	用钢尺检查
2	立面垂直度	2	用1m垂直检测尺检查
3	门与框架的平等度	2	用钢尺检查

（三）窗帘盒、窗台板和散热器罩制作与安装工程

（1）本节适用于窗帘盒、窗台板和散热器罩制作与安装工程的质量验收。

本条适用于窗帘盒、散热器罩和窗台板制作、安装工程的质量验收。窗帘盒有木材、塑料、

金属等多种材料做法,散热器罩以木材为主,窗台板有木材、天然石材、水磨石等多种材料做法。

(2)检查数量应符合下列规定:

每个检验批应至少抽查3间(处),不足3间(处)时应全数检查。

1. 主控项目

(1)窗帘盒、窗台板和散热器罩制作与安装所使用材料的材质的规格、木材的燃烧性能等级和含水率、花岗石的放射性及人造木板的甲醛含量应符合设计要求及国家现行标准的有关规定。

检验方法:观察,检查产品合格证书、进场验收记录、性能检测报告和复验报告。

(2)窗帘盒、窗台板和散热器罩的造型、规格、尺寸、安装位置和固定方法必须符合设计要求。窗帘盒、窗台板和散热器罩的安装必须牢固。

检验方法:观察,尺量检查,手扳检查。

(3)窗帘盒配件的品种、规格应符合设计要求,安装应牢固。

检验方法:手扳检查;检查进场验收记录。

2. 一般项目

(1)窗帘盒、窗台板和散热器罩表面应平整、洁净、线条顺直、接缝严密、色泽一致,不得有裂缝、翘曲及损坏。

检验方法:观察。

(2)窗帘盒、窗台板和散热器罩与墙、窗框的衔接应严密,密封胶缝应顺直、光滑。

检验方法:观察。

(3)窗帘盒、窗台板和散热器罩安装的允许偏差和检验方法应符合表3-63的规定。

表3-63 窗帘盒、窗台板和散热器罩安装的允许偏差和检验方法

项次	项目	允许偏差(mm)	检验方法
1	水平度	2	用1m水平尺和塞尺检查
2	上口、下口直线度	3	拉5m线,不足5m拉通线,用钢直尺检查
3	两端距窗洞口长度差	2	用钢直尺检查
4	两端出墙厚度差	3	用钢直尺检查

(四)门窗套制作与安装工程

(1)本节适用于门窗套制作与安装工程的质量验收。

(2)检查数量应符合下列规定:

每个检验批应至少抽查3间(处),不足3间(处)时应全数检查。

1. 主控项目

(1)门窗套制作与安装所使用材料的材质、规格、花纹和颜色、木材的燃烧性能等级和含水率、花岗石的放射性及人造木板的甲醛含量应符合设计要求及国家现行标准的有关规定。

检验方法:观察,检查产品合格证书、进场验收记录、性能检测报告和复验报告。

(2)门窗套的造型、尺寸和固定方法应符合设计要求,安装应牢固。

检验方法：观察，尺量检查，手扳检查。

2. 一般项目

（1）门窗套表面应平整、洁净、线条顺直、接缝严密、色泽一致，不得有裂缝、翘曲及损坏。

检验方法：观察。

（2）门窗套安装的允许偏差和检验方法应符合表 3-64 的规定。

表 3-64　门窗套安装的允许偏差和检验方法

项次	项目	允许偏差（mm）	检验方法
1	正、侧面垂直度	3	用 1m 垂直检测尺检查
2	门窗套上口水平度	1	用 1m 水平检测尺和塞尺检查
3	门窗套上口直线度	3	拉 5m 线，不足 5m 拉通线，用钢直尺检查

（五）护栏和扶手制作与安装工程

（1）本节适用于护栏和扶手制作与安装工程的质量验收。

（2）检查数量应符合下列规定：

每个检验批的护栏和扶手应全部检查。护栏和扶手安全性十分重要，故每个检验批的护栏和扶手全部检查。

1. 主控项目

（1）护栏和扶手制作与安装所使用材料的材质、规格、数量和木材、塑料的燃烧性能等级应符合设计要求。

检验方法：观察，检查产品合格证书、进场验收记录和性能检测报告。

（2）护栏和扶手的造型、尺寸及安装位置应符合设计要求。

检验方法：观察，尺量检查，检查进场验收记录。

（3）护栏和扶手安装预埋件的数量、规格、位置以及护栏与预埋件的连接节点应符合设计要求。

检验方法：检查隐蔽工程验收记录和施工记录。

（4）护栏高度、栏杆间距、安装位置必须符合设计要求。护栏安装必须牢固。

检验方法：观察，尺量检查，手扳检查。

（5）护栏玻璃应使用公称厚度不小于 12 mm 的钢化玻璃或钢化夹层玻璃。当护栏一侧距楼地面高度为 5 m 及以上时，应使用钢化夹层玻璃。

检验方法：观察，尺量检查，检查产品合格证书和进场验收记录。

2. 一般项目

（1）护栏和扶手转角弧度应符合设计要求，接缝应严密，表面应光滑，色泽应一致，不得有裂缝、翘曲及损坏。

检验方法：观察，手摸检查。

（2）护栏和扶手安装的允许偏差和检验方法应符合表 3-65 的规定。

表 3 - 65　护栏和扶手安装的允许偏差和检验方法

项次	项目	允许偏差(mm)	检验方法
1	护栏垂直度	3	用 1m 垂直检测尺检查
2	栏杆间距	3	用钢尺检查
3	扶手直线度	4	拉通线,用钢直尺检查
4	扶手高度	3	用钢尺检查

（六）花饰制作与安装工程

（1）本节适用于混凝土、石材、木材、塑料、金属、玻璃、石膏等花饰安装工程的质量验收。

（2）检查数量应符合下列规定：

① 室外每个检验批全部检查。

② 室内每个检验批应至少抽查 3 间（处），不足 3 间（处）时应全数检查。

1. 主控项目

（1）花饰制作与安装所使用材料的材质、规格应符合设计要求。

检验方法：观察,检查产品合格证书和进场验收记录。

（2）花饰的造型、尺寸应符合设计要求。

检验方法：观察,尺量检查。

（3）花饰的安装位置和固定方法必须符合设计要求,安装必须牢固。

检验方法：观察,尺量检查,手扳检查。

2. 一般项目

（1）花饰表面应洁净,接缝应严密吻合,不得有歪斜、裂缝、翘曲及损坏。

检验方法：观察。

（2）花饰安装的允许偏差和检验方法应符合表 3 - 66 的规定。

表 3 - 66　花饰安装的允许偏差和检验方法

项次	项目		允许偏差(mm)		检验方法
			室内	室外	
1	条型花饰的水平度或垂直度	每米	1	3	拉线和用 1m 垂直检测尺检查
		全长	3	6	
2	单独花饰中心位置偏移		10	15	拉线和用钢直尺检查

第六节　建筑节能工程施工质量控制

建筑节能工程是指墙体、建筑幕墙、门窗、屋面、地面、采暖、通风与空调、采暖与空调系统的冷热源和附属设备及其管网、配电与照明等部位采取了建筑节能措施,达到了建筑节能效果的新建、改建和扩建的民用建筑工程。

一、基本规定

（一）技术与管理

（1）承担建筑节能工程的施工企业应具备相应的资质，施工现场应建立有效的质量管理体系、施工质量控制和检验制度，具有相应的施工技术标准。

（2）设计变更不得降低建筑节能效果。当设计变更涉及建筑节能效果时，应经原施工图设计审查机构审查，在实施前应办理设计变更手续，并获得监理或建设单位的确认。

关于节能设计变更必须同时满足三个条件：① 原设计单位认可；② 原设计审查机构审查；③ 监理或建设单位的认可。

（3）建筑节能工程采用的新技术、新设备、新材料、新工艺，应按照有关规定进行评审、鉴定及备案。施工前应对新的或首次采用的施工工艺进行评价，并制定专门的施工技术方案。

（4）单位工程的施工组织设计应包括建筑节能工程施工内容。建筑节能工程施工前，施工企业应编制建筑节能工程施工技术方案并经监理（建设）单位审查批准。施工单位应对从事建筑节能工程施工作业的专业人员进行技术交底和必要的实际操作培训。

（5）建筑节能工程的质量检测，除满足"围护结构节能保温做法的现场实体检测可在监理（建设）人员见证下由施工单位实施，也可在监理（建设）人员见证下取样，委托有资质的见证检测单位实施。"以外，应由具备资质的检测机构承担。

目前，承担建筑节能工程检测试验的检测机构应具备见证检测资质和节能试验项目的计量认证。

（二）材料与设备

（1）建筑节能工程使用的材料、设备、构件和产品必须符合施工图设计要求及国家有关标准的规定。严禁使用国家明令禁止使用与淘汰的材料和设备。

（2）材料和设备的进场验收应遵守下列规定：

① 应对材料和设备的品种、规格、包装、外观和尺寸等进行检查验收，并应经监理工程师（建设单位代表）核准，形成相应的验收记录。

② 应对材料和设备的质量合格证明文件进行核查，并应经监理工程师（建设单位代表）确认，纳入工程技术档案。所有进入施工现场用于节能工程的材料和设备均应具有出厂合格证、中文说明书及相关性能检测报告；进口材料和设备应按规定进行出入境商品检验。

③ 应对部分材料和设备按照本规范附录 A 及各章的规定进行抽样复验。复验项目中应有 30% 的试验次数为见证取样送检。

（3）建筑节能工程所使用材料的燃烧性能等级和阻燃处理，应符合设计要求和国家现行标准《高层民用建筑设计防火规范》（GB50045）、《建筑内部装修设计防火规范》（GB50222）和《建筑设计防火规范》（GB50016）的规定。

（4）建筑节能工程使用的材料应符合国家现行有关对材料有害物质限量标准的规定，不得对室内外环境造成污染。

（5）现场配制的材料如保温浆料、聚合物砂浆等，应按设计要求或试验室给出的配合比配制。当未给出要求时，应按照施工方案和产品说明书配制。

（6）节能保温材料在施工使用时的含水率应符合设计要求、工艺要求及施工技术方案要求。当无上述要求时,节能保温材料在施工使用时的含水率不应大于正常施工环境湿度下的自然含水率,否则应采取降低含水率的措施。

（三）施工与控制

（1）建筑节能工程施工应当按照经审查合格的设计文件和经审批的建筑节能工程施工技术方案的要求施工。

（2）建筑节能工程施工前,对于重复采用建筑节能设计的房间和构造做法,应在现场采用相同材料和工艺制作样板间或样板件,经有关各方确认后方可进行施工。

（3）建筑节能工程的施工作业环境和条件,应满足相关标准和施工工艺的要求。节能保温材料不宜在雨雪天气中露天施工。

（四）验收的划分

（1）建筑节能工程为单位建筑工程的一个分部工程。其分项工程和检验批的划分,应符合下列规定:

① 建筑节能分项工程应按照表3-67划分。

② 建筑节能分项工程应按照分项工程进行验收。当建筑节能分项工程的工程量较大时,可以将分项工程划分为若干个检验批进行验收。

③ 当建筑节能验收难以按照上述要求进行划分时,可由建设、监理、设计、施工等各方协商进行划分。但验收项目、验收内容、验收标准和验收记录均应遵守本规范的规定。

④ 建筑节能分项工程和检验批的验收应单独写验收记录,节能验收资料应单独组卷。

表3-67　　建筑节能分项工程划分

序号	分项工程	主要验收内容
1	墙体节能工程	主体结构基层;保温材料;饰面层等
2	幕墙节能工程	主体结构基层;隔热材料;保温材料;隔汽层;幕墙玻璃;单元式幕墙板块;通风换气系统;遮阳设施;冷凝水收集排放系统等
3	门窗节能工程	门;窗;玻璃;遮阳设施等
4	屋面节能工程	基层;保温隔热层;保护层;防水层;面层等
5	地面节能工程	基层;保温隔热层;保护层;面层等
6	采暖节能工程	系统制式;散热器;阀门与仪表;热力入口装置;保温材料;调试等
7	通风与空气调节节能工程	系统制式;通风与空气调节设备;阀门与仪表;绝热材料;调试等
8	空调与采暖系统的冷热源和附属设备及其管网节能工程	系统制式、冷热源设备;辅助设备;管网;阀门与仪表;绝热、保温材料;调试等
9	配电与照明节能工程节能工程	低压配电电源;照明光源、灯具;附属装置;控制功能;调试等
10	监测与控制	冷、热源系统的监测控制系统;空调水系统的监测控制系统;通风与空调系统的监测控制系统;监测与计量装置;供配电的监测控制系统;照明自动控制系统;综合控制系统等

二、墙体节能工程

（一）一般规定

（1）墙体节能工程适用于采用板材、浆料、块材及预制复合墙板等墙体保温材料或构件的建筑墙体节能工程质量验收。

(2) 主体结构完成后进行施工的墙体节能工程,应在基层质量验收合格后施工,施工过程中应及时进行质量检查、隐蔽工程验收和检验批验收,施工完成后应进行墙体节能分项工程验收。与主体结构同时施工的墙体节能工程,应与主体结构一同验收。

(3) 墙体节能工程当采用外保温定型产品或成套技术或产品时,其型式检验报告中应包括安全性和耐候性检验。

(4) 墙体节能工程应对下列部位或内容进行隐蔽工程验收,并应有详细的文字记录和必要的图像资料:

① 保温层附着的基层及其表面处理;

② 保温板黏结或固定;

③ 锚固件;

④ 增强网铺设;

⑤ 墙体热桥部位处理;

⑥ 预置保温板或预制保温墙板的板缝及构造节点;

⑦ 现场喷涂或浇筑有机类保温材料的界面;

⑧ 被封闭的保温材料的厚度;

⑨ 保温隔热砌块填充墙体。

(5) 墙体节能工程的保温材料在施工过程中应采取防潮、防水等保护措施。

(6) 墙体节能工程验收的检验批划分应符合下列规定:

① 采用相同材料、工艺和施工做法的墙面每 $500 \sim 1\,000 \text{ m}^2$ 面积划分为一个检验批,不足 500 m^2 也为一个检验批。

② 检验批的划分也可根据与施工流程一致且方便施工与验收的原则,由施工单位与监理(建设)单位共同商定。

(二) 主控项目

(1) 用于墙体节能工程的材料、构件和产品等,其品种、规格、尺寸和性能应符合设计要求和相关标准的规定。

检验方法:对实物观察和尺量、秤重检查,核查质量证明文件。

检查数量:按进场批次,每批随机抽取 3 个试样进行检查。质量证明文件应按照其出厂检验批进行核查。

保温隔热材料的几何尺寸采用钢卷尺或钢板尺测量检查。重点测量板块状保温隔热材料的厚度。对照实物,检查每一种材料的技术资料和性能检测报告等质量文件是否齐全,内容是否完整。检查产品出厂合格证、质量检测报告等质量证明文件与实物是否一致,核查有关质量文件是否在有效期之内。质量检测报告应包括材料的密度、导热系数、抗压(压缩)强度等。对有节能认证要求的地区,还要核查是否取得当地的节能产品认定证书或新产品推广应用证明。

(2) 墙体节能工程使用的保温隔热材料,其导热系数、密度、抗压强度或压缩强度、燃烧性能应符合设计要求。

检验方法:核查质量证明文件和进场复验报告。

检查数量:全数检查。

(3) 墙体节能工程采用的保温材料和黏结材料等,进场时应对其下列性能进行复验,复验应为见证取样送检：

① 保温板材的导热系数、密度、抗压强度或压缩强度；

② 黏结材料的黏结强度；

③ 增强网的力学性能、抗腐蚀性能；

检验方法：随机抽样送检，核查复验报告。

检查数量：同一厂家的同一种产品，当单位工程建筑面积在 20 000 m² 以下时各抽查不少于 3 次；当单位工程建筑面积在 20 000 m² 以上时各抽查不少于 6 次。

(4) 严寒和寒冷地区外保温使用的黏结材料，其冻融试验结果应符合该地区最低气温环境的使用要求。

检验方法：核查质量证明文件。

检查数量：全数检查。

(5) 墙体节能工程施工前应按照设计和施工方案的要求对基层进行处理，处理后的基层应符合保温层施工方案的要求。

检验方法：对照设计和施工方案观察检查，核查隐蔽工程验收记录。

检查数量：全数检查。

(6) 墙体节能工程各层构造做法应符合设计要求，并应按照经过审批的施工方案施工。

检验方法：对照设计和施工方案观察检查，核查隐蔽工程验收记录。

检查数量：全数检查。

(7) 墙体节能工程的施工，应符合下列规定：

① 保温隔热材料的厚度必须符合设计要求。

② 保温板材与基层及各构造层之间的黏结或连接必须牢固。黏结强度和连接方式应符合设计要求。保温板材与基层的黏结强度应做现场拉拔试验。

③ 浆料保温层应分层施工。当外墙采用浆料做外保温时，保温层与基层之间及各层之间的黏结必须牢固，不应脱层、空鼓和开裂。

④ 当墙体节能工程的保温层采用预埋或后置锚固件固定时，其锚固件数量、位置、锚固深度和拉拔力应符合设计要求。后置锚固件应进行锚固力现场拉拔试验。

检验方法：观察，手扳检查，保温材料厚度采用钢针插入或剖开尺量检查，黏接强度和锚固力核查试验报告，核查隐蔽工程验收记录。

检查数量：每个检验批抽查不少于 3 处。

(8) 外墙采用预置保温板现场浇筑混凝土墙体时，保温材料的验收应符合主控项目第(2)条的规定；保温板的安装应位置正确、接缝严密，保温板在浇筑混凝土过程中不得移位、变形，保温板表面应采取界面处理措施，与混凝土黏结应牢固。

混凝土和模板的验收，应执行《混凝土结构工程施工质量验收规范》(GB50204)的相关规定。

检验方法：观察检查，核查隐蔽工程验收记录。

检查数量：全数检查。

(9) 当外墙采用保温浆料做保温层时，应在施工中制作同条件试件，检测其导热系数、干密度和压缩强度。保温浆料的同条件试件应实行见证取样送检。

检验方法：检查检测报告。

检查数量:每个检验批应抽样制作同条件试块不少于 3 组。

测试干密度用的同条件试块的尺寸为 300 mm×300 mm×300 mm,养护时间为 28 d。试块数量为每个检验批至少 1 组,每组 3 块。测试干密度后的试块,按《绝热材料稳态热阻及有关特性的测定》(GB/T10294)的规定测试导热系数。测试压缩强度用的同条件试块的尺寸为 100 mm×100 mm×100 mm,养护时间为 28 d,试块数量为每个检验批至少制作 1 组。

(10)墙体节能工程各类饰面层的基层及面层施工,应符合设计和《建筑装饰装修工程质量验收规范》(GB50210)的要求,并应符合下列规定:

① 饰面层施工的基层应无脱层、空鼓和裂缝,基层应平整、干净,含水率应符合饰面层施工的要求。

② 外墙外保温工程不宜采用粘贴饰面砖做饰面层。当采用时,必须保证保温层与饰面砖的安全性与耐久性。饰面砖应做黏结强度拉拔试验,试验结果应符合设计和有关标准的规定。

③ 外墙外保温工程的饰面层不应渗漏。当外墙外保温工程的饰面层采用饰面板开缝安装时,保温层表面应具有防水功能或采取其他相应的防水措施。

因为外墙外保温的饰面层一旦渗漏,水分进入保温层内,将明显破坏保温效果。加之水分滞留在保温层内难以散发,可能出现内墙结露、发霉等问题。

④ 外墙外保温层及饰面层与其他部位交接的收口处,应采取密封措施。

检验方法:观察检查,核查试验报告和隐蔽工程验收记录。

检查数量:全数检查。

(11)采用保温砌块砌筑的墙体,应采用具有保温功能的砂浆砌筑。砌筑砂浆的强度等级应符合设计要求。砌体的水平灰缝饱满度不应低于 90%,竖直灰缝饱满度不应低于 80%。

检验方法:对照设计核查施工方案和砌筑砂浆强度试验报告,用百格网检查灰缝砂浆饱满度。

检查数量:每楼层的每个施工段至少抽查一次,每次抽查 5 处,每处不少于 3 个砌块。

(12)采用预制保温墙板现场安装的墙体,应符合下列规定:

① 保温墙板应有型式检验报告,型式检验报告中应包含安装性能的检验。

② 保温墙板的结构性能、热工性能及与主体结构的连接方法应符合设计要求,与主体结构连接必须牢固。

③ 保温墙板的板缝、构造节点及嵌缝做法应符合设计要求。

④ 保温墙板板缝不得渗漏。

检验方法:核查型式检验报告、出厂检验报告、对照设计观察和淋水试验检查,核查隐蔽工程验收记录。

检查数量:型式检验报告、出厂检验报告全数核查,其他项目每个检验批应抽查 5%,并不少于 3 件(处)。

(13)当设计要求在墙体内设置隔汽层时,隔汽层的位置、使用的材料及构造做法应符合设计要求和相关标准的规定。隔汽层应完整、严密,穿透隔汽层处应采取密封措施。隔汽层冷凝水排水构造应符合设计要求。

检验方法:对照设计观察检查,核查材料质量证明文件和隐蔽工程验收记录。

检查数量:每个检验批应抽查 5%,并不少于 3 件(处)。

墙体内隔汽层的作用,主要防止空气中的水分进入保温层造成保温效果下降,进而形成结露等问题。

（14）外墙和毗邻不采暖空间墙体上的门窗洞口四周墙侧面，凸窗四周墙侧面或地面，应按设计要求采取隔断热桥或节能保温措施。

检验方法：对照设计观察检查，必要时抽样剖开检查，核查隐蔽工程验收记录。

检查数量：每个检验批应抽查 5%，并不少于 5 个洞口。

施工前门窗框或附框应安装完毕。

（15）严寒、寒冷地区外墙热桥部位，应按设计要求采取节能保温等隔断热桥措施。

检验方法：对照设计和施工方案观察检查，核查隐蔽工程验收记录。

检查数量：按不同热桥种类，每种抽查 20%，并不少于 5 处。

热桥是指外围护结构上有热工缺陷的部位。在室内外温差的作用下，这些部位会出现局部热流密集的现象。在室内采暖的情况下，该部位内表面温度较其他部位低；而在室内空调降温的情况下，该部位的内表面温度又较其他部位高。具有这种特征的部位，称为"热桥"。

（三）一般项目

（1）进场节能保温材料与构件的外观和包装应完整无破损，符合设计要求和产品标准的规定。

检验方法：观察检查。

检查数量：全数检查。

（2）当采用加强网作防止开裂的加强措施时，玻纤网格布的铺贴和搭接应符合设计和施工方案的要求。砂浆抹压应严实，不得空鼓，加强网不得皱褶、外露。

检验方法：观察检查，核查隐蔽工程验收记录。

检查数量：每个检验批抽查不少于 5 处，每处不少于 2 m²。

（3）设置空调的房间，其外墙热桥部位应按设计要求采取隔断热桥措施。

检验方法：对照设计和施工方案观察检查，核查隐蔽工程验收记录。

检查数量：按不同热桥种类，每种抽查 10%，并不少于 5 处。

（4）施工产生的墙体缺陷，如穿墙套管、脚手眼、孔洞等，应按照施工方案采取隔断热桥措施，不得影响墙体热工性能。

检验方法：对照施工方案观察检查。

检查数量：全数检查。

（5）墙体保温板材接缝方法应符合施工工艺要求。保温板拼缝应平整严密。

检验方法：观察检查。

检查数量：按墙体检验批检查，每个检验批抽查不少于 3 处。

（6）墙体采用保温浆料时，保温浆料层宜连续施工；保温浆料厚度应均匀、接槎应平顺密实。

检验方法：观察，尺量检查。

检查数量：每个检验批抽查 10%，并不少于 10 处。

（7）墙体上容易碰撞的阳角、门窗洞口及不同材料基体的交接处等特殊部位，其保温层应采取防止开裂和破损的加强措施。

检验方法：观察检查，核查隐蔽工程验收记录。

检查数量：按不同部位，每类抽查 10%，并不少于 5 处。

(8) 采用现场喷涂或模板浇筑有机类保温材料做外保温时,有机类保温材料应达到陈化时间后方可进行下道工序施工。

检查方法:对照施工方案和产品说明书进行检查。

检查数量:全数检查。

三、幕墙节能工程

(一) 一般规定

(1) 幕墙节能工程适用于透明和非透明的各类建筑幕墙的节能工程质量验收。

玻璃幕墙属于透明幕墙,节能设计标准中对其有遮阳系数、传热系数、可见光透射比、气密性能等相关要求,与建筑外窗在节能方面有着共同的指标要求。金属幕墙、石材幕墙、人造板材幕墙等属于非透明幕墙,建筑节能指标要求主要是传热系数,与墙体有着一样的节能指标要求。由于建筑幕墙的设计施工往往是另外进行专业分包,施工验收按照《建筑装饰装修工程质量验收规范》进行,往往是先单独验收。幕墙的节能验收应该单列。

(2) 附着于主体结构上的隔汽层、保温层应在主体结构工程质量验收合格后施工。施工过程中应及时进行质量检查、隐蔽工程验收和检验批验收,施工完成后应进行建筑幕墙节能分项工程验收。

(3) 当幕墙节能工程采用隔热型材时,隔热型材生产企业应提供型材隔热材料的力学性能和热变形性能试验报告。

(4) 幕墙节能工程施工中应对下列部位或项目进行隐蔽工程验收,并应有详细的文字记录和必要的图像资料:

① 被封闭的保温材料厚度和保温材料的固定;

② 幕墙周边与墙体的接缝处保温材料的填充;

③ 构造缝、沉降缝;

④ 隔汽层;

⑤ 热桥部位、断热节点;

⑥ 单元式幕墙板块间的接缝构造;

⑦ 凝结水收集和排放构造;

⑧ 幕墙的通风换气装置。

(5) 幕墙节能工程使用的保温材料在安装过程中应采取防潮、防水等保护措施。

(6) 幕墙节能工程检验批划分及检查数量,应按照《建筑装饰装修工程质量验收规范》(GB50210)的规定执行。

(二) 主控项目

(1) 用于幕墙节能工程的材料、构件等,其品种、规格应符合设计要求和相关标准的规定。

检验方法:观察、尺量检查,核查质量证明文件。

检查数量:按进场批次,每批随机抽取3个试样进行检查,质量证明文件应按照其出厂检验批进行核查。

(2) 幕墙节能工程使用的保温材料,其导热系数、密度、燃烧性能应符合设计要求。幕墙玻璃的传热系数、遮阳系数、可见光透射比、中空玻璃露点应符合设计要求。

检验方法：核查质量证明文件和复验报告。

检查数量：全数检查。

（3）幕墙节能工程使用的材料、构件等进场时，应对其下列性能进行复验，复验应为见证取样送检：

① 保温材料的导热系数、密度；

② 幕墙玻璃的可见光透射比、传热系数、遮阳系数、中空玻璃露点；

③ 隔热型材的拉伸强度、抗剪强度。

检验方法：进场时抽样复验，验收时核查复验报告。

检查数量：同一厂家的同一种产品抽查不少于一组。

（4）幕墙的气密性能应符合设计规定的等级要求。当幕墙面积大于 3 000 m² 或建筑外墙面积 50％时，应现场抽取材料和配件，在检测试验室安装制作试件进行气密性能检测，检测结果应符合设计规定的等级要求。

密封条应镶嵌牢固、位置正确、对接严密。单元幕墙板块之间的密封应符合设计要求。开启扇应关闭严密。

检查方法：观察及启闭检查，核查隐蔽工程验收记录、幕墙气密性能检测报告、见证记录。

气密性能检测试件应包括幕墙的典型单元、典型拼接、典型可开启部分。试件应按照幕墙工程施工图进行设计。试件设计应经建筑设计单位项目负责人、监理工程师同意并确认。气密性能的检测应按照国家现行有关标准的规定执行。

检查数量：核查全部质量证明文件和技术性能检测报告。现场观察及启闭检查按检验批抽查 30％，并不少于 5 件（处）。

（5）幕墙工程使用的保温材料厚度应符合设计要求，其厚度应符合设计要求，安装牢固，且不得松脱。

检验方法：对保温板或保温层采取针插法或剖开法，尺量厚度，手扳检查。

检查数量：按检验批抽查 10％，并不少于 5 处。

（6）遮阳设施的安装位置应满足设计要求。遮阳设施的安装应牢固。

检验方法：观察，尺量，手扳检查。

检查数量：检查全数的 10％，并不少于 5 处，牢固程度全数检查。

（7）幕墙工程热桥部位的隔断热桥措施应符合设计要求，断热节点的连接应牢固。

检验方法：对照幕墙热工性能设计文件，观察检查。

检查数量：按检验批抽查 10％，并不少于 5 处。

（8）幕墙隔汽层应完整、严密、位置正确，穿透隔汽层处的节点构造应采取密封措施。

检验方法：观察检查。

检查数量：按检验批抽查 10％，并不少于 5 处。

（9）冷凝水的收集和排水应通畅，不得渗漏。

检验方法：通水试验、观察检查。

检查数量：按检验批抽查 10％，并不少于 5 处。

（三）一般项目

（1）镀（贴）膜玻璃的安装方向、位置应正确。中空玻璃应采用双道密封。中空玻璃的均压管应密封处理。

检验方法:观察,检查施工记录。

检验数量:每个检验批抽查 10%,并不少于 5 件(处)。

(2) 单元式幕墙板块组装应符合下列要求:

① 密封条的规格正确,长度无负偏差,接缝的搭接符合设计要求;

② 保温材料固定牢固,厚度符合设计要求;

③ 隔汽层密封完整、严密;

④ 冷凝水排水系统通畅,无渗漏。

检验方法:观察检查,手扳检查,尺量,通水试验。

检查数量:每个检验批抽查 10%,并不少于 5 件(处)。

(3) 幕墙与周边墙体间的接缝处应采用弹性闭孔材料填充饱满,并应采用耐候胶密封胶密封。

检查方法:观察检查。

检查数量:每个检验批抽查 10%,并不少于 5 件(处)。

(4) 伸缩缝、沉降缝、抗震缝的保温或密封做法应符合设计要求。

检验方法:对照设计文件观察检查。

检查数量:每个检验批抽查 10%,并不少于 10 件(处)。

(5) 活动遮阳设施的调节机构应灵活,并应能调节到位。

检验方法:现场调节试验,观察检查。

检查数量:每个检验批抽查 10%,并不少于 10 件(处)。

四、门窗节能工程

(一) 一般规定

(1) 门窗节能工程适用于建筑外门窗节能工程的质量验收,包括金属门窗、塑料门窗、木质门窗、各种复合门窗、特种门窗、天窗以及门窗玻璃安装等节能工程。

节能关系最大的是与室外空气接触的门窗。一方面,由于门窗的传热系数大大高于墙体,所以门窗面积的增加肯定会增加采暖能耗;另一方面,太阳可以通过门窗玻璃直接进入室内,从而增加夏季空调的负荷,增大空调能耗。

(2) 建筑门窗进场后,应对其外观、品种、规格及附件等进行检查验收,对质量证明文件进行核查。

(3) 建筑外门窗工程施工中,应对门窗框与墙体缝隙的保温填充做法进行隐蔽工程验收,并应有隐蔽工程验收记录和必要的图像资料。

(4) 建筑外门窗工程的检验批应按下列规定划分:

① 同一厂家的同一品种、类型和规格的门窗及门窗玻璃每 100 樘划分为一个检验批,不足 100 樘也划分为一个检验批。

② 同一厂家的同一品种、类型和规格的特种门每 50 樘划分为一个检验批,不足 50 樘也划分为一个检验批。

③ 对于异型或有特殊要求的门窗,检验批的划分应根据其特点和数量,由监理(建设)单位和施工单位协商确定。

(5) 建筑外门窗工程的检查数量应符合下列规定:

① 建筑门窗每个检验批应至少抽查 5％，并不少于 3 樘，不足 3 樘时应全数检查；高层建筑的外窗，每个检验批应至少抽查 10％，并不得少于 6 樘，不足 6 樘时应全数检查。

② 特种门每个检验批应至少抽查 50％，并不得少于 10 樘，不足 10 樘时应全数检查。

（二）主控项目

（1）建筑外门窗的品种、规格应符合设计要求和相关标准的规定。

检验方法：观察、尺量检查，核查质量证明文件。

检查数量：按一般规定第（5）条执行。质量证明文件应按照其出厂检验批进行核查。

门窗的质量证明文件一般可包括：① 产品合格证；② 性能检测报告或门窗节能标识证书；③ 玻璃合格证明文件；④ 型材合格证明文件等。

（2）建筑外窗的气密性、保温性能、中空玻璃露点、玻璃遮阳系数和可见光透射比应符合设计要求。

① 玻璃遮阳系数：实际透过窗玻璃的太阳辐射得热与相同入射条件下透过 3mm 厚玻璃的太阳辐射得热之比值。遮阳系数应该是越小越好。

② 可见光透射比：透过玻璃（或其他透明材料）的可见光光通量（类似光的强度）与投射在其表面上的可见光光通量之比。可见光透射比应该是越大越好。

③ 热阻：表征围护结构本身或其中某层材料阻抗传热能力的物理量。热阻应该是越大越好。用 R 表示。

④ 导热系数：在稳态条件下，1 m 厚的物体，两侧表面温差为 1 K，1 h 内通过 1 m^2 面积传递的热量。用 λ 表示。

⑤ 传热系数：在稳态条件下，围护结构两侧空气温差为 1 K，1 h 内通过 1 m^2 面积传递的热量。传热系数应是越小越好，用 K 表示。

⑥ 传热阻：表征围护结构（包括两侧表面空气边界层）阻抗传热能力的物理量。为传热系数的倒数，用 R 表示。

检验方法：核查产品的质量证明文件和复验报告。

检查数量：全数检查。

（3）建筑外窗进入施工现场时，应按地区类别对其下列性能进行复验，复验应见证取样送检。

① 严寒、寒冷地区：气密性、传热系数和中空玻璃露点；

② 夏热冬冷地区：气密性、传热系数、玻璃遮阳系数、可见光透射比、中空玻璃露点；

③ 夏热冬暖地区：气密性、玻璃遮阳系数、可见光透射比、中空玻璃露点。

检验方法：随机抽样送检，核查复验报告。

检查数量：同一厂家的同一类型的产品抽查不少于 3 樘（件）。

（4）建筑门窗采用的玻璃品种应符合设计要求。中空玻璃应采用双道密封。

检验方法：观察检查，核查质量证明文件。

检查数量：按建筑外门窗工程的检查数量规定执行。

（5）金属外门窗隔断热桥措施应符合设计要求和产品标准的规定，金属副框的隔断热桥措施应与门窗框的隔断热桥措施相当。

检验方法：随机抽样，对照设计图纸，剖开或拆开检查。

检查数量：同一厂家同一品种、类型的产品各抽查不少于一樘，金属副框的隔断热桥措施按检验批抽查30%。

(6) 严寒、寒冷、夏热冬冷地区的建筑外窗,应对气密性做现场实体检验,检测结果应满足设计要求。

检验方法:随机抽样现场检验。

检查数量:同一厂家同一品种、类型的产品各抽查不少于3樘。

(7) 外门窗框或副框与洞口之间的缝隙应采用弹性闭孔材料填充饱满,并使用密封胶密封;外门窗框与副框之间的缝隙应使用密封胶密封。

检验方法:观察检查,核查隐蔽工程验收记录。

检查数量:全数检查。

(8) 严寒、寒冷地区的外门安装,应按照设计要求采取保温、密封等节能措施。

检验方法:观察检查。

检查数量:全数检查。

(9) 外窗的遮阳设施的性能、尺寸应符合设计要求和产品标准;遮阳设施安装应位置正确、牢固,满足安全和使用功能要求。

检验方法:核查质量证明文件;观察、尺量、手扳检查。

检查数量:按建筑外门窗工程的检查数量规定执行;安装牢固程度全数检查。

(10) 特种门的性能应符合设计和产品标准要求,特种门安装中的节能措施,应符合设计要求。

检验方法:核查质量证明文件,观察、尺量检查。

检查数量:全数检查。

(11) 天窗安装的位置、坡度应正确,封闭严密,嵌缝处不得渗漏。

检验方法:观察、尺量检查,淋水检查。

检查数量:按建筑外门窗工程的检查数量规定执行。

(三) 一般项目

(1) 门窗扇密封条和玻璃镶嵌的密封条,其物理性能应符合相关标准规定。密封条安装位置正确,镶嵌牢固,不得脱槽,接头处不得开裂。关闭门窗时密封条接触严密。

检验方法:观察检查。

检查数量:全数检查。

(2) 门窗镀(贴)膜玻璃的安装方向应正确,中空玻璃的均压管应密封处理。

检验方法:观察检查。

检查数量:全数检查。

(3) 外窗遮阳设施调节应灵活、能调节到位。

检验方法:现场调节试验检查。

检查数量:全数检查。

五、屋面节能工程

(一) 一般规定

(1) 屋面节能工程适用于建筑屋面节能工程,包括采用松散保温材料、现浇保温材料、喷涂保温材料、板材、块材等保温隔热材料的屋面节能工程的质量验收。

（2）屋面保温隔热工程的施工，应在基层质量验收合格后进行。施工过程中应及时进行质量检查、隐蔽工程验收和检验批验收，施工完成后应进行屋面节能分项工程验收。

（3）屋面保温隔热工程应对下列部位进行隐蔽工程验收，并应有隐蔽工程验收记录和图像资料：

① 基层；

② 保温层的敷设方式、厚度，板材缝隙填充质量；

③ 屋面热桥部位；

④ 隔汽层。

（4）屋面保温隔热层施工完成后，应及时进行找平层和防水层的施工，避免保温层受潮、浸泡或受损。

（二）主控项目

（1）用于屋面节能工程的保温隔热材料，其品种、规格应符合设计要求和相关标准的规定。

检验方法：观察、尺量检查，核查质量证明文件。

检查数量：按进场批次，每批随机抽取 3 个试样进行检查，质量证明文件应按照其出厂检验批进行核查。

（2）屋面节能工程使用的保温隔热材料，其导热系数、密度、抗压强度或压缩强度、燃烧性能应符合设计要求。

检验方法：核查质量证明文件及进场复验报告。

检查数量：全数检查。

（3）屋面节能工程使用的保温隔热材料，进场时应对其导热系数、密度、抗压强度或压缩强度、燃烧性能进行复验，复验为见证取样送检：

① 板材、块材及现浇等保温材料的导热系数、密度、压缩（10％）强度；

② 松散保温材料的导热系数、干密度。

检验方法：随机抽样送检，核查复验报告。

检查数量：同一厂家同一品种的产品各抽查不少于 3 组。

（4）屋面保温隔热层的敷设方式、厚度、缝隙填充质量及屋面热桥部位的保温隔热做法，必须符合设计要求和有关标准的规定。

检验方法：观察、尺量检查。

检查数量：每 100 m² 抽查一处，每处 10 m²，整个屋面抽查不少于 3 处。

对于屋面热桥部位如天沟、檐沟、女儿墙以及凸出屋面结构部位，均应做保温处理。如果处理不当，可能会引起屋顶结露，这不仅将降低室内环境的舒适度，破坏室内装饰，严重时还将对人们正常的居住生活带来影响。

（5）屋面的通风隔热架空层，其架空高度、安装方式、通风口位置及尺寸应符合设计及有关标准要求。架空层内不得有杂物。架空面层应完整，不得有断裂和露筋等缺陷。

检验方法：观察、尺量检查。

检查数量：每 100 m² 抽查一处，每处 10 m²，整个屋面抽查不少于 3 处。

（6）采光屋面的传热系数、遮阳系数、可见光透射比、气密性应符合设计要求。节点的构造做法应符合设计要求和相关标准的要求。采光屋面的可开启部分应按本规范第六章的要求验收。

检验方法:核查质量证明文件,观察检查。

检查数量:全数检查。

(7) 采光屋面的安装应牢固、坡度正确,密封严密,嵌缝处不得渗漏。

检验方法:观察、尺量检查,淋水检查,核查隐蔽工程验收记录。

检查数量:全数检查。

(8) 屋面的隔汽层的位置应符合设计要求,隔汽层应完整、严密。

检验方法:对照设计观察检查,核查隐蔽工程验收记录。

检查数量:每 100 m² 抽查一处,每处 10 m²,整个屋面抽查不少于 3 处。

(三) 一般项目

(1) 屋面保温隔热层应按施工方案施工,并应符合下列规定:

① 松散材料应分层敷设、按要求压实、表面平整、坡向正确。

② 现场喷、浇、抹等工艺施工的保温层,其配合比应计量准确、搅拌均匀、分层连续施工,表面平整,坡向正确。

③ 板材应粘贴牢固、缝隙严密、平整。

检验方法:观察、尺量检查,称重检查。

检查数量:每 100 m² 抽查一处,每处 10 m²,整个屋面抽查不少于 3 处。

(2) 金属板保温夹芯屋面应铺装牢固、接口严密、表面洁净、坡向正确。

检验方法:观察、尺量检查,核查隐蔽工程验收记录。

检查数量:全数检查。

(3) 坡屋面、内架空屋面当采用敷设于屋面内的保温材料做保温层时,保温隔热层应有防潮措施,其表面应有保护层,保护层的做法应符合设计要求。

检验方法:观察、尺量检查,核查隐蔽工程验收记录。

检查数量:每 100 m² 抽查一处,每处 10 m²,整个屋面抽查不少于 3 处。

六、地面节能工程

(一) 一般规定

(1) 地面节能工程适用于建筑室内地面节能工程的质量验收。包括底面接触室外空气、土壤或毗邻不采暖空间的地面节能工程。

(2) 地面节能工程的施工,应在主体或基层质量验收合格后进行。施工过程中应及时进行质量检查、隐蔽工程验收和检验批验收,施工完成后应进行地面节能分项工程验收。

(3) 地面节能工程应对下列部位进行隐蔽工程验收,并应有详细的文字记录和必要的图像资料:

① 基层;

② 被封闭的保温材料的厚度;

③ 保温材料黏结;

④ 隔断热桥部位。

（4）地面节能工程分项工程检验批划分应符合下列规定：

① 检验批可按施工段或变形缝划分。

② 当面积超过 200 m² 时，每 200 m² 可划分为一个检验批，不足 200 m² 也为一个检验批。

③ 不同构造做法的地面节能工程应单独划分检验批。

（二）主控项目

（1）用于地面节能工程的保温材料，其品种、规格应符合设计要求和相关标准的规定。

检验方法：观察、尺量或称重检查，核查质量证明文件。

检查数量：按进场批次，每批随机抽取 3 个试样进行检查，质量证明文件应按照出厂检验批进行核查。

（2）地面节能工程的保温材料，其导热系数、密度、抗压强度或压缩强度、燃烧性能应符合设计要求。

检验方法：核查质量证明文件和复验报告。

检查数量：全数检查。

（3）地面节能工程采用的保温材料，进场时应对导热系数、密度、抗压强度或压缩强度、燃烧性能进行复验，复验应为见证取样送检。

检验方法：随机抽样送检，核查复验报告。

检查数量：同一厂家同一品种的产品抽查不少于 3 组。

（4）地面节能工程施工前，应对基层进行处理，使其达到设计和施工方案要求。

检验方法：对照设计和施工方案观察检查。

检查数量：全数检查。

（5）建筑地面保温层、隔热层、保护层等各层的设置和构造做法以及保温层的厚度应符合设计要求。并应按施工方案进行施工。

检验方法：对照设计和施工方案观察检查，尺量检查。

检查数量：全数检查。

（6）地面节能工程的施工质量应符合下列规定：

① 保温板与基层之间、各构造层之间的黏结应牢固，缝隙应严密；

② 保温浆料层应分层施工；

③ 穿越地面直接接触室外空气的各种金属管道应按设计要求，采取隔断热桥的保温绝热措施。

检验方法：观察检查，核查隐蔽工程验收记录。

检查数量：每个检验批抽查 2 处，每处 10 m²，穿越地面的金属管道处全数检查。

（7）有防水要求的地面，其节能保温做法不得影响地面排水坡度，保温层面层不得渗漏。

检验方法：用长度 500 mm 水平尺检查，观察检查。

检查数量：全数检查。

（8）严寒、寒冷地区的建筑首层直接与土壤接触的地面、采暖地下室与土壤接触的外墙、毗邻不采暖空间的地面以及底面直接接触室外空气的地面应按设计要求采取隔热保温措施。

检验方法：对照设计观察检查。

检查数量：全数检查。

（9）保温层的表面防潮层、保护层应符合设计要求。

检验方法:观察检查。

检查数量:全数检查。

(三)一般项目

采用地面辐射供暖工程的地面,其地面节能做法应符合设计要求,并应符合《地面辐射供暖技术规程》(JGJ142)的规定。

检验方法:观察检查。

检查数量:全数检查。

七、建筑节能分部工程质量验收

(1)建筑节能分部工程的质量验收,应在检验批、分项、子分部工程全部验收合格的基础上,通过外窗气密性现场检测、围护结构节能做法实体检验、系统功能检验和无生产负荷系统联合试运转与调试,确认节能分部工程质量达到设计要求和本规范规定的合格水平。

(2)建筑节能工程验收的程序和组织应符合《建筑工程施工质量验收统一标准》(GB50300)的规定,并符合下列要求:

① 节能工程的检验批验收和隐蔽工程验收应由监理工程师主持,施工方相关专业的质量员与施工员参加。

② 节能工程分项工程验收应由监理工程师主持,施工方项目技术负责人和相关专业的质量员、施工员参加,必要时可邀请设计代表参加。

③ 节能工程分部(子分部)工程验收应由总监理工程师(建设单位项目负责人)主持,施工方项目经理、项目技术负责人和相关专业的质量员、施工员参加。施工单位的质量或技术负责人应参加;主要节能材料、设备或成套技术的提供方应参加;设计单位节能设计人员应参加。

④ 建筑节能工程的验收资料应列入建筑工程验收资料中。

(3)建筑节能工程的检验批验收,其合格质量应符合下列规定:

① 检验批应按主控项目和一般项目验收;

② 主控项目应全部合格;

③ 一般项目应合格;当采用计数检验时,至少应有90%以上的检查点合格,且其余检查点不得有严重缺陷;

④ 应具有完整的施工操作依据和质量验收记录。

(4)建筑节能工程的分项工程质量验收,其合格质量应符合下列规定:

① 分项工程所含的检验批均应合格;

② 分项工程所含检验批的质量验收记录应完整。

(5)建筑节能工程的分部(子分部)工程质量验收,其合格质量应符合下列规定:

① 分部工程所含的子分部工程、子分部工程所含的分项工程均应合格;

② 施工技术资料基本齐全,并符合规范 GB50411—2007 第 15.0.6 条的要求;

③ 严寒、寒冷地区的建筑外窗气密性检测结果符合要求;

④ 围护结构节能做法经实体检验符合要求;

⑤ 建筑设备工程安装调试完成后,系统功能检验结果符合要求。

(6)建筑节能工程验收时应对下列资料核查:

① 设计文件、图纸会审记录、设计变更和洽商;

② 主要材料、设备、构件和产品的质量证明文件、进场检验记录、进场核查记录、进场复验报告、见证试验报告；

③ 隐蔽工程验收记录和相关图像资料；

④ 分项工程质量验收记录，必要时应核查检验批验收记录；

⑤ 建筑围护结构节能做法现场检验记录；

⑥ 外窗气密性现场检测报告；

⑦ 风管及系统严密性检验记录；

⑧ 现场组装的组合式空调机组的漏风量测试记录；

⑨ 设备单机试运转及调试记录；

⑩ 系统无生产负荷联合试运转及调试记录；

⑪ 系统节能效果检验报告；

⑫ 其他对工程质量有影响的重要技术资料。

（7）单位工程竣工验收应在建筑节能分部工程验收合格后方可进行。

（8）建筑节能工程分部、子分部、分项工程和检验批的质量验收记录格式见规范（GB50411—2007）附录 B。

表 3-68　建筑节能工程进场材料和设备的复验项目

章号	子分部工程	复验项目
4	墙体	1. 保温板材的导热系数、材料密度； 2. 保温浆料的导热系数； 3. 黏结材料的黏结强度； 4. 增强网的力学性能、抗腐蚀性能； 5. 其他保温材料的热工性能。
5	幕墙	1. 保温材料：导热系数、密度、防火性能； 2. 幕墙玻璃：可见光透射比、传热系数、遮阳系数、中空玻璃露点； 3. 隔热型材：拉伸、抗剪强度。
6	门窗	1. 严寒、寒冷地区：外窗气密性、传热系数和中空玻璃露点； 2. 夏热冬冷地区：外窗气密性、传热系数，玻璃遮阳系数、可见光透射比、中空玻璃露点； 3. 夏热冬暖地区：外窗气密性，玻璃遮阳系数、可见光透射比、中空玻璃露点。
7	屋面	1. 板材、块材及现浇等保温材料的导热系数、密度、压缩（10%）强度、阻燃性； 2. 松散保温材料的导热系数、干密度和防火性能。
8	地面	1. 板材、块材及现浇等保温材料的导热系数、密度、压缩（10%）强度、防火性能； 2. 松散保温材料的导热系数、干密度和防火性能。
9	采暖	1. 散热器的单位散热量、传热系数、金属热强度； 2. 保温材料的导热系数、密度、吸水率、厚度。
10	通风与空调	1. 风机盘管机组的制冷量、制热量、风量、风压及功率； 2. 绝热材料的导热系数、材料密度、吸水率、厚度。
11	空调与采暖系统冷、热源和辅助设备及其管网	1. 绝热材料的导热系数、密度、吸水率、厚度。

（续表）

章号	子分部工程	复验项目
12	配电与照明	1. 低压配电电缆截面、电阻值； 2. 照明光源； 3. 灯具； 4. 附属装置。

思考题

1. 土方开挖工程的主控项目有哪些？

2. 地基工程施工的一般规定有哪些？

3. 砖砌体施工时不得在哪些墙体或部位设置脚手眼？

4. 砌筑砂浆的搅拌时间应有哪些规定？

5. 砂浆试件取样与留置应符合哪些规定？

6. 砖砌体工程的一般规定有哪些？

7. 砖砌体的主控项目有哪些？

8. 什么是冬期施工？

9. 模板安装的主控项目有哪些？

10. 底模拆除时的混凝土强度有哪些要求？

11. 钢筋隐蔽工程验收的内容包括哪些？

12. 混凝土施工时其试件取样与留置应符合哪些规定？

13. 混凝土浇筑完毕后，应按施工技术方案及时采取有效的养护措施，并符合哪些规定？

14. 建筑装饰装修工程质量控制的基本规定有哪些？

15. 抹灰工程的一般规定有哪些？

16. 门窗工程应对哪些隐蔽工程项目进行验收？

17. 饰面板（砖）工程应对哪些隐蔽工程项目进行验收？

18. 细部工程验收时应检查哪些文件和记录？

19. 何为建筑节能工程？

20. 墙体节能工程进行隐蔽工程验收主要内容有哪些？

第四章　建筑工程施工质量验收

第一节　概述

工程施工质量验收是工程建设质量控制的一个重要环节,它包括工程施工质量的中间验收和工程的竣工验收两个方面。通过对工程建设中间产出品和最终产品的质量验收,从过程控制和终端把关两个方面进行工程项目的质量控制,确保达到业主所要求的使用价值,实现建设投资的经济效益和社会效益。工程项目的竣工验收,是项目建设程序的最后一个环节,是全面考核项目建设成果,检查设计与施工质量,确认项目能否投入使用的重要步骤。竣工验收的顺利完成,标志着项目建设阶段的结束和生产使用阶段的开始。尽快完成竣工验收工作,对促进项目的早日投产使用、发挥投资效益,有着重要的意义。本章结合《建筑工程施工质量验收统一标准》(GB50300—2008)及建筑工程其他专业验收规范,着重说明了建筑工程质量验收的相关问题。

一、施工质量验收统一标准、规范体系的编制指导思想

为了进一步做好工程质量验收工作,结合当前建设工程质量管理的方针和政策,增强各规范间的协调性及适用性,并考虑与国际惯例接轨,在建筑工程施工质量验收标准、规范体系的编制中坚持了"验评分离,强化验收,完善手段,过程控制"的指导思想。

(一)验评分离

将原验评标准中的质量检验与质量评定的内容分开,将原施工及验收规范中的施工工艺和质量验收的内容分开,将原验评标准中的质量检验与施工规范中的质量验收衔接合并,形成新体系的工程质量验收规范。

(二)强化验收

将原施工规范中的验收部分与原验评标准中的质量检验内容合并,形成一个完整工程质量验收规范,作为建设工程必须达到的强制性最低质量标准,是施工单位必须达到的施工质量标准,也是建设单位验收工程质量必须遵守的规定。强制性最低质量标准应在建设工程施工合同中予以约定。

强化验收主要体现在如下几个方面:

(1)强制性标准;

(2)只设合格一个质量等级;

(3)强化质量指标都必须达到规定的指标;

(4)增加检测项目。

（三）完善手段

主要是加强质量指标的科学检测，提高质量指标的量化程度。完善手段主要是在以下三个方面的检测得到了改进：

（1）完善材料、设备的检测；

（2）改进了施工阶段的施工试验；

（3）开发了竣工工程的抽测项目，减少或避免人为因素的干扰和主观评价不确定性的影响。

（四）过程控制

在施工全过程中通过质量验收进行全方位的过程控制。

过程控制主要体现在：

（1）建立过程控制的各项制度，做到系统化、规范化管理；

（2）在"统一标准"中，设置了控制的要求，突出重视中间控制、合格控制，强调施工必须具有的操作依据，并把综合施工质量水平的考核作为质量验收的要求；

（3）验收规范，强调检验批、分项、分部、单位工程的验收，从验收的程序上过程控制。

二、施工质量验收统一标准、规范体系的编制依据及其相互关系

建筑工程施工质量验收统一标准的编制依据，主要是《中华人民共和国建筑法》、《建设工程质量管理条例》、《建筑结构可靠度设计统一标准》及其他有关设计规范等。验收统一标准及专业验收规范体系的落实和执行，还需要有关标准的支持，工程质量验收规范支持体系如图4－1所示。

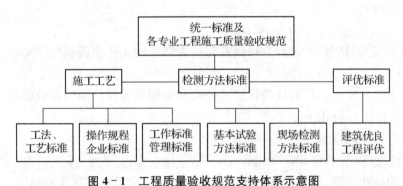

图4－1　工程质量验收规范支持体系示意图

第二节　建筑工程施工质量验收的术语和基本规定

一、施工质量验收的有关术语

《建筑工程施工质量验收统一标准》（GB 50300—2008）中共给出了17个术语，这些术语对规范有关建筑工程施工质量验收活动中的用语，加深对标准条文的理解，特别是更好地贯彻执行标准是十分必要的。下面列出几个较重要的质量验收相关术语。

1. 建筑工程（Building engineering）

为新建、改建或扩建房屋建筑物和附属构筑物设施所进行的规划、勘察、设计和施工、竣工等各项技术工作和完成的工程实体。

2. 建筑工程质量（Quality of building engineering）

反映建筑工程满足相关标准规定或合同约定的要求，包括其在安全、使用功能及耐久性能、环境保护等方面所有明显的隐含能力的特性总和。

3. 验收（Acceptance）

建筑工程在施工单位自行质量检查评定的基础上，参与建设活动的有关单位共同对检验批、分项、分部、单位工程的质量进行抽样复验，根据相关标准以书面形式对工程质量达到合格与否作出确认。

4. 进场验收（Site acceptance）

对进入施工现场的材料、构配件、设备等按相关标准规定要求进行检验，对产品达到合格与否作出确认。

5. 检验批（Inspection lot）

按同一生产条件或按规定的方式汇总起来供检验用的，由一定数量样本组成的检验体。

6. 检验（Inspection）

对检验项目中的性能进行量测、检查、试验等，并将结果与标准规定要求进行比较，以确定每项性能是否合格所进行的活动。

7. 见证取样检测（Evidential testing）

在监理单位或建设单位监督下，由施工单位有关人员现场取样，并送至具备相应资质的检测单位所进行的检测。

8. 交接检验（Handing over inspection）

由施工的承接方与完成方经双方检查并对可否继续施工作出确认的活动。

9. 主控项目（Dominant item）

建筑工程中的对安全、卫生、环境保护和公众利益起决定性作用的检验项目。

10. 一般项目（General item）

除主控项目以外的检验项目。

11. 抽样检验（Sampling inspection）

按照规定的抽样方案，随机地从进场的材料、构配件、设备或建筑工程检验项目中，按检验批抽取一定数量的样本所进行的检验。

12. 抽样方案（Sampling scheme）

根据检验项目的特性所确定的抽样数量和方法。

13. 计数检验（Counting inspection）

在抽样的样本中，记录每一个体的某种属性或计算每一个体中的缺陷数目的检查方法。

14. 计量检验（Quantitative inspection）

在抽样检验的样本中，对每一个体测量其某个定量特性的检查方法。

15. 观感质量（Quality of appearance）

通过观察和必要的量测所反映的工程外在质量。

16. 返修（Repair）

对工程不符合标准规定的部位采取整修等措施。

17. 返工（Rework）

对不合格的工程部位采取的重新制作、重新施工等措施。

二、施工质量验收的基本规定

（1）施工现场质量管理应有相应的施工技术标准，健全的质量管理体系，施工质量检验制度和综合施工质量水平评价考核制度，并做好施工现场质量管理检查记录。

施工现场质量管理检查记录应由施工单位按表 4-1 填写，总监理工程师（建设单位项目负责人）进行检查，并作出检查结论。

表 4-1 施工现场质量管理检查记录　　　开工日期：

工程名称			施工许可证(开工证)	
建设单位			项目负责人	
设计单位			项目负责人	
监理单位			总监理工程师	
施工单位		项目经理	项目技术负责人	
序号	项目		内容	
1	现场质量管理制度			
2	质量责任制			
3	主要专业工种操作上岗证书			
4	分包方资质与对分包单位的管理制度			
5	施工图审查情况			
6	地质勘察资料			
7	施工组织设计、施工方案及审批			
8	施工技术标准			
9	工程质量检验制度			
10	搅拌站及计量设置			
11	现场材料、设备存放与管理			
12				

检查结论：

总监理工程师
（建设单位项目负责人）　　　　　　　　　　　　　年　月　日

（2）建筑工程施工质量应按下列要求进行验收：

① 建筑工程质量应符合本标准和相关专业验收规范的规定。

② 建筑工程施工应符合工程勘察、设计文件的要求。

③ 参加工程施工质量验收的各方人员应具备规定的资格。

④ 工程质量的验收均应在施工单位自行检查评定的基础上进行。

⑤ 隐蔽工程在隐蔽前应由施工单位通知有关单位进行验收，并应形成验收文件。

⑥ 涉及结构安全的试块、试件以及有关材料，应按规定进行见证取样检测。

⑦ 检验批的质量应按主控项目和一般项目验收。

⑧ 涉及结构安全和使用功能的重要分部工程应进行抽样检测。

⑨ 承担见证取样检测及有关结构安全检测的单位应具有相应资质。

⑩ 工程的观感质量应由验收人员通过现场检查，并应共同确认。

第三节　建筑工程施工质量验收的划分

一、施工质量验收层次划分的目的

建筑工程施工质量验收涉及建筑工程施工过程控制和竣工验收控制，是工程施工质量控制的重要环节，合理划分建筑工程施工质量验收层次是非常必要的。特别是不同专业工程的验收批如何确定，将直接影响到质量验收工作的科学性、经济性和实用性及可操作性。因此，有必要建立统一的工程施工质量验收的层次划分。通过验收批和中间验收层次及最终验收单位的确定，实施对工程施工质量的过程控制和终端把关，确保工程施工质量达到工程项目决策阶段所确定的质量目标和水平。

二、施工质量验收划分的层次

随着经济发展和施工技术进步，自改革开放以来，又涌现了大量建筑规模较大的单体工程和具有综合使用功能的综合性建筑物，几万平方米的建筑物比比皆是，十万平方米以上的建筑物也不少。这些建筑物的施工周期一般较长，受多种因素的影响，诸如后期建设资金不足，部分停缓建，已建成可使用部分需投入使用，以发挥投资效益等；投资者为追求最大的投资效益，在建设期间，需要将其中一部分提前建成使用；规模特别大的工程一次性验收也不方便等。因此，原标准整体划分一个单位工程验收已不适应当前的情况，故本标准规定，可将此类工程划分为若干个子单位工程进行验收。同时，随着生产、工作、生活条件要求的提高，建筑物的内部设施也越来越多样化；建筑物相同部位的设计也呈多样化；新型材料大量涌现；加之施工工艺和技术的发展，使分项工程越来越多，因此，按建筑物的主要部位和专业来划分分部工程已不适应要求。可将建筑规模较大的单体工程和具有综合使用功能的综合性建筑物工程划分为若干个子单位工程进行验收。在分部工程中，按相近工作内容和系统划分为若干个子分部工程。每个子分部工程中包括若干个分项工程。每个分项工程中包含若干个检验批，检验批是工程施工质量验收的最小单位。

三、单位工程的划分

单位工程的划分应按下列原则确定：

（1）具备独立施工条件并能形成独立使用功能的建筑物及构筑物为一个单位工程。

（2）规模较大的单位工程，可将其能形成独立使用功能的部分划分为一个子单位工程。子单位工程的划分一般可根据工程的建筑设计分区、使用功能的显著差异、结构缝的设置等实际情况，在施工前由建设、监理、施工单位自行商定，并据此收集整理施工技术资料和验收。

（3）室外工程可根据专业类别和工程规模划分单位（子单位）工程。室外单位（子单位）工程、分部工程按表 4-2 采用。

表 4-2　室外工程划分

单位工程	子单位工程	分部（子分部）工程
室外建筑环境	附属建筑	车棚，围墙，大门，挡土墙，收集站
	室外	建筑小品，道路，亭台，连廊，花坛，场坪绿化
室外安装	给排水与采暖	室外给水系统，室外排水系统，室外供热系统
	电气	室外供电系统，室外照明系统

四、分部工程的划分

分部工程的划分应按下列原则确定：

（1）分部工程的划分应按专业性质、建筑部位确定。如建筑工程划分为地基与基础、主体结构、建筑装饰装修、建筑屋面、建筑给水排水及采暖、建筑电气、智能建筑、通风与空调、电梯等九个分部工程。

（2）当分部工程较大或较复杂时，可按施工程序、专业系统及类别等划分为若干个子分部工程。如智能建筑分部工程中就包含了火灾及报警消防联动系统、安全防范系统、综合布线系统、智能化集成系统、电源与接地、环境、住宅（小区）智能化系统等子分部工程。

五、分项工程的划分

分项工程应按主要工种、材料、施工工艺、设备类别等进行划分。如混凝土结构工程中按主要工种分为模板工程、钢筋工程、混凝土工程等分项工程；按施工工艺又分为预应力、现浇结构、装配式结构等分项工程。

建筑工程分部（子分部）工程、分项工程的具体划分如表 4-3 所示。

表 4-3　建筑工程分部工程、分项工程划分

序号	分部工程	子分部工程	分项工程
1	地基与基础	无支护土方	土方开挖、土方回填。
		有支护土方	排桩、降水、排水、地下连续墙、锚杆、土钉墙、水泥土桩、沉井与沉箱，钢及混凝土支撑。

（续表）

序号	分部工程	子分部工程	分项工程
1	地基与基础	地基处理	灰土地基、砂和砂石地基、碎砖三合土地基，土工合成材料地基，粉煤灰地基，重锤夯实地基，强夯地基，振冲地基，砂桩地基，预压地基，高压喷射注浆地基，土和灰土挤密桩地基，注浆地基，水泥粉煤灰碎石桩地基，夯实水泥土桩地基。
		桩基	锚杆静压桩及静力压桩，预应力离心管桩，钢筋混凝土预制桩，钢桩，混凝土灌注桩（成孔、钢筋笼、清孔、水下混凝土灌注）。
		地下防水	防水混凝土，水泥砂浆防水层，卷材防水层，涂料防水层，金属板防水层，塑料板防水层，涂料防水层，塑料板防水层，细部构造，喷锚支护，复合式衬砌，地下连续墙，盾构法隧道；渗排水、盲沟排水，遂道、坑道排水；预注浆、后注浆，衬砌裂缝注浆。
		混凝土基础	模板、钢筋、混凝土，后浇带混凝土，混凝土结构缝处理。
		砌体基础	砖砌体，混凝土砌块砌体，配筋砌体，石砌体。
		劲钢（管）混凝土	劲钢（管）焊接，劲钢（管）与钢筋的连接，混凝土。
		钢结构	焊接钢结构、栓接钢结构，钢结构制作，钢结构安装，钢结构涂装。
2	主体结构	混凝土结构	模板、钢筋、混凝土，预应力、现浇结构，装配式结构。
		劲钢（管）混凝土结构	劲钢（管）焊接，螺栓连接，劲钢（管）与钢筋的连接，劲钢（管）制作、安装，混凝土。
		砌体结构	砖砌体，混凝土小型空心砌块砌体，石砌体，填充墙砌体，配筋砖砌体。
		钢结构	钢结构焊接，坚固件连接，钢零部件加工，单层钢结构安装，多层及高层钢结构安装，钢结构涂装，钢构件组装，钢构件预拼装，钢网架结构安装，压型金属板。
		木结构	方木和原木结构，胶合木结构，轻型木结构，木构件防护。
		网架和索膜结构	网架制作，网架安装，索膜安装，网架防火，防腐涂料。
3	建筑装饰装修	地面	整体面层：基层，水泥混凝土面层，水泥砂浆面层，水磨砂浆面层，水磨石面层，防油渗面层，水泥钢（铁）屑面层，不发火（防爆的）面层；板块面层：基层，砖面层（陶瓷锦砖、缸砖、陶瓷地砖和水泥花砖面层），大理石面层和花岗岩面层，预制板块面层（预制水泥混凝土、水磨石板块面层），料石面层（条石、块石面层），塑料板面层，活动地板面层，地毯面层）。木竹面层：基层、实木地板面层（条材、块材面层），实木复合地板面层（条材、块材面层），中密度（强化）复合地板面层（条材面层），竹地板面层。
		抹灰	一般抹灰，装饰抹灰，清水砌体勾缝。
		门窗	木门窗制作与安装，金属门窗安装，塑料门窗安装，特种门安装，门窗玻璃安装。
		吊顶	暗龙骨吊顶，明龙骨吊顶。
		轻质隔墙	板材隔墙，骨架隔墙，活动隔墙，玻璃隔墙。
		饰面板（砖）	饰面板安装，饰面砖粘贴。

（续表）

序号	分部工程	子分部工程	分项工程
3	建筑装饰装修	幕墙	玻璃幕墙,金属幕墙,石材幕墙。
		涂饰	水性涂料涂饰,溶剂型涂料涂饰,美术涂饰。
		裱糊与软包	裱糊、软包。
		细部	橱柜制作与安装,窗帘盒、窗台板和暖气罩制作与安装,门窗套制作与安装,护栏和扶手制作与安装,花饰制作与安装。
4	建筑屋面	卷材防水屋面	保温层,找平层,卷材防水层,细部构造。
		涂膜防水屋面	保温层,找平层,涂膜防水层,细部构造。
		刚性防水屋面	细石混凝土防水层,密封材料嵌缝,细部构造。
		瓦屋面	平瓦屋面,油毡瓦屋面,金属板屋面,细部构造。
		隔热屋面	架空屋面,蓄水屋面,种植屋面。
5	建筑给水、排水及采暖	室内给水系统	给水管道及配件安装,室内消火栓系统安装,给水设备安装,管道防腐,绝热。
		室内排水系统	排水管道及配件安装,雨水管道及配件安装。
		室内热水供应系统	管道及配件安装,辅助设备安装,防腐,绝热。
		卫生器具安装	卫生器具安装,卫生器具给水配件安装,卫生器具排水管道安装。
		室内采暖系统	管道及配件安装,辅助设备及散热器安装,金属辐射板安装,低温热水地板辐射采暖系统安装,系统水压试验及调试,防腐,绝热。
		室外给水管网	给水管道安装,消防水泵接水器及室外消火栓安装,管沟及井室。
		室外排水管网	排水管道安装,排水管沟与井池。
		室外供热管网	管道及配件安装,系统水压试验及调试,防腐,绝热。
		建筑中水系统及游泳池系统	建筑中水系统管道及辅助设备安装,游泳池水系统安装。
		供热锅炉及辅助设备安装	锅炉安装,辅助设备及管道安装,安全附件安装,烘炉、煮炉和试运行,换热站安装,防腐,绝热。
6	建筑电气	室外电气	架空线路及杆上电气设备安装,变压器、箱式变电所安装,成套配电柜、控制柜(屏、台)和动力、照明配电箱(盘)及控制柜安装,电线、电缆导管和线槽敷设,电线、电缆穿管和线槽敷设,电缆头制作、导线连接和线路电气试验,建筑物外部装饰灯具、航空障碍标志灯和庭院路灯安装,建筑照明通电试运行,接地装置安装。
		变配电室	变压器、箱式变电所安装,成套配电柜、控制柜(屏、台)和动力、照明配电箱(盘)及控制柜安装,裸母线、封闭母线、插接式母线安装,电缆沟内和电缆竖井内电缆敷设,电缆头制作、导线连接和线路电气试验,接地装置安装,避雷引下线和变配电室接地干线敷设。
		供电干线	裸母线、封闭母线、插接式母线安装,桥架安装和桥架内电缆敷设,电缆沟内和电缆竖井电缆敷设,电线、电缆导管和线槽敷设,电线、电缆穿管和线槽敷线,电缆头制作、导线连接和线路电气试验。

（续表）

序号	分部工程	子分部工程	分项工程
6	建筑电气	电气动力	成套配电柜、控制柜（屏、台）和动力、照明配电箱（盘）及控制柜安装，低压电动机、电加热器及电动执行机构检查、接线，低压气动力设备检测、试验和空载试运行，桥架安装及桥架内电缆敷设，电线、电缆导管和线槽敷设，电线、电缆穿管和线槽敷线，电缆头制作、导线连接和线路电气试验，插座、开关、风扇安装。
		电气照明安装	成套配电柜、控制柜（屏、台）和动力、照明配电箱（盘）安装，电线、电缆导管和线槽敷设，电线、电缆导管和线槽敷设，电线、电缆导管和线槽敷线，槽板配线，钢索配线，电缆头制作，导线连接和线路气试验，普通灯具安装，专用灯具安装，插座、开关、风扇安装，建筑照明通电试运行。
		备用和不间断电源安装	成套配电柜、控制柜（屏、台）和动力、照明配电箱（盘）安装，柴油发电机安装，不间断电源的其他功能单元安装，裸母线、封闭母线、插接式母线安装，电线、电缆导管和线槽敷设，电线、电缆导管和线槽敷线，电缆头制作，导线连接和线路气试验，接地装置安装。
		防雷及接地安装	接地装置安装，避雷引下线和变配电室接地干线敷设，建筑物等电位连接，接闪器安装。
7	智能建筑	通信网络系统	通信系统，卫星及有线电视系统，公共广播系统。
		办公自动化系统	计算机网络系统，信息平台及办公自动化应用软件，网络安全系统。
		建筑设备监控系统	空调与通风系统，变配电系统，照明系统，给排水系统，热源和热交换系统，冷冻和冷却系统，电梯和自动扶梯系统，中央管理工作站与操作分站，子系统通信接口。
		火灾报警及消防联动系统	火灾和可燃气体探测系统，火灾报警控制系统，消防联动系统。
		安全防范系统	电视监控系，入侵报警系统，巡更系统，出入口控制（门禁）系统，停车管理系统。
		综合布线系统	缆线敷设和终接，机柜、机架、配线架的安装，信息插座和光缆芯线终端的安装。
		智能化集成系统	集成系统网络，实时数据库，信息安全，功能接口。
		电源与接地	智能建筑电源，防雷及接地。
		环境	空间环境，室内空调环境，视觉照明环境，电磁环境。
		住宅（小区）智能化系统	火灾自动报警及消防动系统，安全防范系统（含电视 临近系统，入侵报警系统，巡更系统、门禁系统、楼宇对讲系统、停车管理系统），物业管理系统（多表现场计量及与远程传输系统、建筑设备监控系统、公共广播系统、小区建筑设备监控系统、物业办公自动化系统），智能家庭信息平台。
8	通风与空调	送排风系统	风管与配件制作，部件制作，风管系统安装，空气处理设备安装，消声设备制作与安装，风管与设备防腐，风机安装，系统调试。
		防排烟系统	风管与配件制作，部件制作，风管系统安装，防排烟风口、常闭正压风口与设备安装，风管与设备防腐同，风机安装，系统调试。
		除尘系统	风管与配件制作，部件制作，风管系统安装，除尘器与排污设备安装，风管与设备防腐，风机安装，系统调试

（续表）

序号	分部工程	子分部工程	分项工程
8	通风与空调	空调风系统	风管与配件制作,部件制作,风管系统安装,空气处理设备安装,消声设备制作与安装,风管与设备防腐,风机安装,风管与设备绝热,系统调试。
		净化空调系统	风管与配件制作,部件制作,风管系统安装,空气处理设备安装,消声设备制作与安装,风管与设备防腐,风机安装,风管与设备绝热,高效过滤器安装,系统调试。
		制冷设备系统	制冷组安装,制冷剂管道及配件安装,制冷附属设备安装,管道及设备的防腐与绝热,系统调试。
		空调水系统	管道冷热(媒)水系统安装,冷却水系统安装,准凝水系统安装,阀门及部件安装,冷却塔安装,水泵及附属设备安装,管道与设备的防腐与绝热,系统调试。
9	电梯	电力驱动的曳引式或强制式电梯安装	设备进场验收,土建交接检验,驱动主机,导轨,门系统,轿厢,对重(平衡重),安全部件,悬挂装置,随行电缆,补偿装置,电气装置,整机安装验收。
		液压电梯安装	设备进场验收,土建交接检验,驱动主机,导轨,门系统,轿厢,对重(平衡重),安全部件,悬挂装置,随行电缆,补偿装置,整机安装验收。
		自动扶梯、自动人行道安装	设备进场验收,土建交接检验,整机安装验收。
10	建筑节能(无子分部)	墙体节能工程	
		幕墙节能工程	
		门窗节能工程	
		屋面节能工程	
		地面节能工程	
		采暖节能工程	
		通风与空调节能工程	
		空调与采暖系统的冷热源及管网节能工程	
		配电与照明节能工程	
		监测与控制节能工程	

六、检验批的划分

分项工程可由一个或若干个检验批组成,检验批可根据施工及质量控制和专业验收需要按楼层、施工段、变形缝等进行划分。

建筑工程的地基基础分部工程中的分项工程一般划分为一个检验批;有地下层的基础工程可按不同地下层划分检验批;屋面分部工程中的分项工程不同楼层屋面可划分为不同的检验批;单层建筑工程中的分项工程可按变形缝等划分检验批,多层及高层建筑建筑工程中主体分部的分项工程可按楼层或施工段来划分检验批;其他分部工程中的分项工程一般按楼层划分检验批;

对于工程量较少的分项工程可统一划分为一个检验批。安装工程一般按一个设计系统或组别划分为一个检验批。室外工程统一划分为一个检验批。散水、台阶、明沟等含在地面检验批中。

第四节　建筑工程施工质量验收

一、检验批的质量验收

（一）检验批合格质量规定

（1）主控项目和一般项目的质量经抽样检验合格。

（2）具有完整的施工操作依据、质量检验记录。

从上面的规定可以看出，检验批的质量验收包括了质量资料的检查和主控项目、一般项目的检验两方面的内容。

（二）检验批按规定验收

1. 资料检查

质量控制资料反映了检验批从原材料到验收的各施工工序的施工操作依据，检查情况以及保证质量所必需的管理制度等。对其完整性的检查，实际是对过程控制的确认，这是检验批合格的前提。所要检查的资料主要包括：

（1）图纸会审、设计变更、洽商记录；

（2）建筑材料、成品、半成品、建筑构配件、器具和设备的质量证明书及进场检（试）验报告；

（3）工程测量、放线记录；

（4）按专业质量验收规范规定的抽样检验报告；

（5）隐蔽工程检查记录；

（6）施工过程记录和施工过程检查记录；

（7）新材料、新工艺的施工记录；

（8）质量管理资料和施工单位操作依据等。

2. 主控项目和一般项目的检验

为确保工程质量，使检验批的质量符合安全和使用功能的基本要求，各专业质量验收规范对各检验批的主控项目和一般项目的子项合格质量都给予了明确规定。如砖砌体工程检验批质量验收时主控项目包括砖强度等级、砂浆强度等级、斜槎留置、直槎拉结钢筋及拉槎处理、砂浆饱满度、轴线位移、每层垂直度等内容；而一般项目则包括组砌方法、水平灰缝厚度、顶（楼）面标高、表面平整度、门窗洞口高宽、窗口偏移、水平灰缝的平直度以及清水墙游丁走缝等内容。

检验批的合格质量主要取决于对主控项目和一般项目的检验结果。主控项目是对检验批的基本质量起决定性影响的检验项目，因此必须全部符合有关专业工程验收规范的规定。这意味着主控项目不允许有不符合要求的检验结果，即这种项目的检查具有否决权。鉴于主控项目对基本质量的决定性影响，从严要求是必须的。如混凝土结构工程中混凝土分项工程的配合比设计其主控项目要求，混凝土应按国家现行标准《普通混凝土配合比设计规程》JGJ55的有关规定，根据混凝土强度等级、耐久性和工作性等要求进行配合比设计。对有特殊要求的混凝土,其配合比设计应符合国家现行有关标准的专门规定。其检验方法是检查配合比应进行开盘鉴定,其工作性应符合满足设计配合比的要求。开始生产时应至少留置一组标准养护试件,作为验证配合比依据。并通过检查开盘鉴定资料和试件强度试验报告进行检验。混凝土拌制前,应测定砂、石含水率并根据测试结果调整材料用量,提出施工配合比,并通过检查含水率测试结果和施工配合比通知单进行检查,每工作班检查一次。

　3. 检验批的抽样方案

　合理的抽样方案的制定对检验批的质量验收有十分重要的影响。在制定检验批的抽样方案时,应考虑合理分配生产方风险(或错判概率 α)和使用方风险(或漏判概率 β),对于主控项目,对应于合格质量水平的 α 和 β 均不宜超过 5%;对于一般项目,对应于合格质量水平的 α 不宜超过 5%,β 不宜超过 10%。检验批的质量检验,应根据检验项目的特点在下列抽样方案中进行选择。

　(1) 计量、计数或计量—计数等抽样方案。

　(2) 一次、二次或多次抽样方案。

　(3) 根据生产连续性和生产控制稳定性等情况,尚可采用调整型抽样方案。

　(4) 对重要的检验项目可采用简易快速的检验方法时,可选用全数检验方案。

　(5) 经实践检验有效的抽样方案,如砂石料、构配件的分层抽样。

　4. 检验批的质量验收记录

　检验批的质量验收记录由施工项目专业质量检查员填写,监理工程师(建设单位技术负责人)组织项目专业质量检查员等进行验收,并按表 4-4 记录。

表 4-4　检验批的质量验收记录

工程名称			分项工程名称			验收部位	
施工单位					专业工长	项目经理	
施工执行标准 名称及编号							
分包单位			分包项目经理			施工班组长	
主控项目	质量验收规范的规定			施工单位检查评定记录		监理(建设)单位验收记录	
	1						
	2						
	3						
	4						
	5						
	6						
	7						
	8						
	9						

（续表）

		1		
一般 项目		2		
		3		
		4		
施工单位检 查评定结果		项目专业质量检查员：　　　　　　　年　月　日		
监理（建设） 单位验收结论		监理工程师 （建设单位项目专业技术负责人）　　　年　月　日		

二、分项工程质量验收

分项工程的验收在检验批的基础上进行。一般情况下，两者具有相同或相近的性质，只是批量的大小不同而已。因此，将有关的检验批汇集构成分项工程。分项工程合格质量的条件比较简单，只要构成分项工程的各检验批的验收资料文件完整，并且均已验收合格，则分项工程验收合格。

（一）分项工程质量验收合格应符合的规定

（1）分项工程所含的检验批均应符合合格质量规定。

（2）分项工程所含的检验批的质量验收记录应完整。

（二）分项工程质量验收记录

分项工程质量应由监理工程师（建设单位项目专业技术负责人）组织项目专业技术负责人等进行验收，并按表 4-5 记录。

表 4-5　分项工程质量验收记录

工程名称		结构类型		检验批数	
施工单位		项目经理		项目技术负责人	
分包单位		分包单位负责人		分包项目经理	
序号	检验批部位、区段	施工单位检查评定结果		监理（建设）单位验收结论	
1					
2					
3					
4					
5					
6					

（续表）

序号	检验批部位、区段	施工单位检查评定结果	监理(建设)单位验收结论
7			
8			
9			
10			
11			
12			
13			
14			
15			
16			
17			
检查结论	项目专业 技术负责人： 　　　　年　月　日		验收结论	监理工程师 (建设单位项目专业技术负责人) 　　　　年　月　日

三、分部(子分部)工程质量验收

（一）分部(子分部)工程质量验收合格应符合的规定

（1）分部(子分部)工程所含分项工程的质量均应验收合格。

（2）质量控制资料应完整。

（3）地基与基础、主体结构和设备安装等分部工程有关安全及功能的检验和抽样检测结果应符合有关规定。

（4）观感质量验收应符合要求。

分部工程的验收在其所含各分项工程验收的基础上进行。首先，分部工程的各分项工程必须已验收且相应的质量控制资料文件必须完整，这是验收的基本条件。此外，由于各分项工程的性质不尽相同，因此作为分部工程不能简单的组合而加以验收，尚须增加以下两类检查。

涉及安全和使用功能的地基基础、主体结构、有关安全及重要使用功能的安装分部工程，应进行有关见证取样送样试验或抽样检测。如建筑物垂直度、标高、全高测量记录，建筑物沉降观测测量记录，给水管道通水试验记录，暖气管道、散热器压力试验记录，照明动力全负荷试验记录等。关于观感质量验收，这类检查往往难以定量，只能以观察、触摸或简单量测的方式进行，并由个人的主观印象判断，检查结果并不给出"合格"或"不合格"的结论，而是综合给出质量评价。评价的结论为"好"、"一般"和"差"三种。对于"差"的检查点应通过返修处理等进行补救。

（二）分部（子分部）工程质量验收记录

分部（子分部）工程质量应由总监理工程师（建设单位项目专业负责人）组织施工项目经理和有关勘察、设计单位项目负责人进行验收，并按表4-6记录。

表4-6　分部（子分部）工程质量验收记录

工程名称		结构类型		层数	
施工单位		技术部门负责人		质量部门负责人	
分包单位		分包单位负责人		分包技术负责人	
序号	分项工程名称	检验批数	施工单位检查评定	验收意见	
1					
2					
3					
4					
5					
6					
安全和功能检验（检测）报告					
观感质量验收					
验收单位	分包单位			项目经理	年　月　日
	施工单位			项目经理	年　月　日
	勘察单位			项目负责人	年　月　日
	设计单位			项目负责人	年　月　日
	监理（建设）单位	总监理工程师 （建设单位项目专业负责人）			年　月　日

四、单位（子单位）工程质量验收

（一）单位（子单位）工程质量验收合格应符合下列规定

（1）单位（子单位）工程所含分部（子分部）工程的质量应验收合格。

（2）质量控制资料应完整。

（3）单位（子单位）工程所含分部工程有关安全和功能的检验资料应完整。

（4）主要功能项目的抽查结果应符合相关专业质量验收规范的规定。

（5）观感质量验收应符合要求。

单位工程质量验收也称质量竣工验收，是建筑工程投入使用前的最后一次验收，也是最重要的一次验收。验收合格的条件有五个：除构成单位工程的各分部工程应该合格，并且有关的资料文件应完整以外,还应进行以下三方面的检查。

涉及安全和使用功能的分部工程应进行检验资料的复查。不仅要全面检查其完整性(不得有漏检缺项),而且对分部工程验收时补充进行的见证抽样检验报告也要复核。这种强化验收的手段体现了对安全和主要使用功能的重视。

此外,对主要使用功能还需进行抽查。使用功能的检查是对建筑工程和设备安装工程最终质量的综合检查,也是用户最为关心的内容。因此,在分项、分部工程验收合格的基础上,竣工验收时再做全面检查。抽查项目是在检查资料文件的基础上由参加验收的各方人员商定,并用计量、计数的抽样方法确定检查部位。检查要求按有关专业工程施工质量验收标准的要求进行。

最后,还需由参加验收的各方人员共同进行观感质量检查。检查的方法、内容、结论等应在分部工程的相应部分中阐述,最后共同确定是否通过验收。

(二)单位(子单位)工程质量竣工验收记录

单位(子单位)工程质量验收应按表4-7记录。本表与表4-6分部(子分部)工程验收记录和表4-8单位(子单位)工程质量控制资料核查记录、表4-9单位(子单位)工程安全和检验资料核查及主要功能抽查记录、表4-10单位(子单位)工程观感质量检查记录配合使用。

表4-7验收记录由施工单位填写,验收结论由监理(建设)单位填写。综合验收结论由参加验收各方共同商定、建设单位填写,应对工程质量是否符合设计和规范要求及总体质量水平作出评价。

表4-7　单位(子单位)工程质量验收

工程名称		结构类型		层数/建筑面积	
施工单位		技术负责人		开工日期	
项目经理		项目技术负责人		竣工日期	
序号	项目	验收记录		验收结论	
1	分部工程	共　分部,经查　　分部　符合标准及设计要求　　分部			
2	质量控制资料核查	共　项,经审查符合要求　项,经核定符合规范要求　项			
3	安全和主要使用功能核查及抽查结果	共核查　项,符合要求　项,共抽查　项,符合要求　项,经返工处理符合要求　项			
4	观感质量验收	共抽查　项,符合要求　项,不符合要求　项			
5	综合验收结论				
参加验收单位	建设单位	监理单位	施工单位	设计单位	
	(公章)单位(项目)负责人　年　月　日	(公章)总监理工程师　年　月　日	(公章)单位负责人　年　月　日	(公章)单位(项目)负责人　年　月　日	

表 4-8 单位(子单位)工程质量控制资料核查记录

工程名称			施工单位			
序号	项目	资料名称		份数	核查意见	核查人
1	建筑与结构	图纸会审,设计变更,洽商记录				
2		工程定位测量,放线记录				
3		原材料出厂合格证书及进场检(试)验报告				
4		施工试验报告及见证检测报告				
5		隐蔽工程验收记录				
6		施工记录				
7		预制构件、预拌混凝土合格证				
8		地基基础、主体结构检验及抽样检测资料				
9		分项、分部工程质量验收记录				
10		工程质量事故及事故调查处理资料				
11		新材料、新工艺施工记录				
12						
1	给排水与采暖	图纸会审,设计变更,洽商记录				
2		材料、配件出厂合格证书及进场检(试)验报告				
3		管道、设备强度试验、严密性试验记录				
4		隐蔽工程验收记录				
5		系统清洗、灌水、通水、通球试验记录				
6		施工记录				
7		分项、分部工程质量验收记录				
8						
1	建筑电气	图纸会审,设计变更,洽商记录				
2		材料、配件出厂合格证书及进场检(试)验报告				
3		设备调试记录				
4		接地、绝缘电阻测试记录				
5		隐蔽工程验收记录				
6		施工记录				
7		分项、分部工程质量验收记录				
8						

（续表）

序号	项目	资料名称	份数	核查意见	核查人
1	通风与空调	图纸会审,设计变更,洽商记录			
2		材料、配件出厂合格证书及进场检(试)验报告			
3		制冷、空调、水管道强度试验、严密性试验记录			
4		隐蔽工程验收记录			
5		制冷设备运行调试记录			
6		通风、空调系统调试记录			
7		施工记录			
8		分项、分部工程质量验收记录			
9					
1	电梯	土建布置图纸会审,设计变更,洽商记录			
2		设备出厂合格证书及开箱检验记录			
3		隐蔽工程验收记录			
4		施工记录			
5		接地、绝缘电阻测试记录			
6		负荷试验、安全装置检查记录			
7		分项、分部工程质量验收记录			
8					
1	建筑智能化	图纸会审,设计变更,洽商记录、竣工图及设计说明			
2		材料、设备出厂合格证书及进场检(试)验报告			
3		隐蔽工程验收记录			
4		系统功能测定及设备调试记录			
5		系统技术、操作和维护手册			
6		系统管理、操作人员培训记录			
7		系统检测报告			
8		分项、分部工程质量验收报告			
9					
1	建筑节能	设计文件及图纸会审记录、设计变更和洽商			
2		主要材料、设备和构件的质量证明文件、进场检验记录、进场核查记录、进场复验报告、见证试验报告			
3		隐蔽工程验收记录和相关图像资料			
4		分项、分部工程质量验收记录;检验批验收记录			
5		外墙围护结构节能构造现场实体检验报告			
6		夏热冬冷地区外窗气密性现场检测报告			

（续表）

序号	项目	资料名称	份数	核查意见	核查人
7	建筑节能	风管及系统严密性检验记录			
8		现场组装的组合式空调机组的漏风量测试记录			
9		设备单机试运转及调试记录			
10		系统联合试运转及调试记录			
11		系统节能性能检验报告			
12		其他对工程质量有影响的重要技术资料			
13					

结论：

施工单位项目经理　　年　月　日　　　　总监理工程师（建设单位项目负责人）　年　月　日

表4-9　单位（子单位）工程安全和检验资料核查及主要功能抽查记录

工程名称				施工单位		
序号	项目	资料名称		份数	核查意见	核查（抽查）人
1	建筑与结构	屋面淋水试验记录				
2		地下室防水效果检查记录				
3		有防水要求的地面蓄水试验记录				
4		建筑物垂直度、标高、全高测量记录				
5		抽气（风）道检查记录				
6		幕墙及外窗气密性、水密性、耐风压检测报告				
7		建筑物沉降观测测量记录				
8		节能、保温测试记录				
9		室外环境检测报告				
10						
1	给排水与采暖	给水管道通水试验记录				
2		暖气管道、散热器压力试验记录				
3		卫生器具满水试验记录				
4		消防管道、燃气管道压力试验记录				
5		排水干管通球试验记录				
6						

（续表）

序号	项目	资料名称		份数	核查意见	核查(抽查)人
1	电气	照明全负荷试验记录				
2		大型灯具牢固性试验记录				
3		避雷接地电阻测试记录				
4		线路、插座、开关接地检验记录				
5						
1	通风与空调	通风、空调系统调试记录				
2		风量、温度测试记录				
3		洁净室洁净度测试记录				
4		制冷机组试运行调试记录				
5						
1	电梯	电梯运行记录				
2		电梯安全装置检测报告				
1	建筑智能化	系统试运行记录				
2		系统电源及接地检测报告				
3						
1	建筑节能	墙体	保温层厚度:检验记录/检测报告			
2			自保温砌体砂浆灰缝饱满度检验记录			
3			保温板材拉拔试验报告			
4			后置锚固件锚固力拉拔试验报告			
5			外保温饰面砖(黏结强度)拉拔试验报告			
6			外保温饰面板及预制保温墙板淋水检验记录			
7						
8		幕墙及外窗	幕墙及外窗水密性检验记录			
9			幕墙及外窗气密性、水密性、抗风压检测报告			
10			外窗保温性能检测报告			
11			幕墙凝结水收集与排放系统通水检验记录			
12			天窗及采光屋面开启部位的淋水检验记录			
13			遮阳设施牢固度检验记录			
14						
15		屋地面	屋面内保温防潮保护层检验记录			
16			地面保温防潮保护层检验记录			
17						

（续表）

序号	项目		资料名称	份数	核查意见	核查（抽查）人
18			平均照度检测报告			
19		照明配电	照明功率密度检测			
20						

结论：

总监理工程师

施工单位项目经理　　年　月　日　　（建设单位项目负责人）　　年　月　日

表 4-10　单位（子单位）工程观感质量检查记录

工程名称			施工单位					
序号	项目		抽查质量情况				质量评价	
							好	一般	差
1	建筑与结构	室外墙面							
2		变形缝							
3		水落管，屋面							
4		室内墙面							
5		室内顶棚							
6		室内地面							
7		楼梯、踏步、护栏							
8		门窗							
1	给排水与采暖	管道接口、坡度、支架							
2		卫生器具、支架、阀门							
3		检查口、扫除口、地漏							
4		散热器、支架							
1	建筑电气	配电箱、盘、板、接线盒							
2		设备器具、开关、插座							
3		防雷、接地							

（续表）

序号		项目	抽查质量情况								质量评价		
											好	一般	差
1	通风与空调	风管、支架											
2		风口、风阀											
3		风机、空调设备											
4		阀门、支架											
5		水泵、冷却塔											
6		绝热											
1	电梯	运行、平层、开关门											
2		层门、信号系统											
3		机房											
1	智能建筑	机房设备安装及布局											
2		现场设备安装											
1	建筑节能	墙体节能工											
2		幕墙节能工程											
3		门窗节能工程											
4		屋面节能工程											
5		地面节能工程											
6		采暖节能工程											
7		通风与空调节能工程											
8		空调与采暖系统的冷热源及管网节能工程											
9		配电与照明节能工程											
10		监测与控制节能工程											
	观感质量综合评价												
检查结论		总监理工程师 施工单位项目经理　　年　月　日　　（建设单位项目负责人）　　年　　月　　日											

注：质量评价为差的项目，应进行返修。

五、工程施工质量不符合要求时的处理

一般情况下，不合格现象在检验批的验收时就应发现并及时处理，所有质量隐患必须尽快消灭在萌芽状态，否则将影响后续检验批和相关的分项工程、分部工程的验收。但非正常情况可按下述规定进行处理：

（1）经返工重做或更换器具、设备的检验批，应重新进行验收。这种情况是指主控项目不能满足验收规定或一般项目超过偏差限制的子项不符合检验规定的要求时，应及时进行处理的检验批。其中，严重的缺陷应推倒重来；一般缺陷通过返修或更换器具、设备予以解决，应允许施工单位在采取相应的措施后重新验收。如能够符合相应的专业工程质量验收规范，则应认为该检验批合格。

（2）有资质的检测单位鉴定达到设计要求的检验批，应予以验收。这种情况是指个别检验批发现试块强度等不满足要求等问题，难以确定是否验收时，应请具有资质的法定检测单位检测，当鉴定结果能够达到设计要求时，该检验批允许通过验收。

（3）有资质的检测单位鉴定达不到设计要求但经原设计单位核算认可能满足结构安全和使用功能的检验批，可予以验收。

这种情况是指，一般情况下，规范标准给出了满足安全和功能的最低限度要求，而设计往往在此基础上留有一定余量。不满足设计要求和符合相应规范标准的要求，两者并不矛盾。

（4）经返修或加固的分项、分部工程，虽然改变外形尺寸但仍能满足安全使用要求，可按技术处理方案和协商文件进行验收。

这种情况是指更为严重缺陷或范围超过检验批更大范围内的缺陷，可能影响结构的安全性和使用功能。如经法定检测单位检测鉴定以后认为达不到规范标准的相应要求，即不能满足安全使用的基本要求。这样会造成一些永久性的缺陷，如改变结构的外形尺寸，影响一些次要的使用功能等。为了避免社会财富更大的损失，在影响安全和主要功能条件下可按处理技术方案和协商文件进行验收，但不能作为轻视质量而回避责任的一种出路，这是应该特别注意的。

（5）通过返修或加固仍不能满足安全使用的分部工程、单位（子单位）工程，严禁验收。

第五节　建筑工程施工质量验收的程序和组织

一、检验批及分项工程的验收程序与组织

检验批由专业监理工程师组织项目专业质量检验员等进行验收；分项工程由专业监理工程师组织项目专业技术负责人等进行验收。

检验批和分项工程是建筑工程施工质量的基础，因此，所有检验批和分项工程均应由监理工程师或建设单位项目技术负责人组织验收。验收前，施工单位先填好"检验批和分项工程的质量验收记录"（有关监理记录和结论不填），并由项目专业质量检查员和项目专业技术负责人分别在检验批和分项工程质量检验验收记录中相关栏目中签字，然后由监理工程师组织，严格按规定程序进行验收。

二、分部工程的验收程序与组织

分部工程应由总监理工程师(建设单位项目负责人)组织施工单位项目负责人和项目技术、质量负责人等进行验收;由于地基基础、主体结构技术性能要求严格,技术性强,关系到整个工程的安全,因此规定与地基基础、主体结构分部工程相关的勘察、设计单位工程项目负责人和施工单位技术、质量部门负责人也应参加相关分部工程验收。

三、单位(子单位)工程的验收程序与组织

(一)竣工初验收的程序

单位工程达到竣工验收条件后,施工单位应在自查、自评工作完成后,填写工程竣工报验单,并将全部竣工资料报送项目监理机构,申请竣工验收。总监理工程师应组织各专业监理工程师对竣工资料及各专业工程的质量情况进行全面检查,对检查出的问题,应督促施工单位及时整改。对需要进行功能试验的项目(包括单机试车和无负荷试车),监理工程师应督促施工单位及时进行试验,并对重要项目进行监督、检查,必要时请建设单位和设计单位参加;监理工程师应认真审查试验报告单并督促施工单位搞好成品保护和现场清理。

经项目监理机构对竣工资料及实物全面检查、验收合格后,由总监理工程师签署工程竣工报验单,并向建设单位提出质量评估报告。

(二)正式验收

建设单位收到工程验收报告后,应由建设单位(项目)负责人组织施工(含分包单位)、设计、监理等单位(项目)负责人进行单位(子单位)工程验收。单位工程由分包单位施工时,分包单位对所承包的工程项目按规定的程序检查评定,总包单位应派人参加。分包工程完成后,应将工程有关资料交总包单位。建设工程经验收合格的,方可交付使用。

建设工程竣工验收应当具备下列条件:

(1)完成建设工程设计和合同约定的各项内容;

(2)有完整的技术档案和施工管理资料;

(3)有工程使用的主要建筑材料、建筑构配件和设备的进场试验报告;

(4)有勘察、设计、施工、工程监理等单位分别签署的质量合格文件;

(5)有施工单位签署的工程保修书。

在一个单位工程中,对满足生产要求或具备使用条件,施工单位已预检,监理工程师已初验通过的子单位工程,建设单位可组织进行验收。有几个施工单位负责施工的单位工程,当其中的施工单位所负责的子单位工程已按设计完成,并经自行检验,也可组织正式验收,办理交工手续。在整个单位工程进行全部验收时,已验收的子单位工程验收资料应作为单位工程验收的附件。

在竣工验收时,对某些剩余工程和缺陷工程,在不影响交付的前提下,经建设单位、设计单位、施工单位和监理单位协商,施工单位应在竣工验收后的限定时间内完成。

参加验收各方对工程质量验收意见不一致时,可请当地建设行政主管部门或工程质量监督机构协调处理。建筑工程质量验收组织及参加人员如表4-11所示。

表 4-11　建筑工程质量验收组织及参加人员

序号	工程	组织者	参加人员
1	检验批	监理工程师	项目专业质量(技术)负责人
2	分项工程	监理工程师	项目专业质量(技术)负责人
3	分部(子分部)工程	总监理工程师	项目经理、项目技术负责人、项目质量负责人
	地基与基础、主体结构分部	总监理工程师	施工技术部门负责人 施工质量部门负责人 勘察项目负责人 设计项目负责人
4	单位(子单位)工程	建筑单位(项目)负责人	施工单位(项目)负责人 设计单位(项目)负责人 监理单位(项目)负责人

四、单位工程竣工验收备案

单位工程质量验收合格后,建设单位应在规定时间内将工程竣工验收报告和有关文件,报建设行政管理部门备案。

(1) 凡在中华人民共和国境内新建、扩建、改建各类房屋建筑工程和市政基础设施工程的竣工验收,均应按有关规定进行备案。

(2) 国务院建设行政主管部门和有关专业部门负责全国工程竣工验收的监督管理工作,县级以上地方人民政府建设行政主管部门负责本行政区域内工程的竣工验收备案管理工作。

思考题

1. 施工质量验收统一标准、规范体系的编制指导思想有什么?
2. 什么是主控项目和一般项目?
3. 建筑工程施工质量验收要求有哪些?
4. 分部工程验收合格的条件是什么?
5. 单位工程质量验收合格的条件是什么?
6. 工程施工质量不符合要求时的处理规定有哪些?
7. 试述如何组织工程施工质量验收及其程序。

第五章　建筑工程施工质量问题和质量事故的处理

由于影响建筑产品质量的因素繁多，在施工过程中稍有不慎，就极易引起系统性因素的质量变异，从而产生质量问题、质量事故，甚至产生严重的工程质量事故。因此，必须采取有效的措施，对常见的质量问题和事故事先加以预防，并对已经出现的质量事故及时进行分析和处理。

第一节　建筑工程施工质量问题

根据国际标准化组织（ISO）和我国有关质量、质量管理和质量保证标准的定义，凡工程产品质量没有满足某个规定的要求，就称之为质量不合格。而没有满足某个预期的使用要求或合理的期望（包括与安全性有关的要求），则称之为质量缺陷。在建设工程中通常所称的工程质量缺陷，一般是指工程不符合国际或行业现行有关技术标准、设计文件及合同中对质量的要求。

一、工程质量问题的成因

（一）常见问题的成因

由于建筑工程工期较长，所用材料品种繁杂；在施工过程中，受社会环境和自然条件方面异常因素的影响；产生的工程质量问题表现形式千差万别，类型多种多样。这使得引起工程质量问题的成因也错综复杂，一项质量问题往往是由于多种原因引起。虽然每次发生质量问题的类型各不相同，但是通过对大量质量问题调查与分析发现，其发生的原因有不少相同或相似之处，归纳其最基本的因素主要有以下几方面：

1. 违背建设程序

建设程序是工程项目建设过程及其客观规律的反映，不按建设程序办事。例如，未搞清地质情况就仓促开工；边设计、边施工；无图施工；不经竣工验收就交付使用等；这些常是导致工程质量问题的重要原因。

2. 违反法规行为

例如，无证设计；无证施工；越级设计；越级施工；工程招、投标中的不公平竞争；超常的低价中标；非法分包；转包、挂靠；擅自修改设计等行为。

3. 地质勘察失真

诸如，未认真进行地质勘察或勘探时钻孔深度、间距、范围不符合规定要求，地质勘察报告不详细、不准确、不能全面反映实际的地基情况等，从而使得地下情况不清，或对基岩起伏、土层分布误判，或未查清地下软土层、墓穴、孔洞等，它们均会导致采用不恰当或错误的基础方案,造成地基不均匀沉降、失稳,使上部结构或墙体开裂、破坏,或引发建筑物倾斜、倒塌等质量问题。

4. 设计差错

例如,盲目套用图纸,采用不正确的结构方案,计算简图与实际受力情况不符,荷载取值过小,内力分析有误,沉降缝或变形缝设置不当,悬挑结构未进行抗倾覆验算,以及计算错误等,都是引发质量问题的原因。

5. 施工与管理不到位

不按图施工或未经设计单位同意擅自修改设计。例如,将铰接做成刚接,将简支梁做成连续梁,导致结构破坏;挡土墙不按图设滤水层、排水孔,导致压力增大,墙体破坏或倾覆;不按有关的施工规范和操作规程施工,浇筑混凝土时振捣不良,造成薄弱部位;砖砌体上下通缝,灰浆不饱满等均能导致砖墙或砖柱破坏。施工组织管理紊乱,不熟悉图纸,盲目施工;施工方案考虑不周,施工顺序颠倒;图纸未经会审,仓促施工;技术交底不清,违章作业;疏于检查、验收等,均可能导致质量问题。

6. 使用不合格的原材料、制品及设备

(1) 建筑材料及制品不合格

例如,钢筋物理力学性能不良会导致钢筋混凝土结构产生裂缝;骨料中活性氧化硅会导致碱骨料反应使混凝土产生裂缝;水泥安定性不合格造成混凝土爆裂;水泥受潮、过期、结块、砂石含泥量及有害物含量超标,外加剂掺量等不符合要求时,会影响混凝土强度、和易性、密实性、抗渗性,从而导致混凝土结构强度不足、裂缝、渗漏等问题。

(2) 建筑设备不合格

诸如,变配电设备质量缺陷导致自燃或火灾,电梯质量不合格危及人身安全,均可造成工程质量问题。

7. 自然环境因素

空气温度、湿度、暴雨、大风、洪水、雷电、日晒和浪潮等均可能成为质量问题的诱因。

8. 使用不当

对建筑物或设施使用不当也易造成质量问题。例如,未经校核验算就任意对建筑物加层;任意拆除承重结构部位;任意在结构物上开槽、打洞、削弱承重结构截面等也会引起质量问题。

(二) 成因分析方法

由于影响工程质量的因素众多。要分析究竟是哪种原因引起,必须对质量问题的特征表现,以及其在施工中和使用中所处的实际情况和条件进行具体分析。分析方法很多,但其基本步骤和要领可概括如下。

1. 基本步骤

(1) 进行细致的现场调查研究,观察记录全部实况,充分了解与掌握引发质量问题的现象和特征。

(2) 收集调查与质量问题有关的全部设计和施工资料,分析摸清工程在施工或使用过程中所处的环境及面临的各种条件和情况。

(3) 找出可能产生质量问题的所有因素。

(4) 分析、比较和判断,找出最可能造成质量问题的原因。

(5) 进行必要的计算分析或模拟试验予以论证确认。

2. 分析要领

分析的要领是逻辑推理法,其基本原理是:

(1)确定质量问题的初始点,即所谓原点,它是一系列独立原因集合起来形成的爆发点。因其反映出质量问题的直接原因,而在分析过程中具有关键性作用。

(2)围绕原点对现场各种现象和特征进行分析,区别导致同类质量问题的不同原因,逐步揭示质量问题萌生、发展和最终形成的过程。

(3)综合考虑原因复杂性,确定诱发质量问题的起源点即真正原因。工程质量问题原因分析是对一堆模糊不清的事物和现象客观属性和联系的反映,它的准确性和监理工程师的能力学识、经验和态度有极大关系,其结果不单是简单的信息描述,而是逻辑推理的产物,其推理可用于工程质量的事前控制。

二、工程质量问题的处理

工程质量问题由工程质量不合格或工程质量缺陷引起,在任何工程施工过程中,由于种种主观和客观原因,出现不合格项或质量问题往往难以避免。为此,作为监理工程师必须掌握如何防止和处理施工中出现的不合格项和种种质量问题。对已发生的质量问题,应掌握其处理程序。

(一)处理方式

在各项工程的施工过程中或完工以后,现场监理人员如发现工程项目存在着不合格项或质量问题,应根据其性质和严重程度按如下方式处理:

(1)当因施工而引起的质量问题在萌芽状态,应及时制止,并要求施工单位立即更换不合格材料设备或不称职人员,或要求施工单位立即改变不正确的施工方法和操作工艺。

(2)当因施工而引起的质量问题已出现时,应立即向施工单位发出监理通知,要求其对质量问题进行补救处理,并采取足以保证施工质量的有效措施后,填报监理通知回复单报监理单位。

(3)当某道工序或分项工程完工以后,出现不合格项,监理工程师应填写不合格项处置记录,要求施工单位及时采取措施予以整改。监理工程师应对其补救方案进行确认,跟踪处理过程,对处理结果进行验收,否则不允许进行下道工序或分项工程的施工。

(4)在交工使用后的保修期内发现的施工质量问题,监理工程师应及时签发监理通知,指令施工单位进行修补、加固或返工处理。

(二)处理程序

当发现工程质量问题,监理工程师应按以下程序进行处理,如图5-1所示。

(1)当发生工程质量问题时,监理工程师首先应判断其严重程度。对可以通过返修或返工弥补的质量问题可签发监理通知,责成施工单位写出质量问题调查报告,提出处理方案,填写监理通知回复单报监理工程师审核后,批复承包单位处理,必要时应经建设单位和设计单位认可,处理结果应重新进行验收。

(2)对需要加固补强的质量问题,或质量问题的存在影响下道工序和分项工程的质量时,应签发工程暂停令,指令施工单位停止有质量问题部位和与其有关联部位及下道工序的施工。必要时,应要求施工单位采取防护措施,责成施工单位写出质量问题调查报告,由设计单位提出处理方案,并征得建设单位同意,批复承包单位处理。处理结果应重新进行验收。

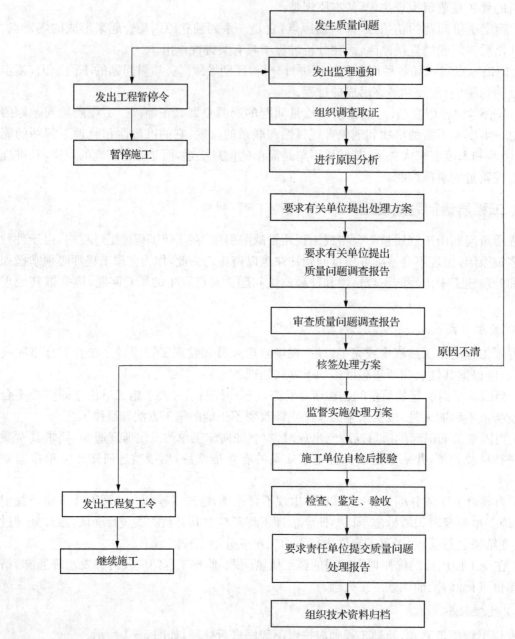

图 5 - 1　工程质量问题处理程序框图

（3）施工单位接到监理通知后,在监理工程师的组织参与下,尽快进行质量问题调查并完成报告编写。

调查的主要目的是明确质量问题的范围、程度、性质、影响和原因,为问题处理提供依据,调查应力求全面、详细、客观准确。调查报告主要内容应包括:

①质量问题发生的时间、地点、部位、性质、现状及发展变化等详细情况。

②调查中的有关数据和资料。

③ 原因分析与判断。

④ 是否需要采取临时防护措施。

⑤ 质量问题处理补救的建议方案。

⑥ 涉及的人员和责任及预防该质量问题重复出现的措施。

（4）监理工程师审核、分析质量问题调查报告，判断和确认质量问题产生的原因。

必要时，监理工程师应组织设计、施工、供货和建设单位各方共同参加分析。

（5）在原因分析的基础上，认真审核签认质量问题处理方案。

监理工程师审核确认处理方案应牢记：安全可靠，不留隐患，满足建筑物的功能和使用要求，技术可行，经济合理原则。针对确认不需专门处理的质量问题，应能保证它不构成对工程安全的危害，且满足安全和使用要求，并必须征得设计和建设单位的同意。

（6）指令施工单位按既定的处理方案实施处理并进行跟踪检查。

发生的质量问题不论是否由于施工单位原因造成，通常都是先由施工单位负责实施处理。对因设计单位原因等非施工单位责任引起的质量问题，应通过建设单位要求设计单位或责任单位提出处理方案，处理质量问题所需的费用或延误的工期，由责任单位承担，若质量问题属施工单位责任，施工单位应承担各项费用损失和合同约定的处罚，工期不予顺延。

（7）质量问题处理完毕，监理工程师应组织有关人员对处理的结果进行严格的检查、鉴定和验收，写出质量问题处理报告，报建设单位和监理单位存档。主要内容包括：

① 基本处理过程描述。

② 调查与核查情况，包括调查的有关数据、资料。

③ 原因分析结果。

④ 处理的依据。

⑤ 审核认可的质量问题处理方案。

⑥ 实施处理中的有关原始数据、验收记录、资料。

⑦ 对处理结果的检查、鉴定和验收结论。

⑧ 质量问题处理结论。

第二节　建筑工程质量事故的特点及分类

一、工程质量事故的特点

工程质量事故具有复杂性、严重性、可变性和多发性的特点。

（一）复杂性

建筑生产与一般工业相比有产品固定，生产流动；产品多样，结构类型不一；露天作业多，自然条件复杂多变；材料品种、规格多，材料性能各异；多工种、多专业交叉施工，相互干扰大；工艺要求不同、施工方法各异、技术标准不一等特点。因此，影响工程质量的因素繁多，造成质量事故的原因错综复杂，即使是同一类质量事故，原因却可能多种多样截然不同。例如，就墙体开裂质量事故而言，其产生的原因就可能是：设计计算有误；地基不均匀沉降；或温度应力、地震力、冻胀力的作用;也可能是施工质量低劣、偷工减料或材料不良等。原因的多样性使得对质量事故进行分析,判断其性质、原因及发展,确定处理方案与措施等都增加了复杂性及困难。

(二) 严重性

工程项目一旦出现质量事故,其影响较大。轻者影响施工顺利进行、拖延工期、增加工程费用,重者则会留下隐患成为危险的建筑,影响使用功能或不能使用,更严重的还会引起建筑物的失稳、倒塌,造成人民生命、财产的巨大损失。所以对于建设工程质量问题和质量事故均不能掉以轻心,必须予以高度重视,加强对工程建设质量的监督管理,防患于未然,力争将事故消灭在萌芽中,确保建筑物的安全作用。

(三) 可变性

许多工程的质量问题出现后,其质量状态并非稳定于发现的初始状态,而是有可能随着时间而不断地发展、变化。例如,地基基础的超量沉降可能随上部荷载的不断增大而继续发展;混凝土结构出现的裂缝可能随环境温度的变化而变化,或随荷载的变化及持续时间的变化而变化等。因此,有些在初始阶段并不严重的质量问题,如不能及时处理和纠正,有可能发展成一般质量事故,一般质量事故有可能发展成为严重或重大质量事故。所以,在分析、处理工程质量问题时,一定要注意质量问题的可变性,应及时采取可靠的措施,防止其进一步恶化而发生质量事故,或加强观测与试验,取得数据,预测未来发展的趋势。

(四) 多发性

建设工程中的质量事故,有两层意思,一是有些事故像"常见病"、"多发病"一样经常发生,而成为质量通病。例如,混凝土、砂浆强度不足,预制构件裂缝等;二是有些同类事故一再发生。例如,悬挑结构断塌事故,近几年在全国十几个省、市先后发生数十起,一再重复出现。因此,总结经验,吸取教训,采取有效措施予以预防十分必要。

二、工程质量事故的分类

建设工程质量事故的分类方法有多种,既可按造成损失严重程度划分,又可按其产生的原因划分,也可按其造成的后果或事故责任区分等。

1. 按事故损失的严重程度划分

根据 2007 年国务院第 493 号令《生产安全事故报告和调查处理条例规定》规定按生产安全事故(以下简称事故)造成的人员伤亡或者直接经济损失,事故一般分为以下等级:

(1) 特别重大事故,是指造成 30 人以上死亡,或者 100 人以上重伤(包括急性工业中毒,下同),或者 1 亿元以上直接经济损失的事故;

(2) 重大事故,是指造成 10 人以上 30 人以下死亡,或者 50 人以上 100 人以下重伤,或者 5 000 万元以上 1 亿元以下直接经济损失的事故;

(3) 较大事故,是指造成 3 人以上 10 人以下死亡,或者 10 人以上 50 人以下重伤,或者 1 000万元以上 5 000 万元以下直接经济损失的事故;

(4) 一般事故,是指造成 3 人以下死亡,或者 10 人以下重伤,或者 1 000 万元以下直接经济损失的事故。

上述等级划分中的"以上"包括本数,所称的"以下"不包括本数。

2.按事故产生的原因划分

（1）技术原因引发的质量事故

指在工程项目实施中由于设计、施工在技术上的失误而造成的事故。例如，结构设计计量错误；地质情况估计错误；采用了不适宜的施工方法或施工工艺等。

（2）管理原因引发的质量事故

主要指管理上的不完善或失误引发的质量事故。例如，施工单位或监理方的质量体系不完善；检验制度不严密；质量控制不严格；质量管理措施落实不力；检测仪器设备管理不善而失准；进场材料检验不严格等。

（3）社会、经济原因引发的质量事故

主要指由于社会、经济因素及在社会上存在的弊端和不正之风引起建设中的错误行为，而导致出现质量事故。例如，某些施工企业盲目追求利润而置工程质量不顾，在建筑市场上随意压价投标，中标后则依靠违法手段或修改方案追加工程款，或偷工减料，或层层转包，凡此种种，这些因素常常是导致重大工程质量事故的主要原因，应当给予充分的重视。

3.按事故造成的后果划分

（1）未遂事故

及时发现质量问题，经及时采取措施，未造成经济损失、延误工期或其他不良后果者，均属未遂事故。

（2）已遂事故

凡出现不符合标准或设计要求，造成经济损失、延误工期或其他不良后果者，均属已遂事故。

4.按事故责任划分

（1）指导责任事故

工程实施指导或领导失误而造成的质量事故。例如，由于工程负责人片面追求施工进度，放松或不按质量标准进行控制和检验，降低施工质量标准等。

（2）操作责任事故

指在施工过程中，由于实施操作者不按规程或标准实施操作，而造成的质量事故。例如，浇筑混凝土时随意加水；混凝土拌和料产生了离析现象仍浇筑入模；压实土方含水量及压实遍数未按要求控制操作等。

第三节 工程质量事故处理的依据和程序

一、工程质量事故处理的依据

进行工程质量事故处理的主要依据有四个方面：质量事故的实况资料；具有法律效力的，得到有关当事各方认可的工程承包合同、设计委托合同、材料或设备购销合同以及监理合同或分包合同等合同文件；有关的技术文件、档案和相关的建设法规。

在这四方面依据中，前三种是与特定的工程项目密切相关的具有特定性质的依据。第四种法规依据，是具有很高权威性、约束性、通用性和普遍性的依据，因而它在工程质量事故的处理事务中，也具有重要的、不容置疑的作用。现将这四方面依据详述如下：

（一）质量事故的实况资料

要搞清质量事故的原因和处理对策，首先要掌握质量事故的实际情况。有关质量事故实况的资料主要可来自以下几个方面。

1. 施工单位的质量事故调查报告

质量事故发生后，施工单位有责任就所发生的质量事故进行周密的调查、研究掌握情况，并在此基础上写出调查报告，提交监理工程师和业主。在调查报告中首先就与质量事故有关的实际情况做详尽的说明，其内容应包括：

（1）质量事故发生的时间、地点。

（2）质量事故状况的描述。

（3）质量事故发展变化的情况。

（4）有关质量事故的观测记录、事故现场状态的照片或录像。

2. 监理单位调查研究所获得的第一手资料

其内容大致与施工单位调查报告中的有关内容相似，可用来与施工单位所提供的情况对照、核实。

（二）有关合同及合同文件

（1）涉及的合同文件可以是：工程承包合同；设计委托合同；设备与器材购销合同；监理合同等。

（2）有关合同和合同文件在处理质量事故中的作用是：确定在施工过程中有关各方是否按照合同有关条款实施其活动，借以探寻产生事故的可能原因。

（三）有关的技术文件和档案

1. 有关的设计文件

如施工图纸和技术说明等，它是施工的重要依据。在处理质量事故中，其作用一方面是可以对照设计文件，核查施工质量是否完全符合设计的规定和要求；另一方面是可以根据发生的质量事故情况，核查设计中是否存在问题或缺陷，成为导致质量事故的一方面原因。

2. 与施工有关的技术文件、档案和资料

属于这类文件、档案有：

（1）施工组织设计或施工方案、施工计划。

（2）施工记录、施工日志等。

（3）有关建筑材料的质量证明资料。

（4）现场制备材料的质量证明资料。

（5）质量事故发生后，对事故状况的观测记录、试验记录或试验报告等。

（6）其他有关资料。

上述各类技术资料对于分析质量事故原因，判断其发展变化趋势，推断事故影响及严重程度，考虑处理措施等都是不可缺少的，起着重要的作用。

（四）相关的建设法规

1998年3月1日《中华人民共和国建筑法》（后简称《建筑法》）颁布实施，对加强建筑活动的监督管理，维护市场秩序，保证建设工程质量提供了法律保障。与工程质量及质量事故处理有关的有以下五类。

1. 勘察、设计、施工、监理等单位资质管理方面的法规

《建筑法》明确规定"国家对从事建筑活动的单位实行资质审查制度。"《建设工程勘察设计企业资质管理规定》、《建筑业企业资质管理规定》和《工程监理企业资质管理规定》等，这类法规主要涉及：勘察、设计、施工和监理等单位的等级划分；明确各级企业应具备的条件；确定各级企业所能承担的任务范围；以及其等级评定的申请、审查、批准、升降管理等方面。

2. 从业者资格管理方面的法规

《建筑法》规定对注册建筑师、注册结构工程师和注册监理工程师等有关人员实行资格认证制度。如《中华人民共和国注册建筑师条例》、《注册结构工程师执业资格制度暂行规定》和《监理工程师考试和注册试行办法》等，这类法规主要涉及建筑活动的从业者应具有相应的执业资格，注册等级划分，考试和注册办法，执业范围，权利、义务及管理等。

3. 建筑市场方面的法规

这类法律、法规主要涉及工程发包、承包活动，以及国家对建筑市场的管理活动。《中华人民共和国合同法》和《中华人民共和国招标投标法》是国家对建筑市场管理的两个基本法律。

这类法律、法规、文件主要是为了维护建筑市场的正常秩序和良好环境，充分发挥竞争机制，保证工程项目质量，提高建设水平。例如《招标投标法》明确规定"投标人不得以低于成本的报价竞标"，就是防止恶性杀价竞争，导致偷工减料引起工程质量事故。《合同法》明文"禁止承包人将工程分包给不具备相应资质条件的单位，禁止分包单位将其承包的工程再分包。建设工程主体结构的施工必须由承包人自行完成。"对违反者处以罚款，没收非法所得直至吊销资质证书，这均是为了保证工程施工的质量，防止因操作人员素质低造成质量事故。

4. 建筑施工方面的法规

以《建筑法》为基础，国务院于 2000 年颁布了《建筑工程勘察设计管理条例》和《建设工程质量管理条例》。建设部于 1989 年发布《工程建设重大事故报告和调查程序的规定》，于 1991 年发布《建筑安全生产监督管理规定》和《建设工程施工现场管理规定》，于 1995 年发布《建筑装饰装修管理规定》，于 2000 年发布《房屋建筑工程质量保修办法》、《关于建设工程质量监督机构深化改革的指导意见》、《建设工程质量监督机构监督工作指南》和《建设工程监理规范》等法规和文件。主要涉及施工技术管理、建设工程监理、建筑安全生产管理、施工机械设备管理和建设工程质量监督管理。它们与现场施工密切相关，因而与工程施工质量有密切关系或直接关系。

这类法律、法规文件涉及的内容十分广泛，其特点是大多与现场施工有直接关系。例如《建设工程监理规范》明确了现场监理工作的内容、深度、范围、程序、行为规范和工作制度。

特别是国务院颁布的《建设工程质量管理条例》，以《建筑法》为基础，全面系统地对与建设工程有关的质量责任和管理问题，做了明确的规定，可操作性强。它不但对建设工程的质量管理具有指导作用，而且是全面保证工程质量和处理工程质量事故的重要依据。

5. 关于标准化管理方面的法规

这类法规主要涉及技术标准（勘察、设计、施工、安装、验收等）、经济标准和管理标准（建设程序、设计文件深度、企业生产组织和生产能力标准、质量管理与质量保证标准等）。

建设部发布《工程建设标准强制性条文》和《实施工程建设强制性标准监督规定》是典型的标准化管理类法规，它的实施为《建设工程质量管理条例》提供了技术法规支持，是参与建设活动各方执行工程建设强制性标准和政府实施监督的依据，同时也是保证建设工程质量的必要条件，是分析处理工程质量事故，判定责任方的重要依据。

二、工程质量事故处理的程序

监理工程师应熟悉各级政府建设行政主管部门处理工程质量事故的基本程序,特别是应把握在质量事故处理过程中如何履行自己的职责。

工程质量事故发生后,监理工程师可按以下程序进行处理,如图 5-2 所示。

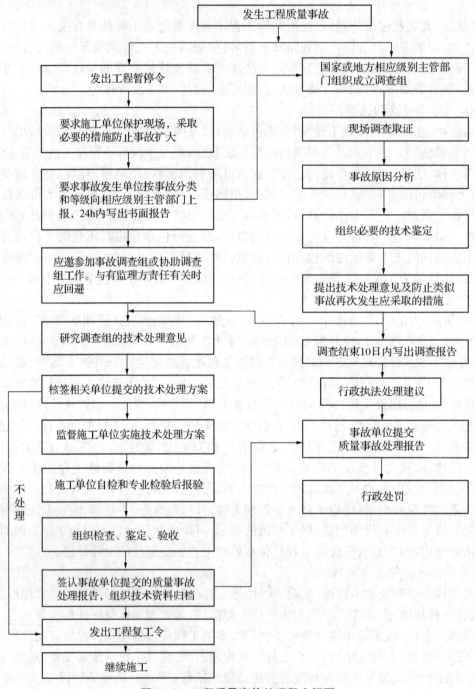

图 5-2　工程质量事故处理程序框图

（1）工程质量事故发生后，总监理工程师应签发工程暂停令，并要求停止进行质量缺陷部位和与其有关联部位及下道工序施工，应要求施工单位采取必要的措施，防止事故扩大并保护好现场。同时，要求质量事故发生单位迅速按类别和等级向相应的主管部门上报，并于 24 h 内写出书面报告。

质量事故报告应包括以下主要内容：

① 事故发生的单位名称，工程（产品）名称、部位、时间、地点；

② 事故概况和初步估计的直接损失；

③ 事故发生原因的初步分析；

④ 事故发生后采取的措施；

⑤ 相关各种资料（有条件时）；

各级主管部门处理权限及组成调查组权限如下：

特别重大质量事故由国务院按有关程序和规定处理；重大质量事故由国家建设行政主管部门归口管理；严重质量事故由省、自治区、直辖市建设行政主管部门归口管理；一般质量事故由市、县级建设行政主管部门归口管理。

工程质量事故调查组由事故发生地的市、县级以上建设行政主管部门或国务院有关主管部门组织成立。特别重大质量事故调查组组成由国务院批准；一、二级重大质量事故由省、自治区、直辖市建设行政主管部门提出组成意见，人民政府批准；三、四级重大质量事故由市、县级行政主管部门提出组成意见，相应级别人民政府批准；严重质量事故，调查组由省、自治区、直辖市建设行政主管部门组织；一般质量事故，调查组由市、县级建设行政主管部门组织；事故发生单位属国务院部委的，由国务院有关主管部门或其授权部门会同当地建设行政主管部门组织调查组。

（2）监理工程师在事故调查组展开工作后，应积极协助，客观地提供相应证据，若监理方无责任，监理工程师可应邀参加调查组，参与事故调查；若监理方有责任，则应予以回避，但应配合调查组工作。质量事故调查组的职责是：

① 查明事故发生的原因、过程、事故的严重程度和经济损失情况。

② 查明事故的性质、责任单位和主要责任人。

③ 组织技术鉴定。

④ 明确事故主要责任单位和次要责任单位，承担经济损失的划分原则。

⑤ 提出技术处理意见及防止类似事故再次发生应采取的措施。

⑥ 提出对事故责任单位和责任人的处理建议。

⑦ 写出事故调查报告。

（3）当监理工程师接到质量事故调查组提出的技术处理意见后，可组织相关单位研究，并责成相关单位完成技术处理方案，并予以审核签认。质量事故技术处理方案，一般应委托原设计单位提出，由其他单位提供的技术处理方案，应经原设计单位同意签认。技术处理方案的制定，应征求建设单位意见。

（4）技术处理方案核签后，监理工程师应要求施工单位制定详细的施工方案设计，必要时应编制监理实施细则，对工程质量事故技术处理施工质量进行监理，技术处理过程中的关键部位和关键工序应进行旁站，并会同设计、建设等有关单位共同检查认可。

（5）对施工单位完工自检后报验结果，组织有关各方进行检查验收，必要时应进行处理结果鉴定。要求事故单位整理编写质量事故处理报告,并审核签认,组织将有关技术资料归档。

工程质量事故处理报告主要内容:

① 工程质量事故情况、调查情况、原因分析(选自质量事故调查报告)。

② 质量事故处理的依据。

③ 质量事故技术处理方案。

④ 实施技术处理施工中有关问题和资料。

⑤ 对处理结果的检查鉴定和验收。

⑥ 质量事故处理结论。

(6) 签发工程复工令,恢复正常施工。

第四节　工程质量事故处理方案的确定及鉴定验收

一、工程质量事故处理方案的确定

工程质量事故处理方案是指技术处理方案,其目的是消除质量隐患,达到建筑物的安全可靠和正常使用各项功能及寿命要求,并保证施工的正常进行。其一般处理原则是:正确确定事故性质,是表面性还是实质性,是结构性还是一般性,是迫切性还是可缓性;正确确定处理范围,除直接发生部位,还应检查处理事故相邻影响作用范围的结构部位或构件。

其处理基本要求是:安全可靠,不留隐患;满足建筑物的功能和使用要求;技术上可行,经济上合理。

这要求监理工程师在审核质量事故处理方案时,以分析事故调查报告中事故原因为基础,结合实地勘查成果,应努力掌握事故的性质和变化规律,并应尽量满足建设单位的要求。

尽管对造成质量事故的技术处理方案多种多样,但根据质量事故的情况可归纳为三种类型的处理方案,监理工程师应从中选择最适用处理方案的方法,方能对相关单位上报的事故技术处理方案作出正确审核结论。

(一) 工程质量事故处理方案类型

1. 修补处理

这种方法主要适用于通过修补可以不影响工程的外观和正常使用的质量事故。它是利用修补的方法对工程质量事故予以补救,这是最常用的一类处理方案。工程的某个检验批、分项或分部的质量虽未达到规定的规范、标准或设计要求,存在一定缺陷,但通过修补或更换器具、设备后还可达到要求的标准,又不影响使用功能和外观要求,在此情况下,可以进行修补处理。属于修补处理这类的具体方案很多,诸如封闭保护、复位纠偏、结构补强、表面处理等。某些事故造成的结构混凝土表面裂缝,可根据其受力情况,仅做表面封闭保护。某些混凝土结构表面的蜂窝、麻面,经调查分析,可进行剔凿、抹灰等表面处理,一般不会影响其使用和外观。

对较严重的质量问题,可能影响结构的安全性和使用功能,必须按一定的技术方案进行加固补强处理,这样往往会造成一些永久缺陷,如改变结构外形尺寸,影响一些次要的使用功能等。

2. 返工处理

工程质量未达到规定的标准和要求，存在的严重质量问题，对结构的使用和安全构成重大影响，且又无法通过修补处理的情况下，可对检验批、分项、分部甚至整个工程返工处理。例如，某砖墙在砌筑时，经抽查发现其垂直度超出规范的规定，可采取对该部位的墙体拆除后重砌，进行返工处理。对某些存在严重质量缺陷，且无法采用加固补强等修补处理或修补处理费用比原工程造价还高的工程，应进行整体拆除，全面返工。

3. 不做处理

某些工程质量问题虽然不符合规定的要求和标准构成质量事故，但视其严重情况，经过分析、论证、法定检测单位鉴定和设计等有关单位认可，对工程或结构使用及安全影响不大，也可不做专门处理。通常不用专门处理的情况有以下几种：

（1）不影响结构安全和正常使用。

例如，某建筑物出现放线定位偏差，且严重超过规范标准规定，若要纠正会造成重大经济损失，若经过分析、论证其偏差不影响生产工艺和正常使用，在外观上也无明显影响，可不做处理。又如，某隐蔽部位结构混凝土表面裂缝，经检查分析，属于表面养护不够的干缩微裂，不影响使用及外观，也可不做处理。

（2）有些质量问题，经过后续工序可以弥补。

例如混凝土墙表面轻微麻面，可通过后续的抹灰、喷涂或刷白等工序弥补，亦可不做处理。

（3）经法定检测单位鉴定合格。

例如，某检验批混凝土试块强度不满足规范要求，强度不足，在法定检测单位，对混凝土实体采用非破损检验等方法测定其实际强度已达规范允许和设计要求值时，可不做处理。经检测未达要求值，但相差不多，经分析论证，只要使用前经再次检测达设计强度，也可不做处理，但应严格控制施工荷载。

（4）出现的质量问题，经检测鉴定达不到设计要求，但经原设计单位核算，仍能满足结构安全和使用功能。

例如，某一结构构件截面尺寸不足，或材料强度不足，影响结构承载力，但按实际检测所得截面尺寸和材料强度复核验算，仍能满足设计的承载力，可不进行专门处理。这是因为一般情况下，规范标准给出了满足安全和功能的最低限度要求，而设计往往在此基础上留有一定余量，这种处理方式实际上是挖掘了设计潜力或降低了设计的安全系数。

监理工程师应牢记，不论哪种情况，特别是不做处理的质量问题，均要备好必要的书面文件，对技术处理方案、不做处理结论和各方协商文件等有关档案资料认真组织签认。对责任方应承担的经济责任和合同中约定的罚责应正确判定。

（二）选择最适用工程质量事故处理方案的辅助方法

选择工程质量处理方案，是复杂而重要的工作，它直接关系到工程的质量、费用和工期。处理方案选择不合理，不仅劳民伤财，严重的会留有隐患，危及人身安全，特别是对需要返工或不做处理的方案，更应慎重对待。

下面给出一些可采取的选择工程质量事故处理方案的辅助决策方法。

1. 实验验证

即对某些有严重质量缺陷的项目，可采取合同规定的常规试验以外的试验方法进一步进行验证，以便确定缺陷的严重程度。例如，混凝土构件的试件强度低于要求的标准不太大（例如 10％以下时),可进行加载试验,证明其是否满足使用要求。监理工程师可根据对试验验证结果的分析、论证,再研究选择最佳的处理方案。

2. 定期观测

有些有缺陷的工程,短期内其影响可能不十分明显,需要较长时间的观测才能得出结论。对此,监理工程师应与建设单位及施工单位协商,是否可以留待责任期解决或采取修改合同,延长责任期的办法。

3. 专家论证

对于某些工程质量问题,可能涉及的技术领域比较广泛,或问题很复杂,有时仅根据合同规定难以决策,这时可提请专家论证。实践证明,采取这种方法,对于监理工程师正确选择重大工程质量缺陷的处理方案十分有益。

4. 方案比较

这是比较常用的一种方法。同类型和同一性质的事故可先设计多种处理方案,然后结合当地的资源情况、施工条件等逐项给出权重,作出对比,从而选择具有较高处理效果又便于施工的处理方案。

二、工程质量事故处理的鉴定验收

质量事故的技术处理是否达到了预期目的,工程质量问题是否仍留有隐患。监理工程师应通过组织检查和必要的鉴定,进行验收并予以最终确认。

(一)检查验收

工程质量事故处理完成后,监理工程师在施工单位自检合格报验的基础上,应严格按施工验收标准及有关规范的规定进行,结合监理人员的旁站、巡视和平行检验结果,依据质量事故技术处理方案设计要求,通过实际量测,检查各种资料数据进行验收,并应办理交工验收文件,组织各有关单位会签。

(二)必要的鉴定

为确保工程质量事故的处理效果,凡涉及结构承载力等使用安全和其他重要性能的处理工作,常需做必要的试验和检验鉴定工作。如质量事故处理施工过程中建筑材料及构配件保证资料严重缺乏,或对检查验收结果各参与单位有争议时,常见的检验工作有:混凝土钻芯取样,用于检查密实性和裂缝修补效果,或检测实际强度;结构荷载试验,确定其实际承载力;超声波检测焊接或结构内部质量;池、罐、箱柜工程的渗漏检验等。检测鉴定必须委托政府批准的有资质的法定检测单位进行。

(三)验收结论

对所有质量事故无论经过技术处理,通过检查鉴定验收还是不需专门处理的,均应有明确的书面结论。若对后续工程施工有特定要求,或对建筑物使用有一定限制条件,应在结论中提出。

验收结论通常有以下几种:

(1)事故已排除,可以继续施工。

(2)隐患已消除,结构安全有保证。

(3)经修补处理后,完全能够满足使用要求。

（4）基本上满足使用要求，但使用时应有附加限制条件，例如限制荷载等。

（5）对耐久性的结论。

（6）对建筑物外观影响的结论。

（7）对短期内难以作出结论的，可提出进一步观测检验意见。

对于处理后符合《建筑工程施工质量验收统一标准》的规定的，监理工程师应予以验收、确认，并应注明责任方主要承担的经济责任。对经加固补强或返工处理仍不能满足安全使用要求的分部工程、单位（子单位）工程，应拒绝验收。

第五节　建筑工程质量事故处理的资料

一、建筑工程质量事故处理所需的资料

处理工程质量事故，必须分析原因，作出正确的处理决策，这就要以充分的、准确的有关资料作为决策的基础和依据，一般质量事故处理，必须具备以下资料。

（1）与工程质量事故有关的施工图。

（2）与工程施工有关的资料、记录。

例如，建筑材料的试验报告，各种中间产品的检验记录和试验报告（如沥青拌合料温度量测记录、混凝土试块强度试验报告等），以及施工记录等。

（3）事故调查分析报告。

一般应包括以下内容：

① 质量事故的情况。包括发生质量事故的时间、地点、事故情况，有关的观测记录，事故的发展变化趋势，是否已趋稳定等。

② 事故性质。应区分是结构性问题还是一般性问题；是内在实质性的问题，还是表面性的问题；是否需要及时处理，是否需要采取保护性措施。

③ 事故原因。阐明造成质量事故的主要原因，例如，对混凝土结构裂缝是由于地基不均匀沉降原因导致的，还是由于温度应力所致，或是由于施工拆模前受冲击、振动的结果，还是由于结构本身承载力不足等。对此应附有有说服力的资料、数据说明。

④ 事故评估。应阐明该质量事故对于建筑物功能、使用要求、结构承受力性能及施工安全有何影响，并应附有实测、验算数据和试验资料。

⑤ 事故涉及人员与主要责任者的情况等。

（4）设计单位、施工单位、监理单位和建设单位对事故处理的意见和要求。

二、建筑工程质量事故处理后的资料

建筑工程质量事故处理后，应由监理工程师提出事故处理报告，其内容包括：

（1）质量事故调查报告。

（2）质量事故原因分析。

（3）质量事故处理依据。

（4）质量事故处理方案、方法及技术措施。

（5）质量事故处理施工过程的各种原始记录资料。

（6）质量事故检查验收记录。

（7）质量事故结论等。

思考题

1. 什么是质量问题？什么是工程质量事故？

2. 工程质量问题的成因有哪些？

3. 工程质量问题的处理方式和程序有哪些？

4. 工程质量事故的特点有哪些？

5. 工程质量事故的分类有哪些？

6. 工程质量事故处理的依据和程序有哪些？

7. 工程质量事故处理的基本要求是什么？

8. 工程质量事故处理方案有哪些？

9. 监理如何对工程质量事故进行鉴定与验收？

10. 建筑工程质量事故处理需要哪些资料？

第六章 建筑工程质量控制的统计分析方法

第一节 质量统计基本知识

一、总体、样本及统计推断工作过程

1. 总体

总体也称母体,是所研究对象的全体。个体,是组成总体的基本元素。总体中含有个体的数目通常用 N 表示。在对一批产品质量检验时,该批产品是总体,其中的每件产品是个体,这时 N 是有限的数值,称之为有限总体。若对生产过程进行检测时,应该把整个生产过程过去、现在以及将来的产品视为总体。随着生产的进行 N 是无限的,称之为无限总体。实践中一般把从每件产品检测得到的某一质量数据(强度、几何尺寸、重量等)即质量特性值视为个体,产品的全部质量数据的集合即为总体。

2. 样本

样本也称子样,是从总体中随机抽取出来,并根据对其研究结果推断总体质量特征的那部分个体。被抽中的个体称为样品,样品的数目称样本容量,用 n 表示。

3. 统计推断工作过程

质量统计推断工作是运用质量统计方法在生产过程中或一批产品中,随机抽取样本,通过对样品进行检测和整理加工,从中获得样本质量数据信息,并以此为依据,以概率数理统计为理论基础,对总体的质量状况作出分析和判断。

二、质量数据的收集方法

(一)全数检验

全数检验是对总体中的全部个体逐一观察、测量、计数、登记,从而获得对总体质量水平评价结论的方法。

(二)随机抽样检验

抽样检验是按照随机抽样的原则,从总体中抽取部分个体组成样本,根据对样品进行检测的结果,推断总体质量水平的方法。

抽样检验抽取样品不受检验人员主观意愿的支配,每一个体被抽中的概率都相同,从而保证了样本在总体中的分布比较均匀,有充分的代表性;同时它还具有节省人力、物力、财力、时间和准确性高的优点;它又可用于破坏性检验和生产过程的质量监控,完成全数检测无法进行的检测项目,具有广泛的应用空间。抽样的具体方法有:

1. 简单随机抽样

简单随机抽样又称纯随机抽样、完全随机抽样，是对总体不进行任何加工，直接进行随机抽样，获取样本的方法。

2. 分层抽样

分层抽样又称分类或分组抽样，是将总体按与研究目的有关的某一特性分为若干组，然后在每组内随机抽取样品组成样本的方法。

3. 等距抽样

等距抽样又称机械抽样、系统抽样，是将个体按某一特性排队编号后均分为 n 组，这时每组有 $K=N/n$ 个个体，然后在第一组内随机抽取第一件样品，以后每隔一定距离（K 号）抽选出其余样品组成样本的方法。如在流水作业线上每生产 100 件产品抽出一件产品做样品，直到抽出 n 件产品组成样本。

4. 整群抽样

整群抽样一般是将总体按自然存在的状态分为若干群，并从中抽取样品群组成样本，然后在所选群内进行全数检验的方法。如对原材料质量进行检测，可按原包装的箱、盒为群随机抽取，对所选箱、盒做全数检验；每隔一定时间抽出一批产品进行全数检验等。

由于随机性表现在群间，样品集中，分布不均匀，代表性差，产生的抽样误差也大，同时有周期性变动时，也应注意避免系统偏差。

5. 多阶段抽样

多阶段抽样又称多级抽样。上述抽样方法的共同特点是整个过程中只有一次随机抽样，因而统称为单阶段抽样。但是当总体很大时，很难一次抽样完成预定的目标。多阶段抽样是将各种单阶段抽样方法结合使用，通过多次随机抽样来实现的抽样方法。如检验钢材、水泥等质量时，可以对总体按不同批次分为 R 群，从中随机抽取 r 群，而后在所选的 r 群中的 M 个个体中随机抽取 m 个个体，这就是整群抽样与分层抽样相结合的二阶段抽样，它的随机性表现在群间和群内，有两次。

三、质量数据的分类

质量数据是指由个体产品质量特性值组成的样本（总体）的质量数据集，在统计上称为变量，个体产品质量特性值称变量值。根据质量数据的特点，可以将其分为计量值数据和计数值数据。

1. 计量值数据

计量值数据是可以连续取值的数据，属于连续型变量。其特点是在任意两个数值之间都可以取精度较高一级的数值。它通常由测量得到，如重量、强度、几何尺寸、标高、位移等。此外，一些属于定性的质量特性，可由专家主观评分、划分等级而使之数量化，得到的数据也属于计量值数据。

2. 计数值数据

计数值数据是只能按 0,1,2,… 数列取值计数的数据，属于离散型变量。它一般由计数得到。计数值数据又可分为计件值数据和计点值数据。

（1）计件值数据，表示具有某一质量标准的产品个数。如总体中合格品数、一级品数。

（2）计点值数据，表示个体（单件产品、单位长度、单位面积、单位体积等）上的缺陷数、质量问题点数等。如检验钢结构构件涂料涂装质量时，构件表面的焊渣、焊疤、油污、毛刺数量等。

四、质量数据的特征值

样本数据特征值是由样本数据计算的描述样本质量数据波动规律的指标。统计推断就是根据这些样本数据特征值来分析、判断总体的质量状况。常用的有描述数据分布集中趋势的算术平均数、中位数和描述数据分布离中趋势的极差、标准偏差、变异系数等。

（一）描述数据集中趋势的特征值

1. 算术平均数

算术平均数又称均值，是消除了个体之间个别偶然的差异，显示出所有个体共性和数据一般水平的统计指标，它由所有数据计算得到，是数据的分布中心，数据的代表性好。其计算公式如下。

（1）总体算术平均数 μ

$$\mu = \frac{1}{N}(X_1 + X_2 + \cdots + X_N) = \frac{1}{N}\sum_{i=1}^{N} X_i$$

式中：N——总体中个体数；

X_i——总体中第 i 个的个体质量特性值。

（2）样本算术平均数 $\overline{x}$

$$\overline{x} = \frac{1}{n}(x_1 + x_2 + \cdots + x_N) = \frac{1}{n}\sum_{i=1}^{n} x_i$$

式中：n——样本容量；

x_i——样本中第 i 个样品的质量特性值。

2. 样本中位数

样本中位数是将样本数据按数值大小有序排列后，位置居中的数值。当样本数 n 为奇数时，数列居中的一位数即为中位数；当样本数 n 为偶数时，取居中两个数的平均值作为中位数。

（二）描述数据离中趋势的特征值

1. 极差（R）

极差是数据中最大值与最小值之差，是用数据变动的幅度来反映其分散状况的特征值。极差计算简单、使用方便，但粗略，数值仅受两个极端值的影响，损失的质量信息多，不能反映中间数据的分布和波动规律，仅适用于小样本。其计算公式为：

$$R = x_{\max} - x_{\min}$$

2. 标准偏差

标准偏差简称标准差或均方差，是个体数据与均值之差平方和的算术平均数的算术根，是大于 0 的正数。总体的标准差用 σ 表示；样本的标准差用 S 表示。标准差值小说明分布集中程度高，离散程度小，均值对总体（样本）的代表性好。标准差的平方是方差，有鲜明的数理统计特征，能确切说明数据分布的离散程度和波动规律，是最常用的反映数据变异程度的特征值。

（1）总体的标准偏差 σ

$$\sigma = \sqrt{\frac{\sum_{i=1}^{n}(x_i-\mu)^2}{N}}$$

（2）样本的标准偏差 S

$$S = \sqrt{\frac{\sum_{i=1}^{n}(x_i-\overline{x})^2}{n-1}}$$

样本的标准偏差 S 是总体标准差 σ 的无偏估计。在样本容量较大（$n \geqslant 50$）时，上式中的分母（$n-1$）可简化为 n。

3. 变异系数 C_v

变异系数又称离散系数，是标准差除以算术平均数得到的相对数。它表示数据的相对离散波动程度。变异系数小，说明分布集中程度高，离散程度小，均值对总体（样本）的代表性好。由于消除了数据平均水平不同的影响，变异系数适用于均值有较大差异的总体之间离散程度的比较，应用更为广泛。其计算公式为：

$$C_v = \sigma/\mu \text{ 或 } C_v = S/\overline{x}$$

五、质量数据的分布特征

（一）质量数据的特性

质量数据具有个体数值的波动性和总体（样本）分布的规律性。

在实际质量检测中，我们发现即使在生产过程是稳定正常的情况下，同一总体（样本）的个体产品的质量特性值也是互不相同的。这种个体间表现形式上的差异性，反映在质量数据上即为个体数值的波动性、随机性，然而当运用统计方法对这些大量丰富的个体质量数值进行加工、整理和分析后，我们又会发现这些产品质量特性值（以计量值数据为例）大多都分布在数值变动范围的中部区域，即有向分布中心靠拢的倾向，表现为数值的集中趋势；还有一部分质量特性值在中心的两侧分布，随着逐渐远离中心，数值的个数变少，表现为数值的离中趋势。质量数据的集中趋势和离中趋势反映了总体（样本）质量变化的内在规律性。

（二）质量数据波动的原因

众所周知，影响产品质量主要有五方面因素，即人，包括质量意识、技术水平、精神状态等；材料，包括材质均匀度、理化性能等；机械设备，包括其先进性、精度、维护保养状况等；方法，包括生产工艺、操作方法等；环境，包括时间、季节、现场温湿度、噪声干扰等；同时这些因素自身也在不断变化中。个体产品质量的表现形式的千差万别就是这些因素综合作用的结果，质量数据也因此具有了波动性。

质量特性值的变化在质量标准允许范围内波动称之为正常波动，是由偶然性原因引起的；

若是超越了质量标准允许范围的波动则称之为异常波动,是由系统性原因引起的。

1. 偶然性原因

在实际生产中,影响因素的微小变化具有随机发生的特点,是不可避免、难以测量和控制的,或者是在经济上不值得消除的,它们大量存在但对质量的影响很小,属于允许偏差、允许位移范畴,引起的是正常波动,一般不会因此造成废品,生产过程正常稳定。通常把 4M1E 因素的这类微小变化归为影响质量的偶然性原因、不可避免原因或正常原因。

2. 系统性原因

当影响质量的 4M1E 因素发生了较大变化,如工人未遵守操作规程、机械设备发生故障或过度磨损、原材料质量规格有显著差异等情况发生时,没有及时排除,生产过程不正常,产品质量数据就会离散过大或与质量标准有较大偏离,表现为异常波动,次品、废品产生。这就是产生质量问题的系统性原因或异常原因。由于异常波动特征明显,容易识别和避免,特别是对质量的负面影响不可忽视,生产中应该随时监控,及时识别和处理。

(三) 质量数据分布的规律性

对于每件产品来说,在产品质量形成的过程中,单个影响因素对其影响的程度和方向是不同的,也是在不断改变的。众多因素交织在一起,共同起作用的结果,使各因素引起的差异大多互相抵消,最终表现出来的误差具有随机性。对于在正常生产条件下的大量产品,误差接近零的产品数目要多些,具有较大正负误差的产品要相对少些,偏离很大的产品就更少了,同时正负误差绝对值相等的产品数目非常接近。于是就形成了一个能反映质量数据规律性的分布,即以质量标准为中心的质量数据分布,它可用一个"中间高、两端低、左右对称"的几何图形表示,即一般服从正态分布。

概率数理统计在对大量统计数据研究中,归纳总结出许多分布类型,如一般计量值数据服从正态分布,计件值数据服从二项分布,计点值数据服从泊松分布等。实践中只要是受许多微小作用因素影响的质量数据,都可认为是近似服从正态分布的,如构件的几何尺寸、混凝土强度等;如果是随机抽取的样本,无论它来自的总体是何种分布,在样本容量较大时,其样本均值也将服从或近似服从正态分布。因而,正态分布最重要、最常见、应用最广泛。正态分布概率密度曲线如图 6-1 所示。

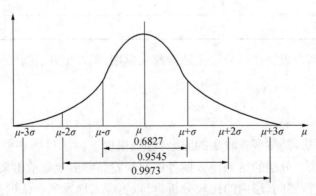

图 6-1　正态分布概率密度曲线

第二节　调查表法、分层法、排列图法与因果图法

一、统计调查表法

统计调查表法又称统计调查分析法,它是利用专门设计的统计表对质量数据进行收集、整理和粗略分析质量状态的一种方法。

在质量控制活动中,利用统计调查表收集数据,简便灵活,便于整理,实用有效。它没有固定格式,可根据需要和具体情况,设计出不同统计调查表。常用的有:

(1) 分项工程作业质量分布调查表;

(2) 不合格项目调查表;

(3) 不合格原因调查表;

(4) 施工质量检查评定用调查表等。

是混凝土空心板外观质量问题调查表如表6-1所示。

表 6-1　混凝土空心板外观质量问题调查表

产品名称	混凝土空心板		生产班组	
日生产总数	200 块	生产时间	年　月　日	检查时间
检查方式	全数检查		检查员	
项目名称	检查记录		合　计	
露筋	正正		9	
蜂窝	正正一		11	
孔洞	下		3	
裂缝	正		4	
其他	下		3	
总计			30	

应当指出,统计调查表往往同分层法结合起来应用,可以更好、更快地找出问题的原因,以便采取改进的措施。

二、分层法

分层法又叫分类法,是将调查收集的原始数据,根据不同的目的和要求,按某一性质进行分组、整理的分析方法。分层的结果使数据各层间的差异突出地显示出来,层内的数据差异减少。在此基础上再进行层间、层内的比较分析,可以更深入地发现和认识质量问题的原因。由于产品质量是多方面因素共同作用的结果,因而对同一批数据,可以按不同性质分层,我们能从不同角度来考虑、分析产品存在的质量问题和影响因素。

常用的分层标志有:

（1）按操作班组或操作者分层；

（2）按使用机械设备型号分层；

（3）按操作方法分层；

（4）按原材料供应单位、供应时间或等级分层；

（5）按施工时间分层；

（6）按检查手段、工作环境等分层。

【例6-1】　钢筋焊接质量的调查分析，共检查了50个焊接点，其中不合格19个，不合格率为38%。存在严重的质量问题，试用分层法分析质量问题的原因。

现已查明这批钢筋的焊接是由A、B、C三个师傅操作的，而焊条是由甲、乙两个厂家提供的。因此，分别按操作者和焊条生产厂家进行分层分析，即考虑一种因素单独的影响，如表6-2和表6-3所示。

表6-2　按操作者分层

操作者	不合格	合格	不合格率(%)
A	6	13	32
B	3	9	25
C	10	9	53
合计	19	31	38

表6-3　按供应焊条厂家分层

工厂	不合格	合格	不合格率(%)
甲	9	14	39
乙	10	17	37
合计	19	31	38

由表6-2和表6-3分层分析可见，操作者B的质量较好，不合格率为25%；而不论是采用甲厂还是乙厂的焊条，不合格率都很高且相差不大。为了找出问题所在，再进一步采用综合分层进行分析，即考虑两种因素共同影响的结果，如表6-4所示。

表6-4　综合分层分析焊接质量

操作者	焊接质量	甲厂		乙厂		合计	
		焊接点	不合格率(%)	焊接点	不合格率(%)	焊接点	不合格率(%)
A	不合格 合格	6 2	75	0 11	0	6 13	32
B	不合格 合格	0 5	0	3 4	43	3 9	25
C	不合格 合格	3 7	30	7 2	78	10 9	53
合计	不合格 合格	9 14	39	10 17	37	19 31	38

从表 6-4 的综合分层法分析可知,在使用甲厂的焊条时,应采用 B 师傅的操作方法为好;在使用乙厂的焊条时,应采用 A 师傅的操作方法为好,这样会使合格率大大的提高。

分层法是质量控制统计分析方法中最基本的一种方法。其他统计方法一般都要与分层法配合使用,如排列图法、直方图法、控制图法、相关图法等,常常是首先利用分层法将原始数据分门别类,然后再进行统计分析的。

三、排列图法

1. 排列图法的概念

排列图法是利用排列图寻找影响质量主次因素的一种有效方法。排列图又叫帕累托图或主次因素分析图,它是由两个纵坐标、一个横坐标、几个连起来的直方形和一条曲线组成,如图 6-2 所示。左侧的纵坐标表示频数,右侧纵坐标表示累计频率,横坐标表示影响质量的各个因素或项目,按影响程度大小从左至右排列,直方形的高度示意某个因素的影响大小。实际应用中,通常按累计频率划分为(0%—80%)、(80%—90%)、(90%—100%)三部分,与其对应的影响因素分别为 A、B、C 三类。A 类为主要因素,B 类为次要因素,C 类为一般因素。

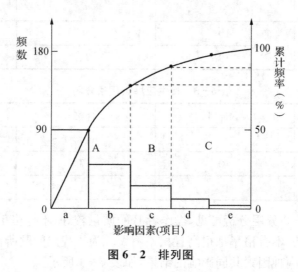

图 6-2　排列图

2. 排列图的作法

下面结合实例加以说明。

【例 6-2】　某工地现浇混凝土构件尺寸质量检查结果是:在全部检查的 8 个项目中不合格点(超偏差限值)有 150 个,为改进并保证质量,应对这些不合格点进行分析,以便找出混凝土构件尺寸质量的薄弱环节。

(1)收集整理数据

首先收集混凝土构件尺寸各项目不合格点的数据资料,如表 6-5 所示。各项目不合格点出现的次数即频数。然后对数据资料进行整理,将不合格点较少的轴线位置、预埋设施中心位置、预留孔洞中心位置三项合并为"其他"项。按不合格点的频数由大到小顺序排列各检查项目,"其他"项排在最后。以全部不合格点数为总数,计算各项的频率和累计频率,结果如表 6-6 所示。

表6-5　不合格点统计表

序号	检查项目	不合格点数	序号	检查项目	不合格点数
1	轴线位置	1	5	平面水平度	15
2	垂直度	8	6	表面平整度	75
3	标高	4	7	预埋设施中心位置	1
4	截面尺寸	45	8	预留孔洞中心位置	1

表6-6　不合格点项目

序号	项目	频数	频率(%)	累计频率(%)
1	表面平整度	75	50.0	50.0
2	截面尺寸	45	30.0	80.0
3	平面水平度	15	10.0	90.0
4	垂直度	8	5.3	95.3
5	标高	4	2.7	98.0
6	其他	3	2.0	100.0
合计		150	100	

（2）排列图的绘制

① 画横坐标。将横坐标按项目数等分，并按项目频数由大到小顺序从左至右排列，该例中横坐标分为六等份。

② 画纵坐标。左侧的纵坐标表示项目不合格点数即频数，右侧纵坐标表示累计频率。要求总频数对应累计频率100%。该例中150应与100%在一条水平线上。

③ 画频数直方形。以频数为高画出各项目的直方形。

④ 画累计频率曲线。从横坐标左端点开始，依次连接各项目直方形右边线及所对应的累计频率值的交点，所得的曲线即为累计频率曲线。

⑤ 记录必要的事项。如标题、收集数据的方法和时间等。

本例混凝土构件尺寸不合格点排列图如图6-3所示。

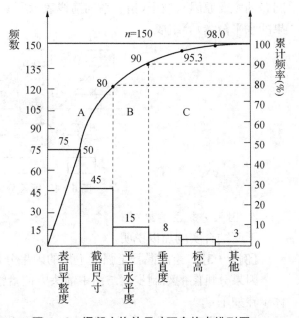

图6-3　混凝土构件尺寸不合格点排列图

3. 排列图的观察与分析

（1）观察直方形，大致可看出各项目的影响程度。排列图中的每个直方形都表示一个质量问题或影响因素。影响程度与各直方形的高度成正比。

（2）利用 ABC 分类法,确定主次因素。将累计频率曲线按(0%～80%)、(80%～90%)、(90%～100%)分为三部分,各曲线下面所对应的影响因素分别为 A、B、C 三类因素。该例中 A 类即主要因素是表面平整度(2 m 长度)、截面尺寸(梁、柱、墙板、其他构件),B 类即次要因素是水平度,C 类即一般因素有垂直度、标高和其他项目。综上分析结果,应重点解决 A 类质量问题。

4. 排列图的应用

排列图可以形象、直观地反映主次因素。其主要应用有:

（1）按不合格点的内容分类,可以分析出造成质量问题的薄弱环节。

（2）按生产作业分类,可以找出生产不合格品最多的关键过程。

（3）按生产班组或单位分类,可以分析比较各单位技术水平和质量管理水平。

（4）将采取提高质量措施前后的排列图对比,可以分析措施是否有效。

（5）此外还可以用于成本费用分析、安全问题分析等。

四、因果分析图法

1. 因果分析图的概念

因果分析图法是利用因果分析图来系统整理分析某个质量问题(结果)与其产生原因之间关系的有效工具。因果分析图也称特性要因图,又因其形状常被称为树枝图或鱼刺图。

因果分析图基本形式如图 6－4 所示。

从图 6－4 可见,因果分析图由质量特性(即质量结果、指某个质量问题)、要因(产生质量问题的主要原因)、枝干(指一系列箭线表示不同层次的原因)、主干(指较粗的直接指向质量结果的水平箭线)等组成。

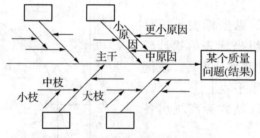

图 6－4 因果分析图的基本形式

2. 因果分析图的绘制

下面结合实例加以说明。

【例 6－3】 绘制混凝土强度不足的因果分析图。

因果分析图的绘制步骤与图中箭头方向恰恰相反,是从"结果"开始将原因逐层分解的,具体步骤如下:

（1）明确质量问题—结果。该例分析的质量问题是"混凝土强度不足",作图时首先由左至右画出一条水平主干线,箭头指向一个矩形框,框内注明研究的问题,即结果。

（2）分析确定影响质量特性大的方面原因。一般来说,影响质量因素有五大方面,即人、机械、材料、方法、环境。另外还可以按产品的生产过程进行分析。

（3）将每种大原因进一步分解为中原因、小原因,直至分解的原因可以采取具体措施加以解决为止。

（4）检查图中的所列原因是否齐全，可以对初步分析结果广泛征求意见，并作必要的补充及修改。

（5）选择出影响大的关键因素，作出标记"△"。以便重点采取措施。

混凝土强度不足的因果分析图如图6-5所示。

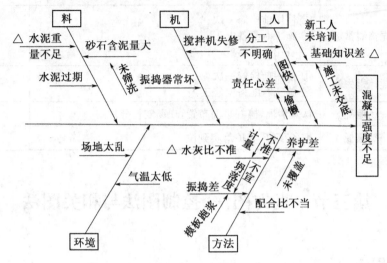

图6-5　混凝土强度不足的因果分析图

3. 绘制和使用因果分析图时应注意的问题

（1）集思广益。绘制时要求绘制者熟悉专业施工方法技术，调查、了解施工现场实际条件和操作的具体情况。要以各种形式，广泛收集现场工人、班组长、质量检查员、工程技术人员的意见，集思广益，相互启发，相互补充，使因果分析更符合实际。

（2）制定对策。绘制因果分析图不是目的，而是要根据图中所反映的主要原因，制订改进的措施和对策，限期解决问题，保证产品质量。具体实施时，一般应编制一个对策计划表。混凝土强度不足的对策计划表如表6-7所示。

表6-7　对策计划表

项目	序号	产生问题原因	采取的对策	执行人	完成时间
人	1	分工不明确	根据个人特长、确定每项作业的负责人及各操作人员职责、挂牌示出		
	2	基本知识差	① 组织学习操作规程 ② 搞好技术交底		
方法	3	配合比不当	① 根据数理统计结果，按施工实际水平进行配比计算 ② 进行实验		
	4	水灰比不准	① 制作试块 ② 捣制时每半天测砂石含水率一次 ③ 捣制时控制坍落度在5 cm以下		
	5	计量不准	校正磅秤		

（续表）

项目	序号	产生问题原因	采取的对策	执行人	完成时间
材料	6	水泥重量不足	进行水泥重量统计		
	7	原材料不合格	对砂、石、水泥进行各项指标试验		
	8	砂、石含泥量大	冲洗		
机械	9	振捣器常坏	① 使用前检修一次 ② 施工时配备电工 ③ 备用振捣器		
	10	搅拌机失修	① 使用前检修一次 ② 施工时配备检修工人		
环境	11	场地乱	认真清理，搞好平面布置，现场实行分片制		
	12	气温低	准备草包，养护落实到位		

第三节　直方图法、控制图法与相关图法

一、直方图法

（一）直方图的用途

直方图法即频数分布直方图法，它是将收集到的质量数据进行分组整理，绘制成频数分布直方图，用以描述质量分布状态的一种分析方法，所以又称质量分布图法。

通过直方图的观察与分析，可了解产品质量的波动情况，掌握质量特性的分布规律，以便对质量状况进行分析判断。同时可通过质量数据特征值的计算，估算施工生产过程总体的不合格品率，评价过程能力等。

（二）直方图的绘制方法

1. 收集整理数据

用随机抽样的方法抽取数据，一般要求数据在 50 个以上。

【例 6-4】　某建筑施工工地浇筑 C30 混凝土，为对其抗压强度进行质量分析，共收集了 50 份抗压强度试验报告单，经整理如表 6-8 所示。

表 6-8　数据整理表（N/mm²）

序号	抗压强度数据					最大值	最小值
1	39.8	37.7	33.8	31.5	36.1	39.8	31.5
2	37.2	38.0	33.1	39.0	36.0	39.0	33.1
3	35.8	35.2	31.8	37.1	34.0	37.1	31.5
4	39.9	34.3	33.2	40.4	41.2	41.2	33.2
5	39.2	35.4	34.4	38.1	40.3	40.3	34.4

（续表）

序号	抗压强度数据					最大值	最小值
6	42.3	37.5	35.5	39.3	37.3	42.3	35.5
7	35.9	42.4	41.8	36.3	36.2	42.4	35.9
8	46.2	37.6	38.3	39.7	38.0	46.2*	37.6
9	36.4	38.3	43.4	38.2	38.0	42.4	36.4
10	44.4	42.0	37.9	38.4	39.5	44.4	37.9

2. 计算极差（R）

极差是数据中最大值和最小值之差，本例中：

$$x_{max} = 46.2 \text{ N/mm}^2$$

$$x_{min} = 31.5 \text{ N/mm}^2$$

$$R = x_{max} - x_{min} = 46.2 - 31.5 = 14.7 \text{ N/mm}^2$$

3. 对数据分组

包括确定组数、组距和组限。

（1）确定组数 k。确定组数的原则是分组的结果能正确地反映数据的分布规律。组数应根据数据多少来确定。组数过少，会掩盖数据的分布规律；组数过多，数据过于零乱分散，也不能显示出质量分布状况。一般可参考表 6-9 的经验数值确定。

表 6-9　数据分组参考值

数据总数 n	分组数 k	数据总数 n	分组数 k	数据总数 n	分组数 k
50～100	6～10	100～250	7～12	250 以上	10～20

本例中取 $k=8$。

（2）确定组距 h。组距是组与组之间的间隔，即一个组的范围。各组距应相等，于是有：

$$极差 \approx 组距 \times 组数 \quad 即 \quad R \approx h \cdot k$$

因而组数、组距的确定应结合级差综合考虑，适当调整，还要注意数值尽量取整，使分组结果能包括全部变量值，同时也便于以后的计算分析。

本例中：

$$h = R/k = 14.7/8 = 1.8 \approx 2 \text{ N/mm}^2$$

（3）确定组限。每组的最大值为上限，最小值为下限，上、下限统称组限。确定组限时应注意使各组之间连续，即较低组上限应为相邻较高组下限，这样才不致使有的数据被遗漏。对恰恰处于组限值上的数据，其解决的办法有二：一是规定每组上（或下）组限不计在该组内，而计入相邻较高（或较低）组内；二是将组限值较原始数据精度提高半个最小测量单位。

本例采取第一种办法划分组限，即每组上限不计入该组内。

首先确定第一组下限：

$$x_{\min}-h/2=31.5-2.0/2=30.5$$

第一组上限:30.5+h=30.5+2=32.5

第二组下限:第一组上限=32.5

第二组上限:32.5+h=32.5+2=34.5

以下依次类推,最高组限为44.5~46.5,分组结果覆盖了全部数据。

4. 编制数据频数统计表

统计各组频数,可采用唱票形式进行,频数总和应等于全部数据个数。本例频数统计结果如表6-10所示。

表6-10　频数统计表

组号	组限(N/mm²)	频数统计	频数	组号	组限(N/mm²)	频数统计	频数
1	30.5~32.5	丅	2	5	38.5~40.5	正	9
2	32.5~34.5	正一	6	6	40.5~42.5	正	5
3	34.5~36.5	正正	10	7	42.5~44.5	丅	2
4	36.5~38.5	正正正	15	8	44.5~46.5	一	1
合计							50

从表6-10中可以看出,浇筑C30混凝土,50个试块的抗压强度是各不相同的,这说明质量特性值是有波动的。但这些数据分布是有一定规律的,就是数据在一个有限范围内变化,且这种变化有一个集中趋势,即强度值在36.5~38.5的试块最多,可把这个范围即第四组视为该样本质量数据的分布中心,随着强度值的逐渐增大和逐渐减小频数而逐渐减少。为了更直观、更形象地表现质量特征值的这种分布规律,应进一步绘制出直方图。

在频数分布直方图中,横坐标表示质量特性值,本例中为混凝土强度,并标出各组的组限值。根据表6-10可以画出以组距为底,以频数为高的 k 个直方形,便得到混凝土强度的频数分布直方图,如图6-6所示。

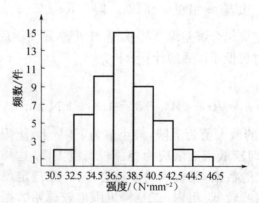

图6-6　混凝土强度分布直方图

5. 绘制频数分布直方图

（三）直方图的观察与分析

1. 观察直方图的形状、判断质量分布状态

作完直方图后，首先要认真观察直方图的整体形状，看其是否属于正常型直方图。正常型直方图就是中间高，两侧低，左右接近对称的图形，如图6-7(a)所示。

出现非正常型直方图时，表明生产过程或收集数据作图有问题。这就要求进一步分析判断，找出原因，从而采取措施加以纠正。凡属非正常型直方图，其图形分布有各种不同缺陷，归纳起来一般有五种类型，如图6-7(b)~(f)所示。

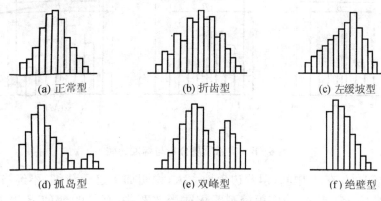

(a) 正常型　　　(b) 折齿型　　　(c) 左缓坡型

(d) 孤岛型　　　(e) 双峰型　　　(f) 绝壁型

图6-7　常见的直方图图形

(1) 折齿型(图6-7(b))，是由于分组组数不当或者组距确定不当出现的直方图。

(2) 左(或右)缓坡型(图6-8(c))，主要是由于操作中对上限(或下限)控制太严造成的。

(3) 孤岛型(图6-7(d))，是原材料发生变化，或者临时他人顶班作业造成的。

(4) 双峰型(图6-7(e))，是由于用两种不同方法或两台设备或两组工人进行生产，然后把两方面数据混在一起整理产生的。

(5) 绝壁型(图6-7(f))，是由于数据收集不正常，可能有意识地去掉下限以下的数据，或是在检测过程中某种人为因素所造成的。

2. 将直方图与质量标准比较，判断实际生产过程能力

作出直方图后，除了观察直方图形状，分析质量分布状态外，应将正常型直方图与质量标准比较，从而判断实际生产过程能力。正常型直方图与质量标准相比较，一般有如图6-8所示六种情况。其中，T表示质量标准要求界限；B表示实际质量特性分布范围。

(1) 图6-8(a)，B在T中间，质量分布中心与质量标准中心M重合，实际数据分布与质量标准相比较两边还有一定余地。这样的生产过程质量是很理想的，说明生产过程处于正常的稳定状态。在这种情况下生产出来的产品可认为全都是合格品。

(2) 图6-8(b)，B虽然落在T内，但质量分布中心与T的中心M不重合，偏向一边。这样如果生产状态一旦发生变化，就可能超出质量标准下限而出现不合格品。出现这样情况时应迅速采取措施，使直方图移到中间来。

(3) 图6-8(c)，B在T中间，且B的范围接近了T的范围，没有余地，生产过程一旦发生小的变化，产品的质量特性值就可能超出质量标准。出现这种情况时，必须立即采取措施，以缩小质量分布范围。

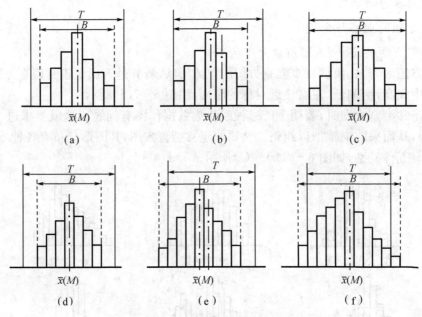

图6-8　实际质量分析与标准比较

（4）图6-8(d)，B 在 T 中间，但两边余地太大，说明加工过于精细，不经济。在这种情况下，可以对原材料、设备、工艺、操作等控制要求适当放宽些，有目的地使 B 扩大，从而有利于降低成本。

（5）图6-8(e)，质量分布范围 B 已超出标准下限之外，说明已出现不合格品。此时必须采取措施进行调整，使质量分布位于标准之内。

（6）图6-8(f)，质量分布范围完全超出了质量标准上、下界限，散差太大，产生许多废品，说明过程能力不足，应提高过程能力，使质量分布范围 B 缩小。

二、控制图法

（一）控制图的基本形式及其用途

控制图又称管理图。它是在直角坐标系内画有控制界限，描述生产过程中产品质量波动状态的图形。利用控制图区分质量波动原因，判明生产过程是否处于稳定状态的方法称为控制图法。

1. 控制图的基本形式

控制图的基本形式如图6-9所示。横坐标为样本（子样）序号或抽样时间，纵坐标为被控制对象，即被控制的质量特性值。控制图上一般有三条线：在上面的一条虚线称为上控制界限，用符号 UCL 表示；在下面的一条虚线称为下控制界限，用符号 LCL 表示；中间的一条实线称为中心线，用符号 CL 表示。中心线标志着质量特性值分布的中心位置，上下控制界限标志着质量特性值允许波动范围。

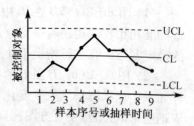

图6-9　控制图基本形式

在生产过程中通过抽样取得数据,把样本统计量描在图上来分析判断生产过程状态。如果点子随机地落在上、下控制界限内,则表明生产过程正常处于稳定状态,不会产生不合格品;如果点子超出控制界限,或点排列有缺陷,则表明生产条件发生了异常变化,生产过程处于失控状态。

2. 控制图的用途

控制图是用样本数据来分析判断生产过程是否处于稳定状态的有效工具。它的用途主要有两个:

(1) 过程分析,即分析生产过程是否稳定。为此,应连续收集数据,绘制控制图,观察数据点分布情况并判定生产过程状态。

(2) 过程控制,即控制生产过程质量状态。为此,要定时抽样取得数据,将其变为点子描在图上,发现并及时消除生产过程中的失控现象,预防不合格品的产生。

前面讲述的排列图、直方图法是质量控制的静态分析法,反映的是质量在某一段时间里的静止状态。然而产品都是在动态的生产过程中形成的,因此,在质量控制中单用静态分析法显然是不够的,还必须有动态分析法。只有动态分析法,才能随时了解生产过程中质量的变化情况,及时采取措施,使生产处于稳定状态,起到预防出现废品的作用。控制图就是典型的动态分析法。

(二) 控制图的原理

本章第一节质量数据波动的原因中已讲到,影响生产过程和产品质量的原因,可分为系统性原因和偶然性原因。

在生产过程中,如果仅仅存在偶然性原因,而不存在系统性原因,这时生产过程是处于稳定状态,或称为控制状态。其产品质量特性值的波动是有一定规律的,即质量特性值分布服从正态分布。控制图就是利用这个规律来识别生产过程中的异常原因,控制系统性原因造成的质量波动,保证生产过程处于控制状态。

如何衡量生产过程是否处于稳定状态呢?我们知道,一定状态下生产的产品质量是具有一定分布的,过程状态发生变化,产品质量分布也随之改变。观察产品质量分布情况,一是看分布中心位置(μ);二是看分布的离散程度(σ)。这可通过图 6-10 所示的四种情况来说明。

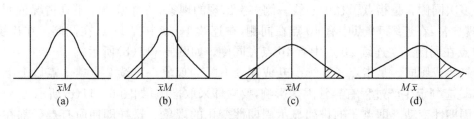

图 6-10　质量特性值分布变化

图 6-10(a),反映产品质量分布服从正态分布,其分布中心与质量标准中心 M 重合,散差分布在质量控制界限之内,表明生产过程处于稳定状态,这时生产的产品基本上都是合格品,可继续生产。

图 6-10(b),反映产品质量分布散差没变,而分布中心发生偏移。

图 6-10(c),反映产品质量分布中心虽然没有偏移,但分布的散差大。

图 6-10(d),反映产品质量分布中心和散差都发生了较大变化,即 μ 值偏离标准中心,σ 值增大。

后三种情况都是由于生产过程中存在异常原因引起的,都出现了不合格品,生产过程处于不稳定状态,应及时分析,消除异常原因的影响。

综上所述,我们可依据描述产品质量分布的集中位置和离散程度的统计特征值,随时间(生产进程)的变化情况来分析生产过程是否处于稳定状态。在控制图中,只要样本质量数据的特征值是随机地落在上、下控制界限之内,就表明产品质量分布的参数 μ 和 σ 基本保持不变,生产中只存在偶然原因,生产过程是稳定的。而一旦质量数据点飞出控制界限之外,或排列有缺陷,则说明生产过程中存在系统原因,μ 和 σ 发生了改变,生产过程出现异常情况。

(三) 控制图的观察与分析

绘制控制图的目的是分析判断生产过程是否处于稳定状态。这主要是通过对控制图上点子的分布情况的观察与分析进行。因为控制图上点子作为随机抽样的样本,可以反映出生产过程(总体)的质量分布状态。

当控制图同时满足以下两个条件:一是点子几乎全部落在控制界限之内;二是控制界限内的点子排列没有缺陷。我们就可以认为生产过程基本上处于稳定状态。如果点子的分布不满足其中任何一条,都应判断生产过程异常。

(1) 点子几乎全部落在控制界线内,是指应符合下述三个要求:

① 连续 25 点以上处于控制界限内。

② 连续 35 点中仅有 1 点超出控制界限。

③ 连续 100 点中不多于 2 点超出控制界限。

(2) 点子排列没有缺陷,是指点子的排列是随机的,而没有出现异常现象。这里的异常现象是指点子排列出现了"链"、"多次同侧"、"趋势或倾向"、"周期性变动"、"接近控制界限"等情况。

① 链。是指点子连续出现在中心线一侧的现象。出现五点链,应注意生产过程发展状况。出现六点链,应开始调查原因。出现七点链,应判定工序异常,需采取处理措施,如图 6-11(a)所示。

② 多次同侧。是指点子在中心线一侧多次出现的现象,或称偏离。下列情况说明生产过程已出现异常:在连续 11 点中有 10 点在同侧,在连续 14 点中有 12 点在同侧。在连续 17 点中有 14 点在同侧。在连续 20 点中有 16 点在同侧。如图 6-11(b)所示。

③ 趋势或倾向。是指点子连续上升或连续下降的现象。连续 7 点或 7 点以上上升或下降排列,就应判定生产过程有异常因素影响,要立即采取措施,如图 6-11(c)所示。

④ 周期性变动。即点子的排列显示周期性变化的现象。这样即使所有点子都在控制界限内,也应认为生产过程为异常,如图 6-11(d)所示。

⑤ 接近控制界限。是指点子落在了 $\mu \pm 2\sigma$,以外和 $\mu \pm 3\sigma$ 以内。如属下列情况的判定为异常:连续 3 点至少有 2 点接近控制界限。连续 7 点至少有 3 点接近控制界限。连续 10 点至少有 4 点接近控制界限。如图 6-11(e)所示。

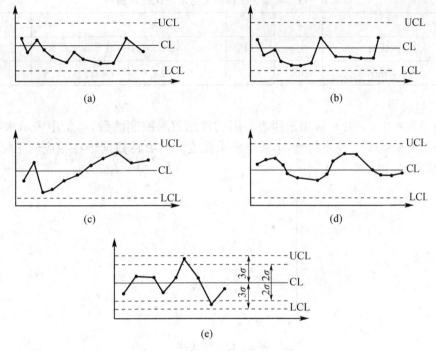

图 6 - 11　有异常现象的点子排列

以上是分析用控制图判断生产过程是否正常的准则。如果生产过程处于稳定状态,则把分析用控制图转为管理用控制图。分析用控制图是静态的,而管理用控制图是动态的。随着生产过程的进展,通过抽样取得质量数据把点描在图上,随时观察点子的变化,点子落在控制界限外或界限上,即判断生产过程异常,点子即使在控制界限内,也应随时观察其有无缺陷,以对生产过程正常与否作出判断。

三、相关图法

（一）相关图法的用途

相关图又称散布图。在质量控制中它是用来显示两种质量数据之间关系的一种图形。质量数据之间的关系多属相关关系。一般有三种类型:一是质量特性和影响因素之间的关系;二是质量特性和质量特性之间的关系;三是影响因素和影响因素之间的关系。

我们可以用 y 和 x 分别表示质量特性值和影响因素,通过绘制散布图,计算相关系数等,分析研究两个变量之间是否存在相关关系,以及这种关系密切程度如何,进而对相关程度密切的两个变量,通过对其中一个变量的观察控制,去估计控制另一个变量的数值,以达到保证产品质量的目的。这种统计分析方法,称为相关图法。

（二）相关图的绘制方法

【例 6 - 5】 分析混凝土抗压强度和水灰比之间的关系。

1. 收集数据

要成对地收集两种质量数据,数据不得过少。本例收集数据如表 6 - 11 所示。

表6-11　混凝土抗压强度与水灰比统计资料

序号		1	2	3	4	5	6	7	8
x	水灰比(W/C)	0.4	0.45	0.5	0.55	0.6	0.65	0.7	0.75
y	强度(N/mm²)	36.3	35.3	28.2	24.0	23.0	20.6	18.4	15.0

2. 绘制相关图

在直角坐标系中,一般 x 轴用来代表原因的量或较易控制的量,本例中表示水灰比;y 轴用来代表结果的量或不易控制的量,本例中表示强度。然后将数据中在相应的坐标位置上描点,便得到散布图,如图6-12所示。

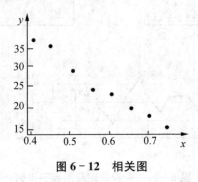

图6-12　相关图

（三）相关图的观察与分析

相关图中点的集合,反映了两种数据之间的散布状况,根据散布状况我们可以分析两个变量之间的关系。归纳起来,有以下六种类型,如图6-13所示。

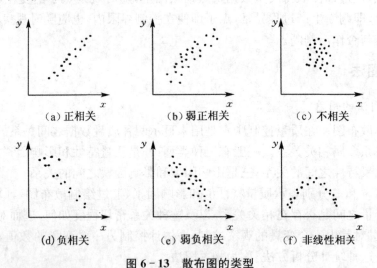

图6-13　散布图的类型

（1）正相关（图6-13（a））。散布点基本形成由左至右向上变化的一条直线带,即随 x 值的增加,y 值也相应增加,说明 x 与 y 有较强的制约关系。此时,可通过对 x 的控制而有效控制 y 的变化。

（2）弱正相关（图6-13（b））。散布点形成向上较分散的直线带。随 x 值的增加,y 值也有增加趋势,但 x、y 的关系不像正相关那么明确。说明 y 除受 x 影响外,还受其他更重要的因素影响。需要进一步利用因果分析图法分析其他的影响因素。

（3）不相关(图 6 - 13(c))。散布点形成一团或平行于 x 轴的直线带。说明 x 变化不会引起 y 的变化或其变化无规律,分析质量原因时可排除 x 因素。

（4）负相关(图 6 - 13(d))。散布点形成由左向右向下的一条直线带。说明 x 对 y 的影响与正相关恰恰相关。

（5）弱负相关(图 6 - 13(e))。散布点形成由左至右向下分布的较分散的直线带。说明 x 与 y 的相关关系较弱,且变化趋势相反,应考虑寻找影响 y 的其他更重要的因素。

（6）非线性相关(图 6 - 13(f))。散布点呈一曲线带,即在一定范围内 x 增加,y 也增加;超过这个范围 x 增加,y 则有下降趋势,或改变变动的斜率呈曲线形态。

从图 6 - 12 可以看出,本例水灰比对强度影响是属于负相关。初步结果时,在其他条件不变的情况下,混凝土强度随着水灰比增大有逐渐降低的趋势。

1. 质量数据的收集方法有哪些?
2. 质量数据波动的原因有哪些?
3. 常用的有哪些统计调查表法?
4. 什么是排列图?
5. 如何绘制直方图? 如何对其观察分析?
6. 控制图的用途有哪些?

第七章　质量管理体系

第一节　质量管理体系与 ISO 9000 标准

质量管理体系(Quality Management System,QMS)是指确定质量方针、目标和职责,并通过质量体系中的质量策划、控制、保证和改进来使其实现的全部活动。

一、质量管理体系标准的产生和发展

第二次世界大战期间,军事工业得到了迅猛的发展,各国政府在采购军用产品时,不但提出了产品特性要求,还对供应厂商提出了质量保证的要求。五十年代末,美国发布了《质量大纲要求》(MIL-Q-9858A),成为世界上最早的有关质量保证方面的标准。而后,美国国防部制定和发布了一系列的生产武器和承包商评定的质量保证标准。

20 世纪 70 年代初,借鉴了军用质保标准的成功经验,美国标准化协会(ANSI)分别发布了一系列有关原子能发电和压力容器生产的质量保证标准。

美国军品生产方面和质保活动的成功经验,在世界范围内产生了很大的影响,一些工业发达国家,如英国、法国、加拿大等,在七十年代末先后制定和发布了用于民用产品生产的质量管理和质量保证标准。随着各国经济的相互合作交流,对供方质量体系审核已逐渐成为国际贸易和国际合作前提。世界各国先后发布了许多关于质量体系及审核的标准。由于各国标准不一致,给国际贸易带来了障碍,质量管理和质量保证的国际化成为当时世界各国的迫切需要。随着地区化、集团化、全球化经济的发展,市场竞争日趋激烈,顾客对质量的期望越来越高,每个组织为了竞争和保持良好的经济效益,努力设法提高自身的竞争能力以适应市场竞争的需要。为了成功地领导和运作一个组织,需要采用一种系统和透明的方式进行管理,针对所有顾客和相关方的需求,必须建立、实施并持续改进其业绩的管理体系,从而使组织获得成功。

顾客要求产品具有满足其需求和期望的特性,这些需求和期望在产品规范中表达。如果提供和支持产品的组织质量体系不完善,规范本身就不能满足顾客的需要。因此,这方面的需求促进了质量管理体系标准的产生,并以其作为对技术规范中有关产品要求的补充。

国际标准化组织(ISO)于 1979 年成立了质量管理和质量保证技术委员会(TC176)负责制定质量管理和质量保证标准。1986 年发布了 ISO8402《质量术语》标准,1987 年发布了 ISO9000《质量管理和质量保证标准选择和使用指南》、ISO9001《质量体系—生产和安装的质量保证模式》、ISO9003《质量体系—最终检验和实验的质量保证模式》、ISO9004《质量管理和质量体系要素—指南》等 6 项标准,统称为 ISO9000 系列标准。

ISO9000 系列标准的颁布,使各国的质量管理和质量保证活动统一在 ISO9000 系列标准的基础上进行。标准总结了工业发达国家先进企业的质量管理实践经验,统一了质量管理和

质量保证的术语和概念,并对推动组织的质量管理,实现组织的质量目标,消除贸易壁垒,提高产品质量和顾客的满意程度等产生了积极的影响,受到了世界各国的普遍关注和采用。迄今为止,它已被全世界150多个国家和地区等同采用为国家标准,并广泛用于工业、经济和政府的管理领域,有50多个国家建立了质量体系认证制度,世界各国质量管理体系审核员注册的互认和质量体系认证的互认制度也在广泛范围内得以建立和实施。

为了使1987年版的ISO9000系列标准更加协调和完善,ISO/TC176质量管理和质量保证技术委员会于1990年决定对标准进行修订,提出了《90年代国际质量标准的实施策略》(国际上通称为《2000年展望》)。

按《2000年展望》提出的目标,标准分为两个阶段修改。第一阶段修改称之为"优先修改",即修改为1994年版本的ISO9000族标准。第二阶段修改是在总体结构和技术内容上作较大的全新修改。其主要任务是:"识别并理解质量保证及质量领域中顾客的需求,制定有效反映顾客期望的标准;支持这些标准的实施,并促进对实施效果的评价。"

2000年12月15日,ISO/TC176正式发布了2000版本的ISO9000族标准。该标准的修订充分考虑了1987年和1994年版标准,以及现有其他管理体系标准的使用经验,因此,它将使质量管理体系更加适合组织的需要,可以更适应组织开展其商业活动需要。

GB/T19000—ISO9000系列标准是指由国际标准化组织质量管理和质量保证委员会在总结各国质量管理和质量保证经验的基础上,经过各国质量管理专家近十年的努力工作,通过广泛协商和征求意见,在1987年正式公布,2000年修订的有关质量管理和质量保证方面的一系列国际标准。

ISO组织最新颁布的是ISO9000:2000系列标准,现在最新标准为2008年执行标准。

二、ISO 9000族的构成和特点

ISO9000不是指一个标准,而是一组标准的统称。ISO9000族是由ISO/TC176制定的所有国际标准。

1. ISO 9000族核心标准的构成

(1) ISO 9000:2008《质量管理体系——基础和术语》,表达质量管理体系基础知识,并规定质量管理体系术语。

(2) ISO 9001:2008《质量管理体系——要求》,规定质量管理体系要求,用于证实组织具有提供顾客要求的适用法规要求的产品的能力,目的在于增强顾客满意度。

(3) ISO 9004:2008《质量管理体系——业绩改进指南》,提供考虑质量管理体系的有效性和改进两方面的指南。该标准的目的是促进组织业绩改进和使顾客及其他相关方满意。

(4) ISO19011:2002《质量和环境管理体系审核指南》,提供审核质量和环境管理体系的指南。

2. ISO 9000:2000族标准的主要特点

(1) 标准的结构与内容更好地适应于所有产品类别,不同规模和各种类型的组织。

(2) 采用"过程方法"的结构,同时体现了组织管理的一般原理,有助于组织结合自身的生产和经营活动采用标准来建立质量管理体系,并重视有效性的改进与效率的提高。

任何得到输入并将其转化为输出的活动均可视为过程。系统识别和管理组织内使用的过程,特别是这些过程之间的相互作用,称为过程方法。

　　图7-1是该标准中所提出的过程方法模式的一个概念图解,该图给出了组织进行质量管理的循环过程。从"管理职责"过程开始,逆时针进行过程循环,首先在"管理职责"中,对管理者规定了要求;在"资源管理"中涉及了资源的提供、人力资源、设施及工作环境等要素;在"产品实现"过程中,确定并实施各过程;后继通过"测量、分析和改进"对过程和过程结果进行分析、认可、纠正和改进,最后通过管理评审向管理职责提供反馈,以实现质量管理体系的持续改进。从水平方向的箭头所指示的逻辑关系看,该过程模式同时也实现从识别需要到评定需要是否得到满足的所有活动过程的总体概括。

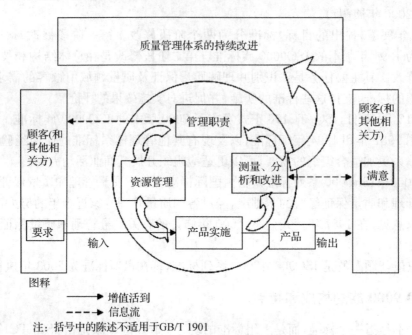

注:括号中的陈述不适用于GB/T 1901

图7-1　以过程为基础的质量管理体系模式

　　(3)提出了质量管理八项原则并在标准中得到了充分体现。

　　(4)对标准要求的适应性进行了更加科学与明确的规定,在满足标准要求的途径与方法方面,提倡组织在确保有效性的前提下,可以根据自身经营管理的特点作出不同的选择,给予组织更多的灵活度。

　　(5)更加强调管理者的作用,最高管理者通过确定质量目标,制定质量方针,进行质量评审以及确保资源的获得和加强内部沟通等活动,对其建立、实施质量管理体系并持续改进其有效性的承诺提供证据,并确保顾客的要求得到满足,旨在增强顾客满意度。

　　(6)突出了"持续改进"是提高质量管理体系有效性和效率的重要手段。

　　(7)强调质量管理体系的有效性和效率,引导组织以顾客为中心并关注相关方的利益,关注产品与过程而不仅仅是程序文件与记录。

　　(8)对文件的要求更加灵活,强调文件应能够为过程带来增值,记录只是证据的一种形式。

　　(9)将顾客和其他相关方满意或不满意的信息作为评价质量管理体系运行状况的一种重要手段。

（10）概念明确，语言通俗，易于理解、翻译和使用，用概念图形式表达术语间的逻辑关系。

（11）强调了 ISO 9001 作为要求性的标准，ISO 9004 作为指南性的标准的协调一致性，有利于组织的业绩的持续改进。

（12）增强了与环境管理体系标准等其他管理体系标准的相容性，从而为建立一体化的管理体系创造了有利条件。

第二节　八项质量管理原则

一、以顾客为关注焦点

组织（从事一定范围生产经营活动的企业）依存于其顾客。组织应理解顾客当前的和未来的需求，满足顾客要求并争取超越顾客的期望。

顾客是组织存在的基础，顾客的要求应放在组织的第一位。最终的顾客是使用产品的群体，对产品质量感受最深，其期望和需求对于组织意义重大。对潜在的顾客亦不容忽视，如果条件成熟，他们会成为组织一大批现实的顾客。

实施本原则时一般要采取的主要措施包括：全面了解顾客的需求和期望，确保顾客的需求和期望在整个组织中得到沟通，确保组织的各项目标；有计划地、系统地测量顾客满意程度并针对测量结果采取改进措施；在重点关注顾客的前提下，确保兼顾其他相关方的利益，使组织得到全面、持续的发展。

二、领导作用

强调领导作用的原则，是因为质量管理体系是最高管理者推动的，质量方针和目标是领导组织策划的，组织机构和职能分配是领导确定的，资源配置和管理是领导决定安排的，顾客和相关方要求是领导确认的，企业环境和技术进步、质量体系改进和提高是领导决策的。所以，领导者应将本组织的宗旨、方向和内部环境统一起来，并创造使员工能够充分参与实现组织目标的环境。

实施本原则时一般要采取的措施包括：全面考虑所有相关方的需求，做好发展规划，为组织勾画一个清晰的远景，设定富有挑战性的目标，并实施为达到目标所需的发展战略；在一定范围内给予员工自主权，激发、鼓励并承认员工的贡献，提倡公开和诚恳的交流和沟通，建立宽松、和谐的工作环境，创造并坚持一种共同的价值观，形成企业的精神和企业文化。

三、全员参与

各级人员都是组织之本，只有全员充分参加，才能使他们的才干为组织带来收益。产品质量是产品形成过程中全体人员共同努力的结果，其中也包含着为他们提供支持的管理、检查、行政人员的贡献。企业领导应对员工进行质量意识等各方面的教育，激发他们的积极性和责任感，为其能力、知识、经验的提高提供机会，发挥创造精神，鼓励持续改进，给予必要的物质和精神奖励，使全员积极参与，为达到让顾客满意的目标而奋斗。

实施本原则时一般要采取的措施包括：对员工进行职业道德的教育，教育员工要识别影响他们工作的制约条件；在本职工作中，让员工有一定的处方权，并承担解决问题的责任；把组织的总目标分解到职能部门和层次，激励员工为实现目标而努力，并评价员工的业绩；启发员工积极提高自身素质；在组织内部提倡自由地分享知识和经验，使先进的知识和经验成为共同的财富。

四、过程方法

将相关的资源和活动作为过程进行管理，可以更高效地得到期望的结果。任何使用资源生产活动和将输入转化为输出的一组相关联的活动都可视为过程。2000 版 ISO9000 标准是建立在过程控制的基础上。一般在过程的输入端、过程的不同位置及输出端都存在着可以进行测量、检查的机会和控制点，对这些控制点实行测量、检测和管理，便能控制过程的有效实施。

实施本原则时一般要采取的措施包括：识别质量管理体系所需要的过程；确定每个过程的关键活动，并明确其职责和义务；确定对过程的运行实施有效控制的准则和方法，实施对过程的监视和测量，并对其结果进行数据分析，发现改进的机会采取措施。

五、管理的系统方法

将相互关联的过程作为系统加以识别、理解和管理，有助于组织提高实现其目标的有效性和效率。不同企业应根据自己的特点，建立资源管理、过程实现、测量分析改进等方面的关联关系，并加以控制。即采用过程网络的方法建立质量管理体系，实施系统管理。

过程方法或 PDCA（P—策划，D—实施，C—检查，A—处置）模式适用于对每一个过程的管理，这是公认的现代管理方法。一般建立实施质量管理体系包括：

(1) 确定顾客期望；

(2) 建立质量目标和方针；

(3)《质量大纲要求》确定实现目标的过程和职责；

(4) 确定必须提供的资源；

(5) 规定测量过程有效性的方法；

(6) 实施测量确定过程的有效性；

(7) 确定防止不合格并清除产生原因的措施；

(8) 建立和应用持续改进质量管理体系的过程。

实施本原则时一般要采取的措施包括：建立一个以过程方法为主体的质量管理体系；明确质量管理过程的顺序和相互作用，使这些过程相互协调；控制并协调质量管理体系的各过程的运行，并规定其运行的方法和程序；通过对质量管理体系的测量和评审，采取措施以持续改进体系，提高组织的业绩。

六、持续改进

持续改进总体业绩是组织的一个永恒目标，其作用在于增强企业满足质量要求的能力，包括产品质量、过程及体系的有效性和效率。持续改进是增强和满足质量要求能力的循环活动，使企业的质量管理走上良性循环的轨道。

实施本原则时一般要采取的措施包括：使持续改进成为一种制度；对员工提供关于持续改

进的方法和工具的培训,使产品、过程和体系的持续改进成为组织内每个员工的目标;为跟踪持续改进规定指导和测量的目标,承认改进的结果。

七、基于事实的决策方法

有效的决策应建立在数据和信息分析的基础上,数据和信息分析是事实的高度提炼。以事实为依据作出决策,可防止决策失误。为此企业领导应重视数据信息的收集、汇总和分析,以便为决策提供依据。

实施本原则可增强通过实际来验证过去决策正确性的能力,可增强对各种意见和决策进行评审、质疑和更改的能力,发扬民主决策的作风,使决策更切合实际。

实施本原则时一般要采取的措施包括:收集与目标有关的数据和信息,并规定收集信息的种类渠道和职责;通过鉴别,确保数据和信息的准确性和可靠性;采取各种有效方法,对数据和信息进行分析,确保数据和信息能为使用者得到和利用;根据对事实的分析、过去的经验和直觉判断作出决策并采取行动。

八、与供方互利的关系

组织与供方是相互依存的,建立双方的互利关系可以增强双方创造价值的能力。供方提供的产品是企业提供产品的一个组成部分。处理好供方的关系,涉及企业能否持续稳定提供顾客满意产品的重要问题。因此,对供方不能只讲控制,不讲合作互利,特别是关键供方,更要建立互利关系,这对企业与供方双方都有利。

实施本原则时一般要采取的措施包括:识别并选择重要供方,考虑眼前和长远的利益;创造一个通畅和公开的沟通渠道,及时解决问题,联合改进活动;与重要供方共享专门技术、信息和资源;激发、鼓励和承认供方的改进及其成果。

第三节　质量管理体系基础

2000 版 GB/T19000 提出了质量管理体系的 12 条基础,是八项质量管理原则在质量管理体系中的具体应用。

一、质量管理体系的理论说明

质量管理体系能够帮助组织增强顾客满意度。

顾客要求产品具有满足其需求和期望的特性,这些需求和期望在产品规范中表述,并集中归结为顾客要求。顾客要求可以由顾客以合同方式规定或组织自己确定,在任一情况下,产品是否可接受最终由顾客确定。因为顾客的需求和期望是不断变化的,以及竞争的压力和技术的发展,这些都促使组织持续地改进产品和过程。

质量管理体系方法鼓励组织分析顾客要求,规定相关的过程,并使其持续受控,以实现顾客能接受的产品。质量管理体系能提供持续改进的框架,以增加顾客和其他相关方满意的机会。质量管理体系还就组织能够提供持续满足要求的产品,向组织及其顾客提供信任。

二、质量管理体系要求与产品要求

GB/T19000 族标准区分了质量管理体系要求与产品要求。

GB/T19001 规定了质量管理体系要求,质量管理体系要求是通用的,适用于所有行业或经济领域,不论其提供何种类别的产品。GB/T19001 本身并不规定产品要求。

产品要求可由顾客规定,或由组织通过预测顾客的要求规定,或由法规规定。在某些情况下,产品要求和有关过程的要求可包含在诸如技术规范、产品标准、过程标准、合同协议和法规要求中。

三、质量管理体系方法

建立和实施质量管理体系的方法包括以下步骤:

(1) 确定顾客和其他相关方的需求和期望;

(2) 建立组织的质量方针和质量目标;

(3) 确定实现质量目标必须的过程和职责;

(4) 确定和提供实现质量目标必须的资源;

(5) 规定测量每个过程的有效性和效率的方法;

(6) 应用这些测量方法确定每个过程的有效性和效率;

(7) 确定防止不合格并消除产生的原因的措施;

(8) 建立和应用持续改进质量管理体系的过程。

上述方法也适用于保持和改进现有的质量管理体系。

采用上述方法的组织能对其过程能力和产品质量树立信心,为持续改进提供基础,从而增进顾客和其他相关方满意度并使组织成功。

四、过程方法

任何使用资源将输入转化为输出的活动或一组活动可视为一个过程。

为使组织有效运行,必须识别和管理许多相互关联的相互作用的过程。通常,一个过程的输出将直接成为下一个过程的输入。系统地识别和管理组织所应用的过程,特别是这些过程之间的相互作用,称为"过程方法"。

本标准鼓励采用过程方法管理组织。

由 GB/T19000 族标准表述的,以过程为基础的质量管理体系如图 7-1 所示。该图表明相关方在向组织提供输入方面起重要作用。监视相关方满意程度需评价相关方感受的信息,这种信息可以表明其需求和期望以得到满足的程度。图 7-1 中的模式没有表明更详细的过程。

五、质量方针和质量目标

建立质量方针和质量目标为组织提供了关注的焦点。两者确定了预期的结果,并帮助组织利用其资源达到这些结果。质量方针为建立和评审质量目标提供了框架。质量目标需要与质量方针的持续改进的承诺相一致,其实现需要是可测量的。质量目标的实现对产品质量、运行有效性和财务业绩都有积极影响,因此对相关的满意和信任也产生积极影响。

六、全员参与

最高管理者通过其领导作用及各种措施可以创造一个员工充分参与的环境,质量管理体系能够在这种环境中有效运行。最高管理者可以运用质量管理原则作为发挥以下作用的基础:

(1) 制定并保持组织质量方针和质量目标;

(2) 通过增强员工的意识、积极性和参与程度,在整个组织内促进质量方针和质量目标的实现;

(3) 保证各组织关注顾客要求;

(4) 确保实施适宜的过程以满足顾客和其他相关方要求并实现质量目标;

(5) 确保建立、实施和保持一个有效的质量管理体系以实现这些质量目标;

(6) 确保获得必要资源;

(7) 定期评审质量管理体系;

(8) 决定有关质量方针和质量目标的措施。

七、文件

(一) 文件的价值

文件能够沟通意图、统一行动,其使用有助于:

(1) 满足顾客要求的质量改进;

(2) 提供适宜的培训;

(3) 重复性和可追溯性;

(4) 提供客观证据;

(5) 评价质量管理体系的有效性和持续适宜性。

文件的形成本身并不是目的,它应是一项增值的活动。

(二) 质量管理体系中使用的文件类型

在质量管理体系中使用下述几种类型的文件:

(1) 向组织内部和外部提供关于质量管理体系的一致信息的文件,这类文件称为质量手册;

(2) 表述质量管理体系如何应用于特定产品、项目或合同的文件,这类文件称为质量计划;

(3) 阐明要求的文件,这类文件称为规范;

(4) 阐明推荐的方法或建议的文件,这类文件称为指南;

(5) 提供如何一致地完成活动和过程的信息的文件,这类文件包括形成文件的程序、作业指导书和图样;

(6) 未完成的活动或达到的结果提供客观证据的文件,这类文件称为记录。

每个组织确定其所需文件的多少和详略程度及使用的媒体,这取决于下列因素,诸如组织的类型和规模、过程的复杂性和相互作用、产品的复杂性、顾客要求、适用的法规要求、经证实的人员能力以及满足质量管理体系要求所需正式的程度。

八、质量管理体系评价

（一）质量管理体系过程的评价

评价质量管理体系时,应对每一个被评价的过程提出如下四个基本问题:

(1) 过程是否已被识别并适当规定?

(2) 职责是否已被分配?

(3) 程序是否得到实施和保持?

(4) 在实施所要求的结果方面,过程是否有效?

综合上述问题的答案可以确定评价结果。质量管理体系评价,如质量管理体系审核和质量管理体系评审以及自我评定,在涉及的范围上可以有所不同,并可包括许多活动。

（二）质量管理体系的审核

审核用于确定符合质量管理体系要求的程度。审核发现用于评定质量管理体系的有效性识别与改进的机会。

第一方审核用于内部目的,由组织自己或以组织的名义进行,可作为组织声明自我合格的基础。

第二方审核由组织的顾客或由其他人以顾客的名义进行。

第三方审核由外部独立的组织进行。这类组织通常是经认可的,提供符合相关要求的认证或注册。

ISO19011 提供审核指南。

（三）质量管理体系评审

最高管理者的任务之一是就质量方针和质量目标,有规则地、系统地评价质量管理体系的适宜性、充分性、有效性和效率。这种评审可包括考虑修改质量方针和质量目标的需求以响应相关方需求和期望的变化。评审包括确定采取措施的需求。

审核报告与其他信息源一同用于质量管理体系的评审。

（四）自我评定

组织的自我评定是一种参照质量管理体系或优秀模式对组织的活动和结果所进行的全面和系统的评审。

自我评定可提供一种对组织业绩和质量管理体系成熟程度的总的看法。它还有助于识别组织中需要改进的领域并确定优先开展的事项。

九、持续改进

持续改进质量管理体系的目的在于增加顾客和其他相关方满意度的机会,改进包括下述活动:

(1) 分析和评价现状,以识别改进区域;

(2) 确定改进目标;

(3) 寻找可能解决办法,以实现这些目标;

(4) 评价这些解决办法并作出选择;

(5) 实施选定的解决办法;

（6）测量、验证、分析和评价实施的结果，确定这些目标已经实现；

（7）正式采纳更改。

必要时，对结果进行评审，以确定进一步改进的机会。从这种意义上说，改进是一种持续的活动。顾客和其他相关方的反馈以及质量管理体系的审核和评审均能用于识别改进的机会。

十、统计技术的作用

应用统计技术可帮助组织了解是否发生变异，从而有助于组织解决问题并提高有效性和效率。这些技术也有助于更好地利用可获得的数据进行决策。

在许多活动的状态和结果中，甚至是在明显的稳定条件下，均可观察到变异。这种变异可以通过产品和过程可测量的特性观察到，并且在产品的整个寿命周期（从市场调研到顾客服务和最终处置）的各个阶段，均可看到其存在。

统计技术有助于对这类变异进行测量、描述、分析、解释和建立模型，甚至在数据有限的情况下也可实现。这种数据的统计分析能有助于更好地理解变异的性质、程度和原因，从而有助于解决，甚至防止由变异引起的问题，并促进持续改进。GB/Z19027 给出了统计技术在质量管理体系中的指南。

十一、质量管理体系与其他管理体系的关注点

质量管理体系是组织的管理体系的一部分，它致力于使与质量目标有关的结果适当地满足相关方的需求、期望和要求。组织的质量目标与其他目标，如增长、资金、利润、环境及职业卫生与安全等目标相辅相成。一个组织的管理体系的各个部分，连同质量管理体系可以合成一个整体，从而形成使用共有要素的单一的管理体系。这将有利于策划、资源配置、确定互补的目标并评价组织的整体有效性。组织的管理体系可以对照其要求进行评价，也可以对照国家标准如 GB/T19001 和 GB/T24001—1996 的要求进行审核，这些审核可以分开进行，也可合并进行。

十二、质量管理体系与优秀模式之间的关系

GB/T19000 族标准和组织优秀模式提出的质量管理体系方法依据共同的原则。它们两者均：

（1）使组织能够识别它的强项和弱项；

（2）包含对照通用模式进行评价的规定；

（3）为持续改进提供基础；

（4）包含外部承认的规定。

GB/T19000 族质量管理体系与优秀模式之间的差别在于它们应用范围不同。GB/T19000 族标准提出了质量管理体系要求和业绩改进指南，质量管理体系评价可确定这些要求是否满足。优秀模式包括能够对组织业绩进行比较评价的准则，并能使用于组织的全部活动和所有相关方。优秀模式评定准则提供了一个组织与其他组织的业绩相比较的基础。

第四节 质量手册和质量认证

一、质量手册

GB/T19000 质量管理体系标准对质量体系文件的重要性做了专门的阐述,要求企业重视质量体系文件的编制和使用。编制和使用质量体系文件本身是一项具有动态管理要求的活动。因为质量体系的建立、健全要从编制完善体系文件开始,质量体系的运行、审核与改进都是依据文件的规定进行,质量管理实施的结果也要形成文件,作为证实产品质量符合规定要求及质量体系有效的证据。

(一)质量管理体系文件的构成

GB/T19000 质量管理体系对文件提出明确要求,企业应具有完整和科学的质量体系文件。质量管理体系文件一般由以下内容构成:形成文件的质量方针和质量目标;质量手册;质量管理标准所要求的各种生产、工作和管理的程序文件;质量管理标准所要求的质量记录。

以上各类文件的详略程度无统一规定,适于企业使用,使过程受控为准则。

1. 质量方针和质量目标

一般都以简明的文字来表述,是企业质量管理的方向目标,应反应用户及社会对工程质量的要求及企业相应的质量水平和服务承诺,也是企业质量经营理念的反映。

2. 质量手册

质量手册是规定企业组织建立质量管理体系的文件,质量手册是对企业质量体系做系统、完整和概要的描述。其内容一般包括:企业的质量方针、质量目标;组织机构及质量职责;体系要素或基本控制程序;质量手册的评审、修改和控制的管理办法。

质量手册为企业质量管理系统的纲领性文件,应具备指令性、系统性、协调性、先进性、可行性和可检查性。

3. 程序文件

质量体系程序文件是质量手册的支持性文件,是企业各职能部门为落实质量手册要求而规定的细则,企业为落实质量管理工作而建立的各项管理标准、规章制度都属程序文件范畴。各企业程序文件的内容及详略可视企业情况而定。一般以下六个方面的程序为通用性管理程序,各类企业都应在程序文件中制定下列程序:

(1)文件控制程序;

(2)质量记录管理程序;

(3)内部审核程序;

(4)不合格品控制程序

(5)纠正措施控制程序;

(6)预防措施控制程序。

除以上六个程序以外,涉及产品质量形成过程各环节控制的程序文件,如:生产过程、服务过程、管理过程、监督过程等管理程序,不作统一规定,可视企业质量控制的需要而制定。

为确保过程的有效运行和控制,在程序文件的指导下,尚可按管理需要编制相关文件,如作业指导书、具体工程的质量计划等。

4. 质量记录

质量纪录是产品质量水平和质量体系中各项质量活动进行及结果的客观反映。对质量体系程序文件所规定的运行过程及控制测量检查的内容如实记录,用以证明产品质量达到合同要求及质量保证的满足程度。如在控制体系中出现偏差,则质量记录不仅应反映偏差情况,而且应反映出针对不足之处所采取的纠正措施及纠正效果。

质量记录应完整地反映质量活动实施、验证和评审的情况,并记载关键活动的过程参数,具有可追溯性的特点。质量记录以规定的形式和程序进行,并有实施、验证、审核等签署意见。

（二）质量管理体系的建立和运行

质量管理体系的建立是企业按照八项质量管理原则,在确定市场及顾客需求的前提下,制定企业的质量方针、质量目标、质量手册、程序文件及质量记录等体系文件,确定企业在生产（或服务）全过程的作业内容、程序要求和工作标准,并将质量目标分解落实到相关层次、相关岗位的职能和职责中,形成企业质量管理体系执行系统的一系列工作。质量管理体系的建立还包含着组织不同层次的员工培训,使体系工作的执行要求为员工所了解,为形成全员参与的企业质量管理体系的运行创造条件。

质量管理体系的运行是在生产及服务的全过程质量管理文件体系制定的程序、标准、工作要求及目标分解的岗位职责上进行操作运行的。

在质量管理体系运行的过程中,按各类体系文件要求,监视、测量和分析过程的有效性和效率,做好文件规定的质量记录,持续收集、记录并分析过程的数据和信息,全面体现产品的质量和过程符合要求及可追溯的效果。

按文件规定的办法进行管理评审和考核:过程运行的评审考核工作,应针对发现的主要问题,采取必要的改进措施,使这些过程达到策划的结果,实现对过程的持续改进。

落实质量体系的内部审核程序,有组织有计划开展内部质量审核活动,其主要目的是:评价质量管理程序的执行情况及实用性;揭露过程中存在的问题,为质量改进提供依据;建立质量体系运行的信息;向外部审核单位提供体系有效的证据。

为确保系统内部审核的效果,企业领导应进行决策领导,制定审核政策、计划,组织内审人员队伍,落实内部审核,并对审核发现的问题采取纠正措施和提供人财物等方面的支持。

二、质量认证

（一）进行质量认证的意义

近年来随着现代工业的发展和国际贸易的进一步增长,质量认证制度得到了世界各国的普遍重视。通过一个公正的第三方认证机构对产品或质量管理体系作出正确、可信的评价,从而使他们对产品质量建立信心,这种作法对供需双方以及整个社会都有十分重要的意义。

1. 实施质量认证可以促进企业完善质量管理体系

企业要想获取第三方机构的质量管理体系认证,获取合格证书或按典型产品认证制度实施的产品认证,都需要对其质量管理体系进行检查和完善,以保证认证的有效性,并在实施认证时,对其质量管理体系实施检查和评定中发现的问题,均需及时地加以纠正,所有这些都会对企业完善质量管理体系起到积极的推动作用。

2. 可以提高企业的信誉和市场竞争能力

企业通过了质量管理体系认证机构的认证,获取合格证书和标志并通过注册加以公布,从而也就证明其具有生产满足顾客要求产品的能力大大提高了企业的信誉,增加了企业市场竞争能力。

3. 有利于保护供需双方的利益

实施质量认证,一方面对通过产品质量认证或质量管理体系认证的企业准予使用认证标志或予以注册公布,使顾客了解哪些企业的产品质量是有保证的,从而可以防止顾客误购不符合要求的产品,起到保护消费者利益的作用。并且由于实施第三方认证,对于缺少测试设备、缺少有经验的人员或远离供方的用户来说带来了许多方便,同时也降低了进行重复检验和检查的费用。另一方面如果供方建立了完善的质量管理体系,一旦发生质量争议,也可以把质量管理体系作为自我保护的措施,较好地解决质量问题。

4. 有利于国际市场的开拓,增加国际市场的竞争能力

认证制度已发展成为世界上许多国家的普遍做法,各国的质量认证机构都在设法通过签订双边或多边认证合作协议,取得彼此之间的相互认可,企业一旦获得国际上有权威的认证机构的产品质量认证或质量管理体系注册,便会得到各国的认可,并可享受一定的优惠待遇,如免检、减免税和优价等。

(二)质量认证的基本概念

质量认证是第三方依据程序对产品、过程或服务符合规定的要求给予书面保证(合格证书)。质量认证包括产品质量认证和质量管理体系认证两方面。

1. 产品质量认证

产品质量认证按认证性质划分可分为安全认证和合格认证。

(1)安全认证。对于关系国计民生的重大产品,有关人身安全、健康的产品,必须实施安全认证。此外,实行安全认证的产品,必须符合《标准化法》中有关强制性标准的要求。

(2)合格认证。凡实行合格认证的产品,必须符合《标准化法》规定的国家标准或行业标准要求。

2. 质量认证的表示方法

质量认证有两种表示方法,即认证证书和认证合格标志。

(1)认证证书(合格证书)。它是由认证机构颁发给企业的一种证明文件,它证明某项产品或服务符合特定标准或技术规范。

(2)认证标志(合格标志)。由认证机构设计并公布的一种专用标志,用以证明某项产品或服务符合特定标准或规范。经认证机构批准,使用在每台(件)合格出厂的认证产品上。认证标志是质量标志,通过标志可以向购买者传递正确可靠的质量信息,帮助购买者识别认证的商品与非认证的商品,指导购买者购买自己满意的产品。

认证标志常见的有方圆标志、3C标志、长城标志和PRC标志。

3. 质量管理体系认证

质量管理体系认证始于机电产品,由于产品类型由硬件拓宽到软件、流程性材料和服务领域,使得各行各业都可以按标准实施质量管理体系认证。

从目前的情况来看,除涉及安全和健康的领域产品认证必不可少之外,在其他领域内,质量管理体系认证的作用要比产品认证的作用大得多,并且质量管理体系认证具有以下特征:

（1）由具有第三方公正地位的认证机构进行客观的评价，作出结论，若通过则颁发认证证书。审核人员要具有独立性和公正性，以确保认证工作客观公正地进行。

（2）认证的依据是质量管理体系的要求标准，即 GB/T19001，而不能依据质量管理体系的业绩改进指南标准即 GB/T19004 来进行，更不能依据具体的产品质量标准。

（3）认证过程中的审核是围绕企业的质量管理体系要求的符合性和满足质量要求和目标方面的有效性来进行。

（4）认证的结论不是证明具体的产品是否符合相关的技术标准，而是质量管理体系是否符合 ISO 9001 即质量管理体系要求标准，是否具有按规范要求，保证产品质量的能力。

（5）认证合格标志，只能用于宣传，不能将其用于具体的产品上。

产品认证和质量管理体系认证的比较如表 7-1 所示。

表 7-1　产品认证和质量管理体系认证的比较

项目	产品认证	质量管理体系认证
对象	特定产品	企业的质量管理体系
获准认证条件	（1）产品质量符合指定标准要求 （2）质量管理体系符合 ISO9001 标准的要求	质量管理体系符合 ISO9001 标准的要求
证明方式	产品认证证书：认证标志	质量管理体系认证（注册）证书：认证标志
证明的使用	证书不能用于产品；标志可以用于获准认证的产品	证书和标记都不能在产品上使用
性质	自愿性；强制性	自愿性
两者的关系	获得产品认证资格的企业一般无需再申请质量管理体系认证（除非不断有新产品问世）	获得质量管理体系认证资格的企业可以再申请特定产品的认证，但免除对质量管理体系通用要求的检查

（三）质量管理体系认证的实施程序

1. 提出申请

申请单位向认证机构提出书面申请。

（1）申请单位填写申请书及附件。附件的内容是向认证机构提供关于申请认证质量管理体系的质量保证能力情况，一般应包括：一份质量手册的副本；申请认证质量管理体系所覆盖的产品名录、简介；申请方的基本情况等。

（2）认证申请的审查与批准

认证机构收到申请方的正式申请后，将对申请方的申请文件进行审查。审查的内容包括填报的各项内容是否完整正确，质量手册的内容是否覆盖了质量管理体系要求标准的内容等。经审查符合规定的申请条件，则决定接受申请，由认证机构向申请单位发出"接受申请通知书"，并通知申请方下一步与认证有关的工作安排，预交认证费用。若经审查不符合规定的要求，认证机构将及时与申请单位联系，要求申请单位作必要的补充或修改，符合规定后再发出"接受申请通知书"。

2. 认证机构进行审核

认证机构对申请单位的质量管理体系审核是质量管理体系认证的关键环节，其基本工作程序是：

（1）文件审核。文件审核的主要对象是申请书的附件，即申请单位的质量手册及其他说明申请单位质量管理体系的材料。

（2）现场审核。现场审查的主要目的是通过查证质量手册的实际执行情况，对申请单位质量管理体系运行的有效性作出评价，判定是否真正具备满足认证标准的能力。

（3）提出审核报告现场审核工作完成后，审核组要编写审核报告，审核报告是现场检查和评价结果的证明文件，并需经审核组全体成员签字，签字后报送审核机构。

3. 审批与注册发证认证机构对审核组提出的审核报告进行全面的审查

经审查若批准通过认证，则认证机构予以注册并颁发注册证书。若经审查，需要改进后方可批准通过认证，则由认证机构书面通知申请单位需要纠正的问题及完成修正的期限，到期再作必要的复查和评价，证明确实达到了规定的条件后，仍可批准认证并注册发证。经审查，若决定不予批准认证，则由认证机构书面通知申请单位，并说明不予通过的理由。

4. 获准认证后的监督管理认证机构对获准认证（有效期为 3 年）的供方质量管理体系实施监督管理

这些管理工作包括：供方通报、监督检查、认证注销、认证暂停、认证撤销、认证有效期的延长等。

5. 申诉申请方、受审核方、获证方或其他方

对认证机构的各项活动持有异议时，可向其认证或上级主管部门提出申诉或向人民法院起诉。认证机构或其认可机构应对申诉及时作出处理。

思考题

1. 什么是质量管理体系？
2. ISO9000 族核心标准的构成？
3. 八项质量管理原则及内容是什么？
4. 质量管理体系如何建立和运行？
5. 质量管理认证的实施程序。

附录一

中华人民共和国建筑法

（中华人民共和国主席令第 91 号）

第一章　总则

第一条　为了加强对建筑活动的监督管理，维护建筑市场秩序，保证建筑工程的质量和安全，促进建筑业健康发展，制定本法。

第二条　在中华人民共和国境内从事建筑活动，实施对建筑活动的监督管理，应当遵守本法。

本法所称建筑活动，是指各类房屋建筑及其附属设施的建造和与其配套的线路、管道、设备的安装活动。

第三条　建筑活动应当确保建筑工程质量和安全，符合国家的建筑工程安全标准。

第四条　国家扶持建筑业的发展，支持建筑科学技术研究，提高房屋建筑设计水平，鼓励节约能源和保护环境，提倡采用先进技术、先进设备、先进工艺、新型建筑材料和现代管理方式。

第五条　从事建筑活动应当遵守法律、法规，不得损害社会公共利益和他人的合法权益。

任何单位和个人都不得妨碍和阻挠依法进行的建筑活动。

第六条　国务院建设行政主管部门对全国的建筑活动实施统一监督管理。

第二章　建筑许可

第一节　建筑工程施工许可

第七条　建筑工程开工前，建设单位应当按照国家有关规定向工程所在地县级以上人民政府建设行政主管部门申请领取施工许可证；但是，国务院建设行政主管部门确定的限额以下的小型工程除外。

按照国务院规定的权限和程序批准开工报告的建筑工程，不再领取施工许可证。

第八条　申请领取施工许可证，应当具备下列条件：

（一）已经办理该建筑工程用地批准手续；

（二）在城市规划区的建筑工程，已经取得规划许可证；

（三）需要拆迁的，其拆迁进度符合施工要求；

（四）已经确定建筑施工企业；

（五）有满足施工需要的施工图纸及技术资料；

（六）有保证工程质量和安全的具体措施；

（七）建设资金已经落实；

（八）法律、行政法规规定的其他条件。

建设行政主管部门应当自收到申请之日起十五日内，对符合条件的申请颁发施工许可证。

第九条　建设单位应当自领取施工许可证之日起三个月内开工。因故不能按期开工的，应当向发证机关申请延期；延期以两次为限，每次不超过三个月。既不开工又不申请延期或者超过延期时限的，施工许可证自行废止。

第十条　在建的建筑工程因故中止施工的，建设单位应当自中止施工之日起一个月内，向发证机关报告，并按照规定做好建筑工程的维护管理工作。

建筑工程恢复施工时，应当向发证机关报告；中止施工满一年的工程恢复施工前，建设单位应当报发证机关核验施工许可证。

第十一条　　按照国务院有关规定批准开工报告的建筑工程,因故不能按期开工或者中止施工的,应当及时向批准机关报告情况。因故不能按期开工超过六个月的,应当重新办理开工报告的批准手续。

第二节　从业资格

第十二条　　从事建筑活动的建筑施工企业、勘察单位、设计单位和工程监理单位,应当具备下列条件:

(一) 有符合国家规定的注册资本;

(二) 有与其从事的建筑活动相适应的具有法定执业资格的专业技术人员;

(三) 有从事相关建筑活动所应有的技术装备;

(四) 法律、行政法规规定的其他条件。

第十三条　　从事建筑活动的建筑施工企业、勘察单位、设计单位和工程监理单位,按照其拥有的注册资本、专业技术人员、技术装备和已完成的建筑工程业绩等资质条件,划分为不同的资质等级,经资质审查合格,取得相应等级的资质证书后,方可在其资质等级许可的范围内从事建筑活动。

第十四条　　从事建筑活动的专业技术人员,应当依法取得相应的执业资格证书,并在执业资格证书许可的范围内从事建筑活动。

第三章　建筑工程发包与承包

第一节　一般规定

第十五条　　建筑工程的发包单位与承包单位应当依法订立书面合同,明确双方的权利和义务。

发包单位和承包单位应当全面履行合同约定的义务。不按照合同约定履行义务的,依法承担违约责任。

第十六条　　建筑工程发包与承包的招标投标活动,应当遵循公开、公正、平等竞争的原则,择优选择承包单位。

建筑工程的招标投标,本法没有规定的,适用有关招标投标法律的规定。

第十七条　　发包单位及其工作人员在建筑工程发包中不得收受贿赂、回扣或者索取其他好处。

承包单位及其工作人员不得利用向发包单位及其工作人员行贿、提供回扣或者给予其他好处等不正当手段承揽工程。

第十八条　　建筑工程造价应当按照国家有关规定,由发包单位与承包单位在合同中约定。公开招标发包的,其造价的约定,须遵守招标投标法律的规定。

发包单位应当按照合同的约定,及时拨付工程款项。

第二节　发包

第十九条　　建筑工程依法实行招标发包,对不适于招标发包的可以直接发包。

第二十条　　建筑工程实行公开招标的,发包单位应当依照法定程序和方式,发布招标公告,提供载有招标工程的主要技术要求、主要的合同条款、评标的标准和方法以及开标、评标、定标的程序等内容的招标文件。

开标应当在招标文件规定的时间、地点公开进行。开标后应当按照招标文件规定的评标标准和程序对标书进行评价、比较,在具备相应资质条件的投标者中,择优选定中标者。

第二十一条　　建筑工程招标的开标、评标、定标由建设单位依法组织实施,并接受有关行政主管部门的监督。

第二十二条　　建筑工程实行招标发包的,发包单位应当将建筑工程发包给依法中标的承包单位。建筑工程实行直接发包的,发包单位应当将建筑工程发包给具有相应资质条件的承包单位。

第二十三条　　政府及其所属部门不得滥用行政权力,限定发包单位将招标发包的建筑工程发包给指定的承包单位。

第二十四条　　提倡对建筑工程实行总承包,禁止将建筑工程肢解发包。

建筑工程的发包单位可以将建筑工程的勘察、设计、施工、设备采购一并发包给一个工程总承包单位,也可以将建筑工程勘察、设计、施工、设备采购的一项或者多项发包给一个工程总承包单位;但是,不得将应当由一个承包单位完成的建筑工程肢解成若干部分发包给几个承包单位。

第二十五条 按照合同约定,建筑材料、建筑构配件和设备由工程承包单位采购的,发包单位不得指定承包单位购入用于工程的建筑材料、建筑构配件和设备或者指定生产厂、供应商。

第三节 承包

第二十六条 承包建筑工程的单位应当持有依法取得的资质证书,并在其资质等级许可的业务范围内承揽工程。

禁止建筑施工企业超越本企业资质等级许可的业务范围或者以任何形式用其他建筑施工企业的名义承揽工程。禁止建筑施工企业以任何形式允许其他单位或者个人使用本企业的资质证书、营业执照,以本企业的名义承揽工程。

第二十七条 大型建筑工程或者结构复杂的建筑工程,可以由两个以上的承包单位联合共同承包。共同承包的各方对承包合同的履行承担连带责任。

两个以上不同资质等级的单位实行联合共同承包的,应当按照资质等级低的单位的业务许可范围承揽工程。

第二十八条 禁止承包单位将其承包的全部建筑工程转包给他人,禁止承包单位将其承包的全部建筑工程肢解以后以分包的名义分别转包给他人。

第二十九条 建筑工程总承包单位可以将承包工程中的部分工程发包给具有相应资质条件的分包单位;但是,除总承包合同中约定的分包外,必须经建设单位认可。施工总承包的,建筑工程主体结构的施工必须由总承包单位自行完成。

建筑工程总承包单位按照总承包合同的约定对建设单位负责;分包单位按照分包合同的约定对总承包单位负责。总承包单位和分包单位就分包工程对建设单位承担连带责任。

禁止总承包单位将工程分包给不具备相应资质条件的单位。禁止分包单位将其承包的工程再分包。

第四章 建筑工程监理

第三十条 国家推行建筑工程监理制度。

国务院可以规定实行强制监理的建筑工程的范围。

第三十一条 实行监理的建筑工程,由建设单位委托具有相应资质条件的工程监理单位监理。建设单位与其委托的工程监理单位应当订立书面委托监理合同。

第三十二条 建筑工程监理应当依照法律、行政法规及有关的技术标准、设计文件和建筑工程承包合同,对承包单位在施工质量、建设工期和建设资金使用等方面,代表建设单位实施监督。

工程监理人员认为工程施工不符合工程设计要求、施工技术标准和合同约定的,有权要求建筑施工企业改正。

工程监理人员发现工程设计不符合建筑工程质量标准或者合同约定的质量要求的,应当报告建设单位要求设计单位改正。

第三十三条 实施建筑工程监理前,建设单位应当将委托的工程监理单位、监理的内容及监理权限,书面通知被监理的建筑施工企业。

第三十四条 工程监理单位应当在其资质等级许可的监理范围内,承担工程监理业务。

工程监理单位应当根据建设单位的委托,客观、公正地执行监理任务。

工程监理单位与被监理工程的承包单位以及建筑材料、建筑构配件和设备供应单位不得有隶属关系或者其他利害关系。

工程监理单位不得转让工程监理业务。

第三十五条 工程监理单位不按照委托监理合同的约定履行监理义务,对应当监督检查的项目不检查或者不按照规定检查,给建设单位造成损失的,应当承担相应的赔偿责任。

工程监理单位与承包单位串通,为承包单位谋取非法利益,给建设单位造成损失的,应当与承包单位承担连带赔偿责任。

第五章　建筑安全生产管理

第三十六条　建筑工程安全生产管理必须坚持安全第一、预防为主的方针,建立健全安全生产的责任制度和群防群治制度。

第三十七条　建筑工程设计应当符合按照国家规定制定的建筑安全规程和技术规范,保证工程的安全性能。

第三十八条　建筑施工企业在编制施工组织设计时,应当根据建筑工程的特点制定相应的安全技术措施;对专业性较强的工程项目,应当编制专项安全施工组织设计,并采取安全技术措施。

第三十九条　建筑施工企业应当在施工现场采取维护安全、防范危险、预防火灾等措施;有条件的,应当对施工现场实行封闭管理。

施工现场对毗邻的建筑物、构筑物和特殊作业环境可能造成损害的,建筑施工企业应当采取安全防护措施。

第四十条　建设单位应当向建筑施工企业提供与施工现场相关的地下管线资料,建筑施工企业应当采取措施加以保护。

第四十一条　建筑施工企业应当遵守有关环境保护和安全生产的法律、法规的规定,采取控制和处理施工现场的各种粉尘、废气、废水、固体废物以及噪声、振动对环境的污染和危害的措施。

第四十二条　有下列情形之一的,建设单位应当按照国有关规定办理申请批准手续:

(一)需要临时占用规划批准范围以外场地的;

(二)可能损坏道路、管线、电力、邮电通讯等公共设施的;

(三)需要临时停水、停电、中断道路交通的;

(四)需要进行爆破作业的;

(五)法律、法规规定需要办理报批手续的其他情形。

第四十三条　建设行政主管部门负责建筑安全生产的管理,并依法接受劳动行政主管部门对建筑安全生产的指导和监督。

第四十四条　建筑施工企业必须依法加强对建筑安全生产的管理,执行安全生产责任制度,采取有效措施,防止伤亡和其他安全生产事故的发生。

建筑施工企业的法定代表人对本企业的安全生产负责。

第四十五条　施工现场安全由建筑施工企业负责。实行施工总承包的,由总承包单位负责。分包单位向总承包单位负责,服从总承包单位对施工现场的安全生产管理。

第四十六条　建筑施工企业应当建立健全劳动安全生产教育培训制度,加强对职工安全生产的教育培训;未经安全生产教育培训的人员,不得上岗作业。

第四十七条　建筑施工企业和作业人员在施工过程中,应当遵守有关安全生产的法律、法规和建筑行业安全规章、规程,不得违章指挥或者违章作业。作业人员有权对影响人身健康的作业程序和作业条件提出改进意见,有权获得安全生产所需的防护用品。作业人员对危及生命安全和人身健康的行为有权提出批评、检举和控告。

第四十八条　建筑施工企业必须为从事危险作业的职工办理意外伤害保险,支付保险费。

第四十九条　涉及建筑主体和承重结构变动的装修工程,建设单位应当在施工前委托原设计单位或者具有相应资质条件的设计单位提出设计方案;没有设计方案的,不得施工。

第五十条　房屋拆除应当由具备保证安全条件的建筑施工单位承担,由建筑施工单位负责人对安全负责。

第五十一条　施工中发生事故时,建筑施工企业应当采取紧急措施减少人员伤亡和事故损失,并按照国家有关规定及时向有关部门报告。

第六章　建筑工程质量管理

第五十二条　建筑工程勘察、设计、施工的质量必须符合国家有关建筑工程安全标准的要求,具体管理办法由国务院规定。

有关建筑工程安全的国家标准不能适应确保建筑体安全的要求时,应当及时修订。

第五十三条 国家对从事建筑活动的单位推行质量体系认证制度。从事建筑活动的单位根据自愿原则可以向国务院产品质量监督管理部门或者国务院产品质量监督管理部门授权的部门认可的认证机构申请质量体系认证。经认证合格的,由认证机构颁发质量体系认证证书。

第五十四条 建设单位不得以任何理由,要求建筑设计位或者建筑施工企业在工程设计或者施工作业中,违反法律、行政法规和建筑工程质量、安全标准,降低工程质量。

建筑设计单位和建筑施工企业对建设单位违反前款规定提出的降低工程质量的要求,应当予以拒绝。

第五十五条 建筑工程实行总承包的,工程质量由工程总承包单位负责,总承包单位将建筑工程分包给其他单位的,应当对分包工程的质量与分包单位承担连带责任。分包单位应当接受总承包单位的质量管理。

第五十六条 建筑工程的勘察、设计单位必须对其勘察、设计的质量负责。勘察、设计文件应当符合有关法律、行政法规的规定和建筑工程质量、安全标准、建筑工程勘察、设计技术规范以及合同的约定。设计文件选用的建筑材料、建筑构配件和设备,应当注明其规格、型号、性能等技术指标,其质量要求必须符合国家规定的标准。

第五十七条 建筑设计单位对设计文件选用的建筑材料。建筑构配件和设备,不得指定生产厂、供应商。

第五十八条 建筑施工企业对工程的施工质量负责。

建筑施工企业必须按照工程设计图纸和施工技术标准施工,不得偷工减料。工程设计的修改由原设计单位负责,建筑施工企业不得擅自修改工程设计。

第五十九条 建筑施工企业必须按照工程设计要求、施工技术标准和合同的约定,对建筑材料、建筑构配件和设备进行检验,不合格的不得使用。

第六十条 建筑物在合理使用寿命内,必须确保地基基础工程和主体结构的质量。

建筑工程竣工时,屋顶、墙面不得留有渗漏、开裂等质量缺陷;对已发现的质量缺陷,建筑施工企业应当修复。

第六十一条 交付竣工验收的建筑工程,必须符合规定的建筑工程质量标准,有完整的工程技术经济资料和经签署的工程保修书,并具备国家规定的其他竣工条件。

建筑工程竣工经验收合格后,方可交付使用;未经验收或者验收不合格的,不得交付使用。

第六十二条 建筑工程实行质量保修制度。

建筑工程的保修范围应当包括地基基础工程、主体结构工程、屋面防水工程和其他土建工程,以及电气管线、上下水管线的安装工程,供热、供冷系统工程等项目;保修的期限应当按照保证建筑物合理寿命年限内正常使用,维护使用者合法权益的原则确定。具体的保修范围和最低保修期限由国务院规定。

第六十三条 任何单位和个人对建筑工程的质量事故、质量缺陷都有权向建设行政主管部门或者其他有关部门进行检举、控告、投诉。

第七章 法律责任

第六十四条 违反本法规定,未取得施工许可证或者开工报告未经批准擅自施工的,责令改正,对不符合开工条件的责令停止施工,可以处以罚款。

第六十五条 发包单位将工程发包给不具有相应资质条件的承包单位的,或者违反本法规定将建筑工程肢解发包的,责令改正,处以罚款。

超越本单位资质等级承揽工程的,责令停止违法行为,处以罚款,可以责令停业整顿,降低资质等级;情节严重的,吊销资质证书;有违法所得的,予以没收。

未取得资质证书承揽工程的,予以取缔,并处罚款;有违法所得的,予以没收。

以欺骗手段取得资质证书的,吊销资质证书,处以罚款;构成犯罪的,依法追究刑事责任。

第六十六条 建筑施工企业转让、出借资质证书或者以其他方式允许他人以本企业的名义承揽工程的,责令改正,没收违法所得,并处罚款,可以责令停业整顿,降低资质等级;情节严重的,吊销资质证书。对因该项承揽工程不符合规定的质量标准造成的损失,建筑施工企业与使用本企业名义的单位或者个人承担连带赔偿责任。

第六十七条　承包单位将承包的工程转包的,或者违反本法规定进行分包的,责令改正,没收违法所得,并处罚款,可以责令停业整顿,降低资质等级;情节严重的,吊销资质证书。

承包单位有前款规定的违法行为的,对因承包工程或者违法分包的工程不符合规定的质量标准造成的损失,与接受转包或者分包的单位承担连带赔偿责任。

第六十八条　在工程发包与承包中索贿、受贿、行贿,构成犯罪的,依法追究刑事责任;不构成犯罪的,分别处以罚款。没收贿赂的财物,对直接负责的主管人员和其他直接责任人员给予处分。

对在工程承包中行贿的承包单位,除依照前款规定处罚外,可以责令停业整顿,降低资质等级或者吊销资质证书。

第六十九条　工程监理单位与建设单位或者建筑施工企业串通,弄虚作假、降低工程质量的,责令改正,处以罚款,降低资质等级或者吊销资质证书;有违法所得的,予以没收;造成损失的,承担连带赔偿责任;构成犯罪的,依法追究刑事责任。

工程监理单位转让监理业务的,责令改正,没收违法所得,可以责令停业整顿,降低资质等级;情节严重的,吊销资质证书。

第七十条　违反本法规定,涉及建筑主体或者承重结构变动的装修工程擅自施工的,责令改正,处以罚款;造成损失的,承担赔偿责任;构成犯罪的,依法追究刑事责任。

第七十一条　建筑施工企业违反本法规定,对建筑安全事故隐患不采取措施予以消除的,责令改正,可以处以罚款;情节严重的,责令停业整顿,降低资质等级或者吊销资质证书;构成犯罪的,依法追究刑事责任。

建筑施工企业的管理人员违章指挥、强令职工冒险作业,因而发生重大伤亡事故或者造成其他严重后果的,依法追究刑事责任。

第七十二条　建设单位违反本法规定,要求建筑设计单位或者建筑施工企业违反建筑工程质量、安全标准,降低工程质量的,责令改正,可以处以罚款;构成犯罪的,依法追究刑事责任。

第七十三条　建筑设计单位不按照建筑工程质量、安全标准进行设计的,责令改正,处以罚款;造成工程质量事故的,责令停业整顿,降低资质等级或者吊销资质证书,没收违法所得,并处罚款;造成损失的,承担赔偿责任;构成犯罪的,依法追究刑事责任。

第七十四条　建筑施工企业在施工中偷工减料的,使用不合格的建筑材料、建筑构配件和设备的,或者有其他不按照工程设计图纸或者施工技术标准施工的行为的,责令改正,处以罚款;情节严重的,责令停业整顿,降低资质等级或者吊销资质证书;造成建筑工程质量不符合规定的质量标准的,负责返工、修理,并赔偿因此造成的损失;构成犯罪的,依法追究刑事责任。

第七十五条　建筑施工企业违反本法规定,不履行保修义务或者拖延履行保修义务的,责令改正,可以处以罚款,并对在保修期内因屋顶、墙面渗漏、开裂等质量缺陷造成的损失,承担赔偿责任。

第七十六条　本法规定的责令停业整顿、降低资质等级和吊销资质证书的行政处罚,由颁发资质证书的机关决定;其他行政处罚,由建设行政主管部门或者有关部门依照法律和国务院规定的职权范围决定。

依照本法规定被吊销资质证书的,由工商行政管理部门吊销其营业执照。

第七十七条　违反本法规定,对不具备相应资质等级条件的单位颁发该等级资质证书的,由其上级机关责令收回所发的资质证书,对直接负责的主管人员和其他直接负责人员给予行政处分;构成犯罪的,依法追究刑事责任。

第七十八条　政府及其所属部门的工作人员违反本法规定,限定发包单位将招标发包给指定的承包单位的,由上级机关责令改正;构成犯罪的,依法追究刑事责任。

第七十九条　负责颁发建筑工程许可证的部门及其工作人员对不符合施工条件的建筑工程颁发施工许可证的,负责工程质量监督检查或者竣工验收的部门及其工作人员对不合格的建筑工程出具质量合格文件或者按合格工程验收的,由上级机关责令改正,对责任人员给予行政处分;构成犯罪的,依法追究刑事责任;造成损失的,由该部门承担相应的赔偿责任。

第八十条 在建筑物的合理使用寿命内,因建筑工程质量不合格受到损害的,有权向责任者要求赔偿。

第八章 附则

第八十一条 本法关于施工许可、建筑施工企业资质审查和建筑工程发包、承包、禁止转包,以及建筑工程监理、建筑工程安全和质量管理的规定,适用于其他专业建筑工程的建筑活动,具体办法由国务院规定。

第八十二条 建设行政主管部门和其他有关部门在对建筑活动实施监督管理中,除按照国务院有关规定收取费用外,不得收取其他费用。

第八十三条 省、自治区、直辖市人民政府确定的小型房屋建筑工程的建筑活动,参照本法执行。

依法核定作为文物保护的纪念建筑物和古建筑等的修缮,依照文物保护的有关法律规定执行。

抢险救灾及其他临时性房屋建筑和农民自建低层住宅的建筑活动,不适用本法。

第八十四条 军用房屋建筑工程建筑活动的具体管理办法,由国务院、中央军事委员会依据本法制定。

第八十五条 本法自 1998 年 3 月 1 日起施行。

附录二

建设工程质量管理条例

（中华人民共和国国务院令第 279 号）

第一章　总　则

第一条　为了加强对建设工程质量的管理，保证建设工程质量，保护人民生命和财产安全，根据《中华人民共和国建筑法》，制定本条例。

第二条　凡在中华人民共和国境内从事建设工程的新建、扩建、改建等有关活动及实施对建设工程质量监督管理的，必须遵守本条例。

本条例所称建设工程，是指土木工程、建筑工程、线路管道和设备安装工程及装修工程。

第三条　建设单位、勘察单位、设计单位、施工单位、工程监理单位依法对建设工程质量负责。

第四条　县级以上人民政府建设行政主管部门和其他有关部门应当加强对建设工程质量的监督管理。

第五条　从事建设工程活动，必须严格执行基本建设程序，坚持先勘察、后设计、再施工的原则。

县级以上人民政府及其有关部门不得超越权限审批建设项目或者擅自简化基本建设程序。

第六条　国家鼓励采用先进的科学技术和管理方法，提高建设工程质量。

第二章　建设单位的质量责任利义务

第七条　建设单位应当将工程发包给具有相应资质等级的单位。建设单位不得将建设工程肢解发包。

第八条　建设单位应当依法对工程建设项目的勘察、设计、施工、监理以及与工程建设有关的重要设备、材料等的采购进行招标。

第九条　建设单位必须向有关的勘察、设计、施工、工程监理等单位提供与建设工程有关的原始资料。

原始资料必须真实、准确、齐全。

第十条　建设工程发包单位，不得迫使承包方以低于成本的价格竞标，不得任意压缩合理工期。

建设单位不得明示或者暗示设计单位或者施工单位违反工程建设强制性标准，降低建设工程质量。

第十一条　建设单位应当将施工图设计文件报县级以上人民政府建设行政主管部门或者其他有关部门审查。施工图设计文件审查的具体办法，由国务院建设行政主管部门会同国务院其他有关部门制定。

施工图设计文件未经审查批准的，不得使用。

第十二条　实行监理的建设工程，建设单位应当委托具有相应资质等级的工程监理单位进行监理，也可以委托具有工程监理相应资质等级并与被监理工程的施工承包单位没有隶属关系或者其他利害关系的该工程的设计单位进行监理。

下列建设工程必须实行监理：

（一）国家重点建设工程；

（二）大中型公用事业工程；

（三）成片开发建设的住宅小区工程；

（四）利用外国政府或者国际组织贷款、援助资金的工程；

（五）国家规定必须实行监理的其他工程。

第十三条　建设单位在领取施工许可证或者开工报告前，应当按照国家有关规定办理工程质量监督手续。

第十四条 按照合同约定,由建设单位采购建筑材料、建筑构配件和设备的,建设单位应当保证建筑材料、建筑构配件和设备符合设计文件和合同要求。

建设单位不得明示或者暗示施工单位使用不合格的建筑材料、建筑构配件和设备。

第十五条 涉及建筑主体和承重结构变动的装修工程,建设单位应当在施工前委托原设计单位或者具有相应资质等级的设计单位提出设计方案;没有设计方案的,不得施工。

房屋建筑使用者在装修过程中,不得擅自变动房屋建筑主体和承重结构。

第十六条 建设单位收到建设工程竣工报告后,应当组织设计、施工、工程监理等有关单位进行竣工验收。

建设工程竣工验收应当具备下列条件:

(一)完成建设工程设计和合同约定的各项内容;

(二)有完整的技术档案和施工管理资料;

(三)有工程使用的主要建筑材料、建筑构配件和设备的进场试验报告;

(四)有勘察、设计、施工、工程监理等单位分别签署的质量合格文件;

(五)有施工单位签署的工程保修书。

建设工程经验收合格的,方可交付使用。

第十七条 建设单位应当严格按照国家有关档案管理的规定,及时收集、整理建设项目各环节的文件资料,建立、健全建设项目档案,并在建设工程竣工验收后,及时向建设行政主管部门或者其他有关部门移交建设项目档案。

第三章 勘察、设计单位的质量责任和义务

第十八条 从事建设工程勘察、设计的单位应当依法取得相应等级的资质证书,并在其资质等级许可的范围内承揽工程。

禁止勘察、设计单位超越其资质等级许可的范围或者以其他勘察、设计单位的名义承揽工程。禁止勘察、设计单位允许其他单位或者个人以本单位的名义承揽工程。

勘察、设计单位不得转包或者违法分包所承揽的工程。

第十九条 勘察、设计单位必须按照工程建设强制性标准进行勘察、设计,并对其勘察、设计的质量负责。注册建筑师、注册结构工程师等注册执业人员应当在设计文件上签字,对设计文件负责。

第二十条 勘察单位提供的地质、测量、水文等勘察成果必须真实、准确。

第二十一条 设计单位应当根据勘察成果文件进行建设工程设计。

设计文件应当符合国家规定的设计深度要求,注明工程合理使用年限。

第二十二条 设计单位在设计文件中选用的建筑材料、建筑构配件和设备,应当注明规格、型号、性能等技术指标,其质量要求必须符合国家规定的标准。

除有特殊要求的建筑材料、专用设备、工艺生产线等外,设计单位不得指定生产厂、供应商。

第二十三条 设计单位应当就审查合格的施工图设计文件向施工单位作出详细说明。

第二十四条 设计单位应当参与建设工程质量事故分析,并对因设计造成的质量事故,提出相应的技术处理方案。

第四章 施工单位的质量责任和义务

第二十五条 施工单位应当依法取得相应等级的资质证书,并在其资质等级许可的范围内承揽工程。

禁止施工单位超越本单位资质等级许可的业务范围或者以其他施工单位的名义承揽工程。禁止施工单位允许其他单位或者个人以本单位的名义承揽工程。

施工单位不得转包或者违法分包工程。

第二十六条 施工单位对建设工程的施工质量负责。

施工单位应当建立质量责任制,确定工程项目的项目经理、技术负责人和施工管理负责人。

建设工程实行总承包的,总承包单位应当对全部建设工程质量负责;建设工程勘察设计、施工、设备采购

的一项或者多项实行总承包的,总承包单位应当对其承包的建设工程或者采购的设备的质量负责。

第二十七条 总承包单位依法将建设工程分包给其他单位的,分包单位应当按照分包合同的约定对其分包工程的质量向总承包单位负责,总承包单位与分包单位对分包工程的质量承担连带责任。

第二十八条 施工单位必须按照工程设计图纸和施工技术标准施工,不得擅自修改工程设计,不得偷工减料。

施工单位在施工过程中发现设计文件和图纸有差错的,应当及时提出意见和建议。

第二十九条 施工单位必须按照工程设计要求、施工技术标准和合同约定,对建筑材料、建筑构配件、设备和商品混凝土进行检验,检验应当有书面记录和专人签字;未经检验或者检验不合格的,不得使用。

第三十条 施工单位必须建立、健全施工质量的检验制度,严格工序管理,作好隐蔽工程的质量检查和记录。隐蔽工程在隐蔽前,施工单位应当通知建设单位和建设工程质量监督机构。

第三十一条 施工人员对涉及结构安全的试块、试件以及有关材料,应当在建设单位或者工程监理单位监督下现场取样,并这具有相应资质等级的质量检测单位进行检测。

第三十二条 施工单位对施工中出现质量问题的建设工程或者竣工验收不合格的建设工程,应当负责返修。

第三十三条 施工单位应当建立、健全教育培训制度,加强对职工的教育培训;未经教育培训或者考核不合格的人员,不得上岗作业。

第五章 工程监理单位的质量责任和义务

第三十四条 工程监理单位应当依法取得相应等级的资质证书,并在其资质等级许可的范围内承担工程监理业务。

禁止工程监理单位超越本单位资质等级许可的范围或者以其他工程监理单位的名义承担工程监理业务。禁止工程监理单位允许其他单位或者个人以本单位的名义承担工程监理业务。

工程监理单位不得转让工程监理业务。

第三十五条 工程监理单位与被监理工程的施工承包单位以及建筑材料、建筑构配件和设备供应单位有隶属关系或者其他利害关系的,不得承担该项建设工程的监理业务。

第三十六条 工程监理单位应当依照法律、法规以及有关技术标准、设计文件和建设工程承包合同,代表建设单位对施工质量实施监理,并对施工质量承担监理责任。

第三十七条 工程监理单位应当选派具备相应资格的总监理工程师和监理工程师进驻施工现场。

未经监理工程师签字,建筑材料、建筑构配件和设备不得在工程上使用或者安装,施工单位不得进行下一道工序的施工。未经总监理工程师签字,建设单位不拨付工程款,不进行竣工验收。

第三十八条 监理工程师应当按照工程监理规范的要求,采取旁站、巡视和平行检验等形式,对建设工程实施监理。

第六章 建设工程质量保修

第三十九条 建设工程实行质量保修制度。

建设工程承包单位在向建设单位提交工程竣工验收报告时,应当向建设单位出具质量保修书。质量保修书中应当明确建设工程的保修范围、保修期限和保修责任等。

第四十条 在正常使用条件下,建设工程的最低保修期限为:

(一)基础设施工程、房屋建筑的地基基础工程和主体结构工程,为设计文件规定的该工程的合理使用年限;

(二)屋面防水工程、有防水要求的卫生间、房间和外墙面的防渗漏,为5年;

(三)供热与供冷系统,为2个采暖期、供冷期;

(四)电气管线、给排水管道、设备安装和装修工程,为2年。

其他项目的保修期限由发包方与承包方约定。建设工程的保修期,自竣工验收合格之日起计算。

第四十一条 建设工程在保修范围和保修期限内发生质量问题的,施工单位应当履行保修义务,并对造成的损失承担赔偿责任。

第四十二条 建设工程在超过合理使用年限后需要继续使用的,产权所有人应当委托具有相应资质等级的勘察、设计单位鉴定,并根据鉴定结果采取加固、维修等措施,重新界定使用期。

第七章 监督管理

第四十三条 国家实行建设工程质量监督管理制度。

国务院建设行政主管部门对全国的建设工程质量实施统一监督管理。国务院铁路、交通、水利等有关部门按照国务院规定的职责分工,负责对全国的有关专业建设工程质量的监督管理。

县级以上地方人民政府建设行政主管部门对本行政区域内的建设工程质量实施监督管理。县级以上地方人民政府交通、水利等有关部门在各自的职责范围内,负责对本行政区域内的专业建设工程质量的监督管理。

第四十四条 国务院建设行政主管部门和国务院铁路、交通、水利等有关部门应当加强对有关建设工程质量的法律、法规和强制性标准执行情况的监督检查。

第四十五条 国务院发展计划部门按照国务院规定的职责,组织稽察特派员,对国家出资的重大建设项目实施监督检查。

国务院经济贸易主管部门按照国务院规定的职责,对回家重大技术改造项目实施监督检查。

第四十六条 建设工程质量监督管理,可以由建设行政主管部门或者其他有关部门委托的建设工程质量监督机构具体实施。从事房屋建筑工程和市政基础设施工程质量监督的机构,必须按照国家有关规定经国务院建设行政主管部门或者省、自治区、直辖市人民政府建设行政主管部门考核;从事专业建设工程质量监督的机构,必须按照国家有关规定经国务院有关部门或者省、自治区、直辖市人民政府有关部门考核。经考核合格后,方可实施质量监督。

第四十七条 县级以上地方人民政府建设行政主管部门和其他有关部门应当加强对有关建设工程质量的法律、法规和强制性标准执行情况的监督检查。

第四十八条 县级以上人民政府建设行政主管部门和其他有关部门履行监督检查职责时,有权采取下列措施:

(一)要求被检查的单位提供有关工程质量的文件和资料;

(二)进入被检查单位的施工现场进行检查;

(三)发现有影响工程质量的问题时,责令改正。

第四十九条 建设单位应当自建设工程竣工验收合格之日起 15 日内,将建设工程竣工验收报告和规划、公安消防、环保等部门出具的认可文件或者准许使用文件报建设行政主管部门或者其他有关部门备案。

建设行政主管部门或者其他有关部门发现建设单位在竣工验收过程中有违反国家有关建设工程质量管理规定行为的,责令停止使用,重新组织竣工验收。

第五十条 有关单位和个人对县级以上人民政府建设行政主管部门和其他有关部门进行的监督检查应当支持与配合,不得拒绝或者阻碍建设工程质量监督检查人员依法执行职务。

第五十一条 供水、供电、供气、公安消防等部门或者单位不得明示或者暗示建设单位、施工单位购买其指定的生产供应单位的建筑材料、建筑构配件和设备。

第五十二条 建设工程发生质量事故,有关单位应当在 24 小时内向当地建设行政主管部门和其他有关部门报告。对重大质量事故,事故发生地的建设行政主管部门和其他有关部门应当按照事故类别和等级向当地人民政府和上级建设行政主管部门和其他有关部门报告。

特别重大质量事故的调查程序按照国务院有关规定办理。

第五十三条 任何单位和个人对建设工程的质量事故、质量缺陷都有权检举、控告、投诉。

第八章 罚则

第五十四条 违反本条例规定,建设单位将建设工程发包给不具有相应资质等级的勘察、设计、施工单位或者委托给不具有相应资质等级的工程监理单位的,责令改正,处 50 万元以上 100 万元以下的罚款。

第五十五条　违反本条例规定,建设单位将建设工程肢解发包的,责令改正,处工程合同价款 0.5% 以上 1% 以下的罚款;对全部或者部分使用国有资金的项目,并可以暂停项目执行或者暂停资金拨付。

第五十六条　违反本条例规定,建设单位有下列行为之一的,责令改正,处 20 万元以上 50 万元以下的罚款:

(一) 迫使承包方以低于成本的价格竞标的;

(二) 任意压缩合理工期的;

(三) 明示或者暗示设计单位或者施工单位违反工程建设强制性标准,降低工程质量的;

(四) 施工图设计文件未经审查或者审查不合格,擅自施工的;

(五) 建设项目必须实行工程监理而未实行工程监理的;

(六) 未按照国家规定办理工程质量监督手续的;

(七) 明示或者暗示施工单位使用不合格的建筑材料、建筑构配件和设备的;

(八) 未按照国家规定将竣工验收报告、有关认可文件或者准许使用文件报送备案的。

第五十七条　违反本条例规定,建设单位未取得施工许可证或者开工报告未经批准,擅自施工的,责令停止施工,限期改正,处工程合同价款 1% 以上 2% 以下的罚款。

第五十八条　违反本条例规定,建设单位有下列行为之一的,责令改正,处工程合同价款 2% 以上 4% 以下的罚款;造成损失的,依法承担赔偿责任:

(一) 未组织竣工验收,擅自交付使用的;

(二) 验收不合格,擅自交付使用的;

(三) 对不合格的建设工程按照合格工程验收的。

第五十九条　违反本条例规定,建设工程竣工验收后,建设单位未向建设行政主管部门或者其他有关部门移交建设项目档案的,责令改正,处 1 万元以上 10 万元以下的罚款。

第六十条　违反本条例规定,勘察、设计、施工、工程监理单位超越本单位资质等级承揽工程的,责令停止违法行为,对勘察、设计单位或者工程监理单位处合同约定的勘察费、设计费或者监理酬金 1 倍以上 2 倍以下的罚款;对施工单位处工程合同价款 2% 以上 4% 以下的罚款,可以责令停业整顿,降低资质等级;情节严重的,吊销资质证书;有违法所得的,予以没收。

未取得资质证书承揽工程的,予以取缔,依照前款规定处以罚款;有违法所得的,予以没收。

以欺骗手段取得资质证书承揽工程的,吊销资质证书,依照本条第一款规定处以罚款;有违法所得的,予以没收。

第六十一条　违反本条例规定,勘察、设计、施工、工程监理单位允许其他单位或者个人以本单位名义承揽工程的,责令改正,没收违法所得,对勘察、设计单位和工程监理单位处合同约定的勘察费、设计费和监理酬金 1 倍以上 2 倍以下的罚款;对施工单位处工程合同价款 2% 以上 4% 以下的罚款;可以责令停业整顿,降低资质等级;情节严重的,吊销资质证书。

第六十二条　违反本条例规定,承包单位将承包的工程转包或者违法分包的,责令改正,没收违法所得,对勘察、设计单位处合同约定的勘察费、设计费 25% 以上 50% 以下的罚款;对施工单位处工程合同价款 0.5% 以上 1% 以下的罚款;可以责令停业整顿,降低资质等级;情节严重的,吊销资质证书。

工程监理单位转让工程监理业务的,责令改正,没收违法所得,处合同约定的监理酬金 25% 以上 50% 以下的罚款;可以责令停业整顿,降低资质等级;情节严重的,吊销资质证书。

第六十三条　违反本条例规定,有下列行为之一的,责令改正,处 10 万元以上 30 万元以下的罚款:

(一) 勘察单位未按照工程建设强制性标准进行勘察的;

(二) 设计单位未根据勘察成果文件进行工程设计的;

(三) 设计单位指定建筑材料、建筑构配件的生产厂、供应商的;

(四) 设计单位未按照工程建设强制性标准进行设计的。

有前款所列行为,造成工程质量事故的,责令停业整顿,降低资质等级;情节严重的,吊销资质证书;造成损失的,依法承担赔偿责任。

第六十四条　违反本条例规定,施工单位在施工中偷工减料的,使用不合格的建筑材料、建筑构配件和设备的,或者有不按照工程设计图纸或者施工技术标准施工的其他行为的,责令改正,处工程合同价款2%以上4%以下的罚款;造成建设工程质量不符合规定的质量标准的,负责返工、修理,并赔偿因此造成的损失;情节严重的,责令停业整顿,降低资质等级或者吊销资质证书。

第六十五条　违反本条例规定,施工单位未对建筑材料、建筑构配件、设备和商品混凝土进行检验,或者未对涉及结构安全的试块、试件以及有关材料取样检测的,责令改正,处10万元以上20万元以下的罚款;情节严重的,责令停业整顿,降低资质等级或者吊销资质证书;造成损失的,依法承担赔偿责任。

第六十六条　违反本条例规定,施工单位不履行保修义务或者拖延履行保修义务的,责令改正,处10万元以上20万元以下的罚款,并对在保修期内因质量缺陷造成的损失承担赔偿责任。

第六十七条　工程监理单位有下列行为之一的,责令改正,处50万元以上100万元以下的罚款,降低资质等级或者吊销资质证书;有违法所得的,予以没收;造成损失的,承担连带赔偿责任:

(一)与建设单位或者施工单位串通,弄虚作假、降低工程质量的;

(二)将不合格的建设工程、建筑材料、建筑构配件和设备按照合格签字的。

第六十八条　违反本条例规定,工程监理单位与被监理工程的施工承包单位以及建筑材料、建筑构配件和设备供应单位有隶属关系或者其他利害关系承担该项建设工程的监理业务的,责令改正,处5万元以上10万元以下的罚款,降低资质等级或者吊销资质证书;有违法所得的,予以没收。

第六十九条　违反本条例规定,涉及建筑主体或者承重结构变动的装修工程,没有设计方案擅自施工的,责令改正,处50万元以上100万元以下的罚款;房屋建筑使用者在装修过程中擅自变动房屋建筑主体和承重结构的,责令改正,处5万元以上10万元以下的罚款。

有前款所列行为,造成损失的,依法承担赔偿责任。

第七十条　发生重大工程质量事故隐瞒不报、谎报或者拖延报告期限的,对直接负责的主管人员和其他责任人员依法给予行政处分。

第七十一条　违反本条例规定,供水、供电、供气、公安消防等部门或者单位明示或者暗示建设单位或者施工单位购买其指定的生产供应单位的建筑材料、建筑构配件和设备的,责令改正。

第七十二条　违反本条例规定,注册建筑师、注册结构工程师、监理工程师等注册执业人员因过错造成质量事故的,责令停止执业1年;造成重大质量事故的,吊销执业资格证书,5年以内不予注册;情节特别恶劣的,终身不予注册。

第七十三条　依照本条例规定,给予单位罚款处罚的,对单位直接负责的主管人员和其他直接责任人员处单位罚款数额5%以上10%以下的罚款。

第七十四条　建设单位、设计单位、施工单位、工程监理单位违反国家规定,降低工程质量标准,造成重大安全事故,构成犯罪的,对直接责任人员依法追究刑事责任。

第七十五条　本条例规定的责令停业整顿,降低资质等级和吊销资质证书的行政处罚,由颁发资质证书的机关决定;其他行政处罚,由建设行政主管部门或者其他有关部门依照法定职权决定。

依照本条例规定被吊销资质证书的,由工商行政管理部门吊销其营业执照。

第七十六条　国家机关工作人员在建设工程质量监督管理工作中玩忽职守、滥用职权、徇私舞弊,构成犯罪的,依法追究刑事责任;尚不构成犯罪的,依法给予行政处分。

第七十七条　建设、勘察设计、施工、工程监理单位的工作人员因调动工作、退休等原因离开该单位后,被发现在该单位工作期间违反国家有关建设工程质量管理规定,造成重大工程质量事故的,仍应当依法追究法律责任。

第九章　附则

第七十八条　本条例所称肢解发包,是指建设单位将应当由一个承包单位完成的建设工程分解成若干部分发包给不同的承包单位的行为。

本条例所称违法分包,是指下列行为:

(一)总承包单位将建设工程分包给不具备相应资质条件的单位的;

(二)建设工程总承包合同中未有约定,又未经建设单位认可,承包单位将其承包的部分建设工程交由其他单位完成的;

(三)施工总承包单位将建设工程主体结构的施工分包给其他单位的;

(四)分包单位将其承包的建设工程再分包的。

本条例所称转包,是指承包单位承包建设工程后,不履行合同约定的责任和义务,将其承包的全部建设工程转给他人或者将其承包的全部建设工程肢解以后以分包的名义分别转给其他单位承包的行为。

第七十九条　本条例规定的罚款和没收的违法所得,必须全部上缴国库。

第八十条　抢险救灾及其他临时性房屋建筑和农民自建低层住宅的建设活动,不适用本条例。

第八十一条　军事建设工程的管理,按照中央军事委员会的有关规定执行。

第八十二条　本条例自发布之日起施行。

附刑法有关条款

第一百三十七条　建设单位、设计单位、施工单位、工程监理单位违反国家规定,降低工程质量标准,造成重大安全事故的,对直接责任人员处五年以下有期徒刑或者拘役,并处罚金;后果特别严重的,处五年以上十年以下有期徒刑,并处罚金。

参考文献

[1] 王先恕. 建筑工程质量控制[M]. 北京:化学工业出版社,2008.

[2] 中国建设监理协会组织. 建设工程质量控制[M]. 北京:中国建筑工业出版社,2014.

[3] 中国建筑科学研究院. GB 50204—2002(2011 版)《混凝土结构工程施工质量验收规范》[M]. 北京:中国建筑工业出版社,2011.

[4] 中国建筑科学研究院. GB 50411—2007《建筑节能工程施工质量验收规范》[M]. 北京:中国建筑工业出版社,2007.

[5] 中国建筑科学研究院. GB50203—2011《砌体结构工程施工质量验收规范》[M]. 北京:中国建筑工业出版社,2011.

[6] 建筑施工手册(第五版)编委会. 建筑施工手册[M]. 北京:中国建筑工业出版社,2012.

[7] 郑惠虹. 建筑工程施工质量控制与验收[M]. 北京:机械工业出版社,2011.

[8] 周青生. 建筑工程质量控制实用手册[M]. 北京:中国电力出版社,2013.

[9] 何向红. 建筑工程质量控制[M]. 郑州:黄河水利出版社,2011.

[10] 张瑞生. 建筑工程质量控制与检验[M]. 武汉:武汉理工大学出版社,2010.